Photonen

Eine Einführung in die Quantenoptik

Von Prof. Dr. rer. nat. Harry Paul
Humboldt-Universität Berlin

Mit 35 Abbildungen und 2 Tabellen

B. G. Teubner Stuttgart 1995

Prof. Dr. rer. nat. Harry Paul

Geboren 1931 in Tyssa (ČSR). Studium der Physik in Rostock
und Jena. Nach der Diplomarbeit 1955 Assistent am Theoretisch-
Physikalischen Institut der Universität Jena. 1958 Promotion, anschließend Mitarbeiter an der Akademie der Wissenschaften der
DDR. 1964 Habilitation. 1978 Berufung zum Akademie-Profes-
sor. Seit 1992 Leiter der Arbeitsgruppe „Nichtklassische Strahlung" der Max-Planck-Gesellschaft. Seit 1993 Professor für theoretische Physik an der Humboldt-Universität zu Berlin. Arbeits-
gebiet: Lasertheorie, Nichtlineare Optik, Quantenoptik.

Die Deutsche Bibliothek – CIP-Einheitsaufnahme

Paul, Harry:
Photonen: eine Einführung in die Quantenoptik
von Harry Paul – Stuttgart : Teubner, 1995
 (Teubner-Studienbücher : Physik)
 ISBN 978-3-519-03222-9   ISBN 978-3-322-96700-8 (eBook)
 DOI 10.1007/978-3-322-96700-8

Einbandgestaltung: Peter Pfitz, Stuttgart

Herbert Walther
in herzlicher Verbundenheit gewidmet

Vorwort

Erfahrungsgemäß fällt es uns nicht leicht, uns von der aus unmittelbarem Erleben geborenen Vorstellung zu trennen, daß ein jedes Ding bestimmte, über längere Zeiten unveränderliche Eigenschaften besitzt, die einander nicht widersprechen. Bekanntlich wurde dieses scheinbar so fest gefügte Weltbild nachhaltig durch die Quantenmechanik erschüttert, die aufzeigte, daß jedenfalls im Mikrokosmos eine Einordnung der Dinge in säuberlich getrennte Schubfächer nicht möglich ist. Sie lehrt uns, daß die elementaren Objekte – und dazu zählt auch das Licht – eine verblüffende Gabe der Verwandlung besitzen: Einmal erscheinen sie uns als Welle und einmal als Teilchen.

Heutzutage ist die Optik wie keine andere Disziplin dazu geeignet, uns diesen Dualismus unmittelbar, und dazu noch im Wortsinn, vor Augen zu führen. Tatsächlich haben die mit der Erfindung des Lasers eingeleitete stürmische technologische Entwicklung einerseits und die immer weiter voranschreitende Vervollkommnung optischer Detektoren andererseits den Spielraum der Experimentierkunst in ungeahntem Maße erweitert. Das wiederum beflügelte die Phantasie der Theoretiker, die, von der quantenmechanischen Natur des Lichts zutiefst überzeugt, sich immer subtilere Experimente ausdachten, um gerade den nichtklassischen Eigenschaften des Lichts auf die Spur zu kommen. Und die Experimentatoren (nicht selten in Personalunion mit den Theoretikern) verblüfften durch die Schnelligkeit und die Präzision, mit der sie die theoretischen Konzepte in die Wirklichkeit umsetzten. So entwickelte sich in engem Zusammenwirken von Theorie und Experiment eine Disziplin, die wir heute Quantenoptik nennen. Die dabei aus klassischer

Sicht auftretenden Verständnisschwierigkeiten machen, für mich jedenfalls, den besonderen Reiz der Probleme aus. Wir ersehen aus ihnen erst so recht, was die Quantenmechanik unserem Vorstellungsvermögen zumutet und wie geschickt sie Widersprüche vermeidet.

Gegenstand dieses Buches sind die bemerkenswerten Ergebnisse, die auf dem Gebiet der Quantenoptik bisher erzielt wurden. Wie schon in der ersten Auflage konzentriert sich mein Bemühen auf ein physikalisches Verständnis der experimentellen Befunde. Mein Bestreben geht dahin, den physikalischen Kern des jeweiligen Problems herauszuschälen und dabei den Formalismus, soweit es nur geht, in den Hintergrund treten zu lassen.

Durch Gegenüberstellung mit den jeweiligen klassischen Vorstellungen wird der „unanschauliche" Charakter der quantenmechanischen Naturbeschreibung hervorgehoben, der gerade in den Eigenschaften des Photons so deutlich zum Ausdruck kommt. Unter diesem Aspekt, so scheint mir, könnte das Buch auch helfen, das Verständnis der Prinzipien der Quantenmechanik zu vertiefen.

Natürlich weiß ich sehr gut, daß ein etablierter formaler Apparat für die wissenschaftliche Forschung unverzichtbar ist. Er allein erlaubt strenge Schlußfolgerungen und quantitative Vorhersagen – und, was auch nicht zu unterschätzen ist, erspart einem häufig das Nachdenken. Die Grundzüge der in der Quantenoptik üblichen theoretischen Beschreibung möchte ich daher Lesern mit stärkerem theoretischen Interesse nicht vorenthalten. Um die angestrebte gute Lesbarkeit des Buches nicht zu gefährden, habe ich die formalen Betrachtungen als Anhang angefügt. Dadurch sowie durch die Aufnahme jüngster Forschungsergebnisse wie die Erzeugung von „gequetschtem" Licht, die Beobachtung von Quantensprüngen bei der Resonanzfluoreszenz und eine tatsächliche Messung der Lichtphase unterscheidet sich die vorliegende Neuauflage wesentlich von der ersten. Weiterhin habe ich ein neues Kapitel der aktuellen Problematik der quantenmechanischen Zustandsmessung, d.h. der Rekonstruktion des Quantenzustandes aus Meßdaten gewidmet. Schließlich fand ich die moderne Entwicklung einer Quanten-Kryptographie so reizvoll, daß ich sie dem Leser nicht vorenthalten wollte.

Ich setze beim Leser nur Kenntnisse der klassischen Elektrodynamik und eine gewisse Vertrautheit mit den Grundzügen der Quantentheorie voraus, wie sie im ersten Teil einer üblichen Quantenmechanikvorlesung vermittelt wird.

Interessierte Leser, die mir gern die eine oder die andere Frage stellen möchten oder sich zu kritischen Bemerkungen herausgefordert fühlen, möchte ich ausdrücklich dazu ermuntern, mit mir in einen Gedankenaustausch zu treten.

Zum Schluß bedanke ich mich sehr herzlich bei meinen Kollegen Dr. TH. RICHTER und Dr. H. STEUDEL für viele klärende Diskussionen und zahlreiche nützliche Hinweise. Besonders verpflichtet fühle ich mich Herrn Prof. Dr. G. RICHTER, Berlin, dem ich wesentliche Denkanstöße verdanke.

Berlin, im Frühjahr 1995   Harry Paul

Inhalt

1 Einleitung

Und Gott sah, daß das Licht gut war.

(Erstes Buch Mose)

Mehr oder weniger sind sich wohl die Menschen aller Kulturkreise der ungeheuren Bedeutung bewußt geworden, die das Licht – gespendet von der Sonne, dem Sonnen*gott* – für die sie umgebende Natur und ihr eigenes Dasein besitzt. Sind es doch in erster Linie optische Eindrücke, die uns ein „Bild" von der Umwelt vermitteln und uns die Möglichkeit des „Zurechtfindens" in ihr geben. Andererseits ist die wärmende Kraft der Sonnenstrahlen eine uralte, auch uns noch beglückende Erfahrung. Wir wissen inzwischen, daß die Sonnenstrahlung schlechthin der Energielieferant für die Lebensvorgänge auf unserer Erde ist. In der Tat ist die im Chlorophyll der Pflanzen sich abspielende Photosynthese – eine komplizierte chemische Reaktion, bei der unter Lichteinwirkung Kohlendioxid im Endeffekt in Kohlenstoff und Sauerstoff zerlegt wird – die Grundlage für das organische Leben. Und unsere hauptsächlichen Energievorräte in Gestalt von Kohle, Erdöl oder Erdgas stellen letztlich nichts anderes als gespeicherte Sonnenenergie dar.

Schließlich sollten wir nicht vergessen, wie stark die Art und Weise, in der wir Wissenschaft treiben, vom Sehen geprägt ist. Hätte sich unser wissenschaftliches Denken jemals zu der jetzigen Stufe entwickeln können ohne die Möglichkeit, Figuren aufzuzeichnen, sich Sachverhalte graphisch zu „veranschaulichen", mit einem Blick Strukturen zu erfassen, lange Formeln zu überblicken, Fakten und Erkenntnisse in geschriebener oder gedruckter Form zu konservieren?

Und welch verblüffende, völlig aus dem Rahmen unserer normalen Erfahrungen mit „Körpern" fallende Eigenschaften müssen wir dem Licht zuschreiben: Gewichtslosigkeit, die Fähigkeit, unvorstellbare Entfernungen im Weltall mit ungeheurer Geschwindigkeit zu durcheilen (noch DESCARTES glaubte, die Ausbreitung des Lichts erfolge momentan), das Vermögen, ohne selbst sichtbar zu sein, doch die Welt der Farben und Formen in unserem Auge zu „erzeugen" und so die Umwelt „widerzuspiegeln".

So ist es nicht verwunderlich, daß die optischen Erscheinungen den menschlichen Forschergeist mit noch schwierigeren Problemen konfrontierten, als es die materiellen Körper und die Gesetze ihrer Bewegung taten. Über Jahrhunderte hinweg erstreckte sich eine erbitterte Fehde zwischen zwei Schulen, von denen die eine, von der Autorität NEWTONs gestützt, die Existenz elementarer Lichtpartikel postulierte, während die andere, von den HUYGENSschen Einsichten inspiriert, auf die Wellennatur des Lichts schwor. Diese Kontroverse schien zunächst mit der MAXWELLschen Erkenntnis, daß Licht nichts anderes ist als eine spezielle Form elektromagnetischer Erscheinungen, endgültig zugunsten der Wellentheorie beigelegt zu sein. Alle optischen Phänomene ließen sich anscheinend zwanglos, und dazu in bester Übereinstimmung mit der Erfahrung, in Beziehung zu speziellen Lösungen der Grundgleichungen der klassischen Elektrodynamik, der MAXWELLschen Gleichungen setzen.

Doch es dauerte keine 40 Jahre, bis das Licht mit neuen Überraschungen aufwartete. Der Anstoß kam einerseits von den grundsätzlichen Schwierigkeiten, welche die „Hohlraumstrahlung" (d. h. die Strahlung, die sich im thermodynamischen Gleichgewicht mit den auf konstanter Temperatur gehaltenen Wänden eines Hohlraums herausbildet) hinsichtlich ihrer (gemessenen) spektralen Energieverteilung einem theoretischen Verständnis entgegensetzte und die MAX PLANCK – in bewußtem und von ihm sehr schmerzlich empfundenem Bruch mit den bis dahin als unabdingbar geltenden Grundvorstellungen der klassischen Physik – durch die „Quantisierung" der Energie eines mit dem Strahlungsfeld wechselwirkenden Oszillators, in der Art einer ad hoc-Hypothese, schließlich überwand.

Andererseits legten die beim experimentellen Studium des photoelektrischen Effekts gefundenen Besonderheiten, wie EINSTEIN klar erkannte, eine „Lichtquantenhypothese" nahe. Ausgehend von einer scharfsinnigen thermodynamischen Betrachtung gelangte er zu der Vorstellung, das Licht bestehe, genau besehen, aus räumlich lokalisierten Energieklümpchen, den Lichtquanten, denen die Energie $h\nu$ (h PLANCKsches Wirkungsquantum und ν Lichtfrequenz) zuzuschreiben ist.

Während die aus diesem Bild folgenden quantitativen Gesetzmäßigkeiten des Photoeffekts durch spätere Experimente glänzend bestätigt wurden, gab es andererseits keinen Zweifel daran, daß viele optische Phänomene wie Interferenz und Beugung tatsächlich nur mit einer Wellenvorstellung erklärt werden können. Damit schien die alte Streitfrage, ob das Licht sich aus Korpuskeln zusammensetze oder eine Welle sei, auf höherer Ebene erneut aufzuleben. Doch so schmerzlich es für die meisten Physiker auch sein mochte, es ließ sich keine Entscheidung im Sinne eines Entweder-Oder treffen. Vielmehr mußte man sich mit dem Gedanken vertraut machen, daß das Lichtquant oder Photon, wie es später genannt wurde, ein komplizierteres Gebilde als eine Korpuskel oder eine Welle ist, ein janusköpfiges Etwas, das sich – je nach Art der experimentellen Bedingungen – einmal als Korpuskel und einmal als Welle „zeigt". Auf diesen Dualismus Welle-Korpuskel werden wir immer wieder stoßen, wenn wir, wie das in den späteren Kapiteln geschieht, versuchen, durch Analyse verschiedenartigster Experimente die „Wesenszüge" des Photons herauszufinden.

Zuvor wollen wir jedoch einen kleinen Streifzug durch die Geschichte der Optik unternehmen.

2 Historische Meilensteine

2.1 Lichtwellen à la Huygens

*Während die Geometer ihre Sätze aus sicheren und unanfechtbaren Prinzi-
pien herleiten, bewahrheiten sich hier die Prinzipien durch die Folgerungen,
welche man daraus zieht.*

CHRISTIAN HUYGENS
(Traité de la Lumière)

Mit Recht gilt CHRISTIAN HUYGENS (1629–1695) als Schöpfer der Wellentheorie des Lichts. Ein fundamentales Prinzip, das die Ausbreitung der
Lichtwellen verstehen läßt, trägt seinen Namen. Es hat zusammen mit der
darauf fußenden Beschreibung von Reflexion und Brechung einen wohlver-
dienten Platz in den Lehrbüchern der Optik gefunden.

Macht man sich jedoch die Mühe, in HUYGENS' „Abhandlung über das
Licht" [HUY 90] nachzulesen, so stellt man mit einem gewissen Erstaunen
fest, daß sich seine Wellenvorstellung doch sehr von der unsrigen unterscheidet. Wenn wir von einer Welle sprechen, meinen wir ganz selbstverständlich
eine räumlich wie zeitlich periodische Bewegung: An jedem Ort vollführt die
Auslenkung (denken wir beispielsweise an eine Wasserwelle) eine harmonische Schwingung mit einer bestimmten Frequenz ν, und eine Momentaufnahme der gesamten Welle zeigt einen immer wiederkehrenden Wechsel von
Wellenbergen und Wellentälern. Doch diese Periodizitätseigenschaft, die uns
geradezu das Charakteristikum einer Welle zu sein scheint, fehlt dem von
HUYGENS benutzten Wellenbegriff vollständig. Seine Wellen haben weder
eine Frequenz noch eine Wellenlänge! Er stellt sich vielmehr die Entstehung
einer Welle so vor, daß die (punktförmig gedachte) Quelle, die zugleich das
Wellenzentrum ist, durch „Stöße", die „nicht in regelmäßigen Abständen
aufeinanderfolgen", eine „Erschütterung" der Ätherteilchen bewirkt, und zu
einer Ausbreitung der Welle kommt es dadurch, daß die so erregten Ätherteilchen „nicht anders können, als diese Erschütterung auf die Teilchen in
ihrer Umgebung zu übertragen" [ROD 77, S. 31 f.]. Wenn daher HUYGENS
von einer Welle spricht, meint er die von *einer* Erschütterung im Wellenzentrum hervorgerufene Erregung des Äthers, also eine einzige Wellenfront, die
sich mit Lichtgeschwindigkeit ausbreitet. Die von ihm gezeichneten Bilder,

bei denen Wellenfronten in jeweils gleichen Abständen aufeinanderfolgen, sind somit so aufzufassen, daß sie die *gleiche* Wellenfront, zu verschiedenen Zeiten betrachtet, darstellen, und die in den Zeichnungen zum Ausdruck kommende Regelmäßigkeit ist allein dadurch bedingt, daß die gewählten Zeitabstände gleich sind.

Was HUYGENS auf diese Weise tatsächlich völlig korrekt beschreibt, ist weißes Licht, sprich Sonnenlicht. Hier ist der zeitliche Verlauf der Erregung – oder, sagen wir es genauer, der Komponente der elektrischen Feldstärke in einer beliebig ausgewählten Richtung – nicht vorhersagbar, sondern zufälliger (stochastischer) Natur.

Andererseits ist damit aber auch klar, daß in einer solchen Theorie die uns als typische Wellenphänomene erscheinenden Vorgänge der Interferenz und Beugung, bei denen die Wellenlänge eine entscheidende Rolle spielt, nicht erklärt werden können. Es bedurfte der genialen Einsicht eines NEWTON, daß natürliches Licht aus Licht unterschiedlicher Farben zusammengesetzt ist, um hier ein Verständnis anzubahnen.

Das soll uns jedoch nicht davon abhalten, HUYGENS' großartige „Modellvorstellung", bekannt als HUYGENSsches Prinzip, zu würdigen, derzufolge jeder von einer Welle, genauer Wellenfront, getroffene Punkt, sei es im Äther oder auch in einem durchsichtigen Medium, selbst zum Ausgangspunkt einer Elementarwelle wird, wie es Fig. 1 am Beispiel einer Kugelwelle veranschaulicht.

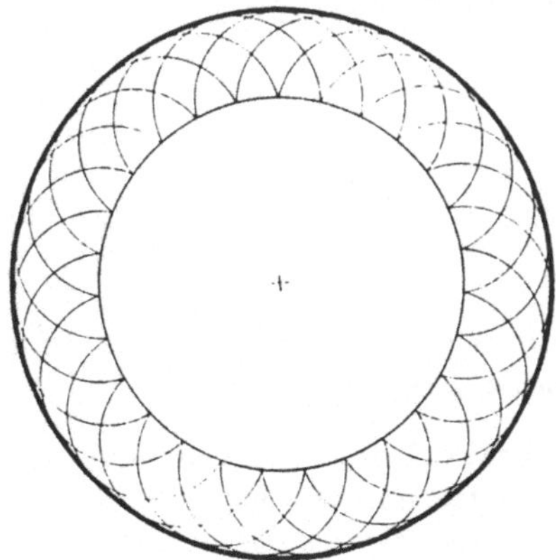

Fig. 1 Ausbreitung einer Kugelwelle nach dem HUYGENSschen Prinzip

Die Wellenfront zu einer späteren Zeit ergibt sich dann als die Einhüllende aller Elementarwellen, die zum gleichen früheren Zeitpunkt emittiert wurden. Dabei mußte allerdings für HUYGENS die Frage unbeantwortet bleiben, weshalb eine *rücklaufende* Welle nur an der Grenzfläche zwischen zwei unterschiedlichen Medien, nicht aber bereits in einem homogenen Medium, den „Äther" eingeschlossen, entsteht. Tatsächlich konnte eine befriedigende Antwort erst gegeben werden, als AUGUSTIN FRESNEL das HUYGENSsche Prinzip durch Hinzunahme des Interferenzprinzips vervollkommnet hatte – wir sprechen deshalb heute vom HUYGENS-FRESNELschen Prinzip, dessen Leistungsfähigkeit sich gerade bei der theoretischen Behandlung von Beugungsproblemen erwiesen hat. Die Antwort auf die oben gestellte Frage lautet übrigens schlicht: Die nach rückwärts laufenden Wellen „interferieren sich weg".

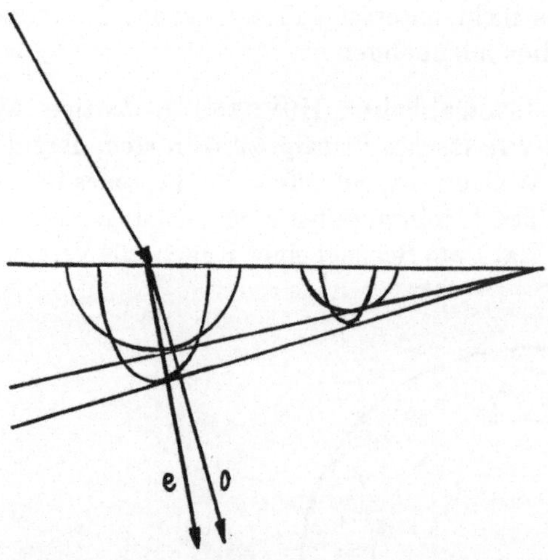

Fig. 2 Doppelbrechung nach HUYGENS (*o* ordentlicher und *e* außerordentlicher Strahl, die Pfeile geben die Strahlrichtung an)

Doch kehren wir zu HUYGENS zurück! Unter der Annahme, daß sich das Licht in zwei unterschiedlichen Medien mit verschiedener Geschwindigkeit ausbreitet, lassen sich auf der Grundlage des HUYGENSschen Prinzips Reflexion und Brechung des Lichts zwanglos verstehen. Als besonderen Erfolg konnte er eine Erklärung des merkwürdigen Phänomens der Doppelbrechung des Lichts (die Aufspaltung eines einfallenden Lichtstrahls in zwei

Strahlen unterschiedlicher Richtung, den ordentlichen und den außerordentlichen Strahl) verbuchen. Sie beruhte auf der genial erratenen Besonderheit des außerordentlichen Strahls, daß seine Ausbreitungsflächen keine Kugelschalen, sondern Rotationsellipsoide sind (Fig. 2), eine Einsicht, die durch die moderne Kristalloptik vollauf bestätigt wird. Allerdings bereiteten ihm Experimente, die er mit zwei Kalkspatkristallen anstellte, großes Kopfzerbrechen. Davon wird im nächsten Abschnitt noch genauer die Rede sein.

2.2 Newtons Lichtteilchen

Wie in der Mathematik, so sollte auch in der Naturphilosophie bei der Erforschung komplizierter Dinge die Methode der Analyse stets den Vorrang vor der Methode der Synthese haben. Diese Analyse besteht darin, daß man Experimente und Beobachtungen ausführt, durch Induktion daraus allgemeine Schlüsse zieht und nur solche Einwände gegen die Schlußfolgerungen zuläßt, die aus Experimenten stammen oder andere gesicherte Erkenntnisse darstellen.

ISAAC NEWTON

ISAAC NEWTON (1643–1727) gilt als Begründer der Korpuskulartheorie des Lichts. Wenn die von ihm postulierten Lichtteilchen auch nichts mit den Photonen im heutigen Sprachgebrauch zu tun haben, so ist es doch reizvoll, den Gedankengängen nachzuspüren, die einen so scharfsinnigen Denker zu der Auffassung gelangen ließen, daß sich Licht bestimmter Farbe aus identischen, elementaren Teilchen zusammensetze. Als ein konsequenter Vertreter der induktiven Methode der Naturforschung ließ er sich von einer Erfahrungstatsache leiten: der geradlinigen Ausbreitung des Lichts in Form von Licht„strahlen", erkennbar an den scharf berandeten Schatten, die in den Lichtweg gestellte (undurchsichtige) Gegenstände werfen. Diese Erscheinung schien ihm leicht erklärbar, eben mit der Vorstellung, die Lichtquelle emittiere kleinste „Geschosse", die sich geradlinig bewegen, solange sie nicht mit materiellen Körpern in Wechselwirkung treten. Einen Wellenvorgang dagegen hielt er für unverträglich mit einer geradlinigen Ausbreitung der Erregung. Zeigten doch Wasserwellen ein ganz anderes Verhalten: Sie laufen bekanntlich um ein Hindernis herum!

Wie wir seit den bahnbrechenden Leistungen von YOUNG und FRESNEL wissen, war der NEWTONsche Schluß voreilig. Was beim Auftreffen einer Wellenfront auf ein Hindernis geschieht, hängt nämlich entscheidend von dem Verhältnis der räumlichen Ausdehnung des Hindernisses zur Wellenlänge ab. Ist dieses Verhältnis sehr groß, tritt der Wellencharakter kaum in Erscheinung, es gilt im Fall des Lichts die mit dem Begriff des Lichtstrahls operierende geometrische Optik. Andererseits machen sich die Welleneigenschaften stark bemerkbar, wenn die Dimension des Hindernisses von der Größenordnung der Wellenlänge ist, wie das obige Beispiel der Wasserwellen zeigt.

NEWTON hat allerdings selbst mit beeindruckender Präzision solche Phänomene experimentell untersucht, bei denen die Berandung eines Körpers (etwa die Schneide eines Rasiermessers) die in unmittelbarer Nähe vorbeilaufenden Licht„strahlen" von ihrer ursprünglichen Richtung ein wenig ablenkt, so daß gar keine ideal scharf berandeten Schatten zu beobachten sind. Diese heute als Beugung des Lichts bezeichneten Erscheinungen faßte er jedoch nicht als einen Hinweis auf einen wellenhaften Charakter des Lichts auf, vielmehr stellte er sich die Ablenkung eher als das Ergebnis einer auf die Lichtteilchen ausgeübten Kraft (hervorgerufen, seiner Meinung nach, durch eine mit wachsendem Abstand von der Körperoberfläche zunehmende Ätherdichte) vor, ganz im Sinne der Begriffsbildungen der Mechanik. Überhaupt muß man wohl NEWTONS Überzeugung von der Partikelnatur des Lichts auch unter dem Aspekt eines tiefverwurzelten Glaubens an einen allgemeinen Atomismus sehen, der dem 17. Jahrhundert das Gepräge gab. „Richtige" Physik – im Gegensatz zu Scholastik, die das Licht und die Farberscheinungen in die Kategorie der „Formen und Qualitäten" einstufte – konnte man sich eigentlich nur als mechanische Bewegung von Partikeln unter der Einwirkung äußerer Kräfte vorstellen.

Das für ihn gewichtigste Argument gegen die von CHRISTIAN HUYGENS vertretene Wellentheorie des Lichts fand NEWTON jedoch ausgerechnet in einer merkwürdigen Beobachtung, die sein großer Gegenspieler selbst gemacht und beschrieben hatte (wobei dieser ehrlicherweise zugab, daß er „keine befriedigende Deutung dafür gefunden habe").

Worum handelte es sich? Bekanntlich spaltet sich ein Lichtstrahl, der durch einen Kalkspatkristall geschickt wird, in einen ordentlichen und einen außerordentlichen Strahl auf, wobei – senkrechter Einfall auf eine Rhomboederfläche vorausgesetzt – der letztere seitlich versetzt wird. Die beiden Strahlen liegen dann in einer Ebene, dem sogenannten Hauptschnitt des einfallenden Strahls.

HUYGENS ordnete nun zwei Kalkspatkristalle mit unterschiedlicher gegenseitiger Orientierung übereinander an und ließ von oben einen Lichtstrahl einfallen. Er machte dabei die folgende Beobachtung: Im Normalfall wurden sowohl der ordentliche wie auch der außerordentliche, aus dem ersten Kristall austretende Strahl im zweiten Kristall wieder in zwei Strahlen, einen ordentlichen und einen außerordentlichen, aufgespalten. Nur wenn die beiden Kristalle so orientiert waren, daß ihre Hauptschnitte entweder parallel zueinander waren oder sich unter einem rechten Winkel schnitten, verließen auch den zweiten Kristall lediglich zwei Strahlen. Während im ersten Fall der ordentliche Strahl des ersten Kristalls auch den zweiten Kristall als ordentlicher Strahl durchlief (das gleiche galt natürlich auch für den außerordentlichen Strahl), verwandelte sich im zweiten Fall im Gegensatz dazu der ordentliche Strahl des ersten Kristalls im zweiten Kristall in den außerordentlichen Strahl, und entsprechend der außerordentliche Strahl des ersten Kristalls in den ordentlichen.

Die letzten beiden Beobachtungen verblüfften HUYGENS. So schreibt er [ROD 77, S. 43]: „Es ist nun erstaunlich, warum die Strahlen, die, aus der Luft kommend, den unteren Kristall treffen, sich nicht ebenso aufspalten wie der erste Strahl." Im Rahmen der Wellentheorie des Lichts – wohlgemerkt, einer skalaren Theorie nach dem Vorbild der Lehre vom Schall, bei der die Schwingungen den Charakter von abwechselnden Verdünnungen und Verdichtungen eines Mediums haben; an die Möglichkeit transversaler Schwingungen dachte damals noch niemand! – liegt hier tatsächlich ein echtes Dilemma vor: Eine Welle ist ja, modern gesprochen, rotationssymmetrisch bezüglich ihrer Ausbreitungsrichtung, oder wie NEWTON es formulierte, „Drucke oder Bewegungen, die sich von einem leuchtenden Körper aus durch ein gleichförmiges Medium hindurch fortpflanzen, müssen sich hinsichtlich all ihrer Seiten gleich verhalten" [ROD 77, S. 81]. Daher ist nicht einzusehen, wie beispielsweise der aus dem ersten Kristall austretende ordentliche Strahl von der Orientierung des zweiten Kristalls „Notiz nehmen" kann.

NEWTON sah nun in seinem Teilchenmodell des Lichts eine Möglichkeit der Erklärung. Die Rotationssymmetrie kann ja dadurch aufgehoben sein, daß die Teilchen selbst nicht rotationssymmetrisch sind, sondern eine Art von „Orientierungsmerkmalen" besitzen! Das einfachste Bild, das man sich machen kann, ist dies: Die Lichtteilchen sind keine Kugeln, sondern Würfel mit physikalisch unterscheidbaren Seitenflächen, wobei das Experiment es nahelegt, einander gegenüberliegende Seiten als äquivalent anzusehen. NEWTON selbst spricht nicht ausdrücklich von würfel- oder quaderförmigen Lichtteilchen, er begnügt sich damit, den Lichtteilchen vier Seiten zuzuschreiben, von denen je zwei einander gegenüberliegende physikalisch gleichwertig sind. Man hat es daher mit zwei Seitenpaaren zu tun, von denen er eines die „Seiten der anomalen Brechung" nennt.

Die Orientierung dieser Seitenpaare in Bezug auf die Lage des Hauptschnitts im Kalkspatkristall determiniert nun seiner Meinung nach das Schicksal eines Lichtteilchens bei seinem Eintritt in einen Kalkspatkristall in folgender Weise: Je nachdem, ob eine der „Seiten der anomalen Brechung" oder eine der anderen Seiten auf die „Zone (coast) der anomalen Brechung des Kristalls" weist (damit ist die Orientierung der Seite senkrecht zum Hauptschnitt gemeint), erfährt ein Lichtteilchen eine außerordentliche oder eine ordentliche Brechung. NEWTON betont ausdrücklich, daß diese Eigenschaft der Lichtteilchen von Anfang an vorhanden ist und durch die Brechung im ersten Kristall keine Veränderung erfährt. Die Lichtteilchen bleiben stets dieselben, und sie ändern auch ihre Orientierung im Raum nicht.

Im einzelnen sind dann die HUYGENSschen Beobachtungen folgendermaßen zu erklären (Fig. 3 oben): Der ursprüngliche Strahl ist sozusagen ein „Gemisch" von Teilchen, die in der einen oder der anderen Weise (in Bezug auf den Hauptschnitt des ersten Kristalls) orientiert sind. Der erste Kristall bewirkt eine Sortierung der Teilchen entsprechend ihrer Orientierung in einen ordentlichen und einen außerordentlichen Strahl. Sind die beiden Kristalle so angeordnet, daß ihre Hauptschnitte parallel sind, so ist die Orientierung der Lichtteilchen bezüglich beider Kristalle die gleiche. Somit bleibt der ordentliche Strahl des ersten Kristalls auch im zweiten Kristall der ordentliche Strahl, und das gleiche gilt für den außerordentlichen Strahl. Stehen jedoch die Hauptschnitte der beiden Kristalle senkrecht zueinander, so ändert sich die Orientierung der aus dem ersten Kristall austretenden Teilchen in Bezug auf den zweiten Kristall gerade in der Weise, daß sich der ordentliche Strahl in den außerordentlichen Strahl verwandelt und umgekehrt.

Mit dieser scharfsinnigen Deutung der HUYGENSschen Beobachtungen ist NEWTON tatsächlich eine phänomenologische Beschreibung der Polarisationseigenschaften des Lichts geglückt, wobei sogar dieser Terminus – was nahezu vergessen ist – von ihm stammt. (Ihm schwebte dabei die Analogie zu den beiden Polen eines Magneten vor.) Wie wir heute wissen, ist die Richtung, in welche die von NEWTON postulierten „Seiten der anomalen Brechung" zeigen, physikalisch nichts anderes als die Richtung der elektrischen Feldstärke (Fig. 3 unten).

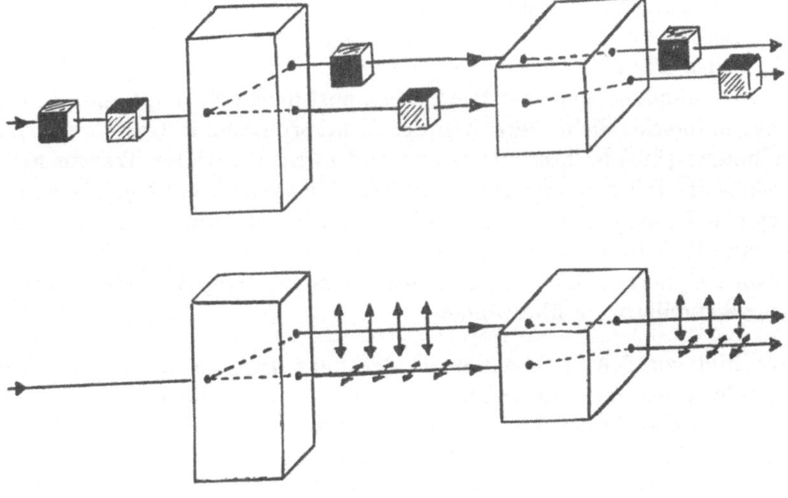

Fig. 3 Durchstrahlung zweier um 90° gegeneinander verdrehter Kalkspatkristalle;
oben: NEWTONs Deutungsversuch, unten: moderne Beschreibung (die Pfeile zeigen
die Richtung der elektrischen Feldstärke an)

Wenn uns NEWTONs Argumente zugunsten einer Teilchennatur des Lichts auch nicht mehr zu überzeugen vermögen und die moderne Photonenkonzeption durch völlig andere experimentelle Befunde gestützt wird, als sie NEWTON auch nur ahnen konnte, so wirft dieser geniale Forscher anhand seiner „atomistischen" Lichtauffassung bereits ein Problem auf, das bis heute nichts von seiner Aktualität verloren hat. NEWTON betrachtet den einfachen Vorgang der gleichzeitigen Reflexion und Brechung, der zu beobachten ist, wenn ein Lichtstrahl auf die Oberfläche eines durchsichtigen Mediums fällt. Im Partikelbild stellt sich dieser Prozeß offenbar in der Weise dar, daß ein bestimmter Prozentsatz der ankommenden Lichtteilchen reflektiert wird, während der Rest als gebrochener Strahl in das Medium eintritt. Was veranlaßt nun eine beliebig herausgegriffene Partikel, das eine oder das andere zu tun, fragt NEWTON im Geiste der von ihm begründeten deterministischen Mechanik. Tatsächlich berührt uns dieses Problem heute noch stärker als NEWTON, da wir ja inzwischen in der Lage sind, mit einzelnen Lichtteilchen, sprich Photonen, zu experimentieren. Während die Quantentheorie hier einen blinden Zufall am Werk sieht, postulierte NEWTON eine Ursache für das unterschiedliche Verhalten der Lichtkorpuskeln in Gestalt von „Anwandlungen (fits) leichter Reflexion" und solchen „leichter Transmission", in welche die Teilchen bereits bei der Emission versetzt werden. Diese „Fits" haben eine bemerkenswerte Ähnlichkeit mit den „verborgenen Parametern", mit deren Hilfe in unserem Jahrhundert versucht wurde – allerdings vergeblich, wie sich herausstellte –, den Indeterminismus der quantenmechanischen Naturbeschreibung zu überwinden.

Unser Bild von NEWTON als einem der Begründer der klassischen Optik wäre jedoch unzutreffend, wollten wir in ihm einen blinden Verfechter einer Korpuskulartheorie des Lichts sehen. Er war sich im Gegenteil sehr wohl darüber im klaren, daß verschiedene Beobachtungen nur unter Zuhilfenahme einer Art von Wellenvorstellung verständlich sind. Seine Gedanken hierzu formulierte er in Gestalt von Fragen, die er seiner „Optik" [NEW 30; ROD 77, S. 45] bei den späteren Auflagen anfügte und denen er bezeichnenderweise sämtlich die grammatikalische Form der Verneinung gab. Neben den Lichtteilchen scheinen ihm Wellen im Spiel zu sein, die sich im „Äther" ausbreiten. Ist es nicht so, fragt er, daß die von der Lichtquelle emittierten Lichtteilchen dort, „wo sie auf eine brechende oder reflektierende Oberfläche fallen, notwendigerweise im Äther Schwingungen erregen müssen, so wie es Steine tun, wenn man sie ins Wasser wirft"? Diese Vorstellung erleichterte ihm im besonderen das Verständnis der Farben dünner Plättchen, die er vorwiegend an Seifenblasen in Gestalt der nach ihm benannten Ringe mit großer Sorgfalt studiert hatte.

Insgesamt finden sich in seiner „Optik" so viele Hinweise auf eine Wellennatur des Lichts, daß THOMAS YOUNG in seiner Vorlesung „Über die Theorie des Lichts und der Farben" [YOU 02; ROD 77, S. 153] NEWTON als „Kronzeugen" für die Wellentheorie des Lichts anführen konnte! Wenn auch YOUNG damit zweifellos über das Ziel hinausschoß, so sollte man NEWTON doch Gerechtigkeit widerfahren lassen und in ihm eher einen Wegbereiter einer dualistischen Auffassung vom Licht sehen, die sowohl den Teilchen- als auch den Wellenaspekt gelten läßt (wobei er allerdings das Schwergewicht eindeutig auf den ersteren legte). Unter diesem Gesichtspunkt erscheint uns NEWTON erstaunlich modern und geistig bei weitem näher stehend als die Repräsentanten der klassischen Physik des 19. Jahrhunderts, die von der alleinigen Gültigkeit des Wellenbildes überzeugt waren.

2.3 Der Youngsche Interferenzversuch

Die Theorie des Lichts und der Farben, wenn sie auch keinen großen Teil meiner Zeit in Anspruch nahm, erschien mir von größerer Wichtigkeit als all das, was ich sonst jemals getan habe oder jemals tun werde.

THOMAS YOUNG

Den überzeugendsten „Beweis" für die Wellennatur des Lichts sehen wir heute in den Interferenzerscheinungen. Die Pionierarbeit auf diesem Gebiet, was die Experimente wie auch ihre Deutung angeht, leisteten THOMAS YOUNG (1773–1829) und, unabhängig von ihm, AUGUSTIN FRESNEL (1788–1827). YOUNG hat, ohne daß seine Mitwelt davon Kenntnis nahm, als erster ein fundamentales Interferenzexperiment ausgeführt, das in der Zwischenzeit Eingang in alle Lehrbücher gefunden hat. Das Grundprinzip besteht darin, daß man zwei, wie wir heute sagen, kohärente Lichtbündel in einem Raumgebiet einander überlagert. Dies geschieht in der Weise, daß man von einer nahezu punktförmigen monochromatischen Lichtquelle ausgehendes Licht auf einen undurchsichtigen Schirm fallen läßt, in dem sich zwei kleine Löcher befinden (Fig. 4). Letztere werden dadurch selbst zu sekundären Lichtquellen, die aber, da sie von derselben ursprünglichen Lichtquelle erregt werden, nicht unabhängig voneinander strahlen. Stellt man einen Beobachtungsschirm in einiger Entfernung (zweckmäßigerweise ungefähr parallel zum ersten Schirm) auf, so beobachtet man in der Nähe des Punktes, in dem die in der Mitte der Verbindungslinie der beiden Löcher errichtete Normale den Beobachtungsschirm durchstößt, ein System von zueinander parallelen, zu der genannten Verbindungslinie senkrechten, abwechselnd hellen und dunklen Streifen, die sogenannten Interferenzstreifen.

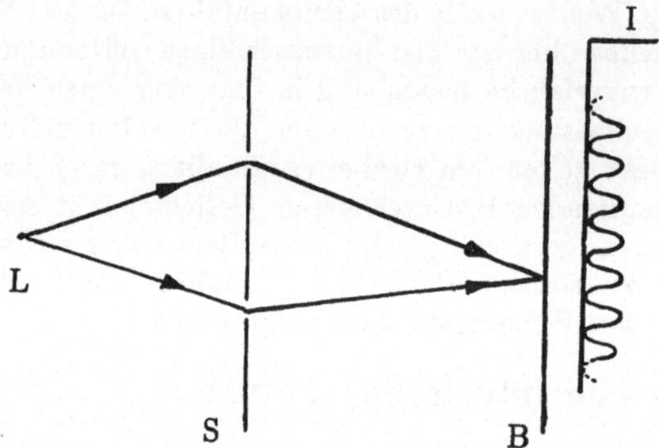

Fig. 4 YOUNGscher Interferenzversuch (*L* Lichtquelle, *S* Interferenz- und *B* Beobachtungsschirm, *I* Intensitätsverteilung)

Der (jedesmal gleiche) Abstand zwischen zwei benachbarten Streifen ist abhängig einmal von der gegenseitigen Entfernung der beiden Löcher – er ist größer, wenn die Löcher einander näher sind – und zum anderen von der Farbe des Lichts; arbeitet man nämlich mit Sonnenlicht, so entstehen farbige Streifen, die sich jedoch in einigem Abstand von der Mitte der Interferenzfigur gegenseitig überdecken, so daß das Auge den Eindruck einer gleichmäßigen weißen Beleuchtung empfängt.

Das Verblüffende an dieser Beobachtung (denken wir wieder an eine monochromatische Primärlichtquelle) besteht offenbar darin, daß es Stellen gibt, die dunkel sind, obwohl sie doch von beiden Löchern aus gleichzeitig beleuchtet werden. Verdeckt man dagegen eines der beiden Löcher, so sind keine Interferenzstreifen mehr zu sehen, vielmehr erscheint der Beobachtungsschirm gleichmäßig hell. Das von der zweiten Öffnung hinzukommende Licht bewirkt also an gewissen Stellen eine Verringerung der Intensität, wie sie das erste Loch für sich allein liefert.

Auf eine prägnante Formel gebracht, muß also unter gewissen Bedingungen die „Gleichung" Licht + Licht = Dunkelheit gelten. Eine solche Aussage ist natürlich mit einem Partikelbild des Lichts im Sinne der NEWTONschen Vorstellungen völlig unvereinbar: Wenn zu schon vorhandenen Lichtteilchen neue hinzukommen, kann die Helligkeit nur anwachsen. Sonst müßten sich ja die Lichtteilchen gegenseitig „vernichten", was abenteuerlich erscheint und zudem im Widerspruch zu der bekannten Erfahrung steht, daß einander kreuzende Lichtstrahlen sich gegenseitig durchdringen, ohne sich dabei auch nur im geringsten zu verändern. Das Teilchenbild scheint damit experimentell ad absurdum geführt worden zu sein.

Die Interferenzerscheinung findet jedoch eine zwanglose Erklärung im Wellenbild: Wenn sich zwei Wellenzüge (gleicher Instensität) überlagern, so wird durchaus der Fall eintreten, daß in gewissen Raumpunkten die momentane „Auslenkung" der einen Welle ihrem Betrage nach stets genauso groß ist wie die der zweiten Welle, in ihrer Richtung jedoch entgegengesetzt. Wie man an Wasserwellen leicht demonstrieren kann, heben sich dann die beiden Auslenkungen auf, das „Medium" bleibt in Ruhe. An solchen Stellen wiederum, an denen die beiden Wellen „gleichphasig" schwingen (ihre Auslenkungen stimmen in Größe *und* Richtung überein), verstärken sich die beiden Wellen maximal. Zwischen diesen beiden Grenzfällen gibt es offenbar einen fließenden Übergang.

Auf der Grundlage dieser Vorstellung gab YOUNG eine auch quantitativ völlig korrekte Beschreibung seines Interferenzversuchs [YOU 07]: „Die Mitte... ist immer hell, und die hellen Streifen zu beiden Seiten befinden sich in solchen Abständen, daß das Licht, das von einer der Öffnungen zu ihnen gelangt, eine längere Strecke durchlaufen haben muß als das von der anderen Öffnung kommende Licht, wobei der Unterschied gleich ist der Breite (breadth)[1] von einer, zweien, dreien oder mehreren der angenommenen Undulationen. Die dazwischenliegenden dunklen Stellen entsprechen einem Unterschied von der Hälfte der angenommenen Undulation, vom Anderthalbfachen, vom Zweieinhalbfachen oder mehr." Und YOUNG bestimmte mit dieser seiner Deutung der Beobachtungen, durch Auswertung verschiedener Versuche, die Wellenlänge des roten Lichts zu ungefähr 1/36 000 Zoll, und die des violetten Lichts zu etwa 1/60 000 Zoll, was mit den heute bekannten Werten recht gut übereinstimmt.

Hervorzuheben ist, daß die Erklärung des Interferenzphänomens mit Hilfe der Wellenvorstellung unabhängig vom konkreten physikalischen Mechanismus der Wellenbewegung ist. In der Tat war man sich zu YOUNGS und FRESNELS Zeiten über die physikalische Natur des sich abspielenden Schwingungsvorganges keineswegs im klaren, man war vielmehr, um mit dem MARQUIS VON SALISBURY zu sprechen, „auf der Suche nach dem Nominativ zum Verb ⟩undulieren⟨" (sich wellenförmig bewegen), ein Bemühen, das erst mit der Erkenntnis des elektromagnetischen Charakters des Lichts durch JAMES CLERK MAXWELL (1831–1879) endgültig von Erfolg gekrönt war.

---

[1]Wir würden heute sagen, der Wellenlänge.

2.4 Die Einsteinsche Lichtquantenhypothese

*Eine tiefgehende Änderung unserer Anschauungen vom Wesen und von der
Konstitution des Lichtes ist unerläßlich.*

ALBERT EINSTEIN (1909)

Eine bahnbrechende experimentelle Untersuchung des photoelektrischen Effekts hatte P. LENARD [LEN 02] zu überraschenden Resultaten geführt, die
sich mit der Vorstellung eines mit einer elektromagnetischen Welle wechselwirkenden, im Metall in irgendeiner Weise gebundenen Elektrons nicht in
Einklang bringen ließen. Drei Jahre später gab EINSTEIN [EIN 05] diesen
Befunden eine mit der klassischen Konzeption des Lichts in krassem Widerspruch stehende Deutung in Gestalt einer – vorsichtig als „einen die Erzeugung und Verwandlung des Lichtes betreffenden heuristischen Gesichtspunkt" deklarierten – Hypothese über die mikroskopische Beschaffenheit des
Lichts, deren enorme Tragweite erst viel später, im Zusammenhang mit der
Entstehung der Quantenmechanik, erkennbar werden sollte.

Eine originelle thermodynamische Betrachtung zur Hohlraumstrahlung ließ
EINSTEIN zu der Vermutung gelangen, daß man dem Licht, jedenfalls was die
darin steckende Energie angeht, keine kontinuierliche Erfüllung des Raumes
zuschreiben dürfe, vielmehr liege eine „körnige" Struktur vor.

Welcher Art waren nun die Beobachtungen, die LENARD gemacht hatte,
als er eine Metalloberfläche (im Vakuum) mit Licht bestrahlte und die
dabei in den freien Raum austretenden Elektronen untersuchte? Da war
zunächst seine Feststellung, daß die Geschwindigkeitsverteilung dieser Elektronen *nicht* von der Lichtintensität abhängt.[2] Dagegen zeigte sich eine
Frequenzabhängigkeit des Effekts: Brachte man nämlich ein (den ultravioletten Anteil des Lichts absorbierendes) Glimmer- oder Glasplättchen vor
die Metalloberfläche, so waren keine Elektronen mehr nachweisbar. Andererseits erwies sich die Zahl der pro Zeiteinheit emittierten Elektronen als
proportional zur Intensität des Lichts, und das galt überraschenderweise

---

[2] Die Messung führte LENARD so aus, daß er die Elektronen auf einer parallel zur beleuchteten Oberfläche des Metalls angeordneten metallischen Scheibe auffing, an die eine
Gegenspannung angelegt war, so daß die von der Metalloberfläche (in unterschiedlichen
Richtungen!) ausgesandten Elektronen abgebremst wurden. Durch Variation der Spannung ließ sich die Geschwindigkeitsverteilung der Elektronen bestimmen, wie sie unmittelbar nach ihrem Austritt aus dem Metall vorlag. (Genau gesprochen handelt es sich
dabei um die Geschwindigkeit senkrecht zur Metalloberfläche.)

auch noch bei sehr kleinen Intensitäten. Im besonderen war kein Schwelleneffekt (Einsetzen der Elektronenemission erst bei einer Mindestintensität) zu erkennen, wie ihn LENARD wohl erwartet hatte.

Am unverständlichsten erschien tatsächlich die Beobachtung, daß die Intensität des Lichts keinen Einfluß auf die kinetische Energie der Elektronen hatte. Man mußte sich doch wohl vorstellen, daß das Elektron im Metall unter der Einwirkung des eingestrahlten Lichts – nach allem, was man wußte, war dies eine elektromagnetische Welle – eine Art Resonanzschwingung ausführt (wie bereits erwähnt, hatte LENARD festgestellt, daß bei seinen Versuchen nur der ultraviolette Teil des Spektrums der von ihm benutzten Lichtquellen tatsächlich wirksam war). Das Elektron entnimmt dann der Lichtwelle bei einer jeden Schwingung etwas Energie, bis der angesammelte Energiebetrag die potentielle Energie übersteigt. Dann wird das Elektron mit einer gewissen kinetischen Energie seinen „Potentialtopf" verlassen, wobei dieser Energieüberschuß dem Elektron nur während der letzten halben bzw. ganzen Resonanzschwingung mitgeteilt worden sein kann. Man erwartet daher, daß die kinetische Energie der abgelösten Elektronen mit der Intensität der Lichtwelle anwächst – ganz im Gegensatz zu der Erfahrung. Überdies war die beobachtete Austrittsgeschwindigkeit viel größer, als sie es bei den verwendeten Lichtintensitäten nach der geschilderten Modellvorstellung hätte sein dürfen. LENARD sah sich aus diesem Grunde veranlaßt, andere physikalische Mechanismen der Elektronenemission in Betracht zu ziehen. Er schreibt [LEN 02]: „Es bleibt danach die Annahme complicirterer Bewegungsbedingungen der inneren Teile des Körpers übrig, ausserdem aber auch die bis auf weiteres näher scheinende Vorstellung, dass die Anfangsgeschwindigkeiten der ausgestrahlten Quanten[3] überhaupt nicht der Lichtenergie entstammen, sondern innerhalb der Atome schon vor der Belichtung vorhandenen heftigen Bewegungen, sodass die Resonanzbewegungen nur eine auslösende Rolle spielen."

Wenden wir uns nun den EINSTEINschen Überlegungen zu! Dieser scharfsinnige Denker ging – ähnlich wie vor ihm PLANCK – von thermodynamischen Betrachtungen aus. Nachdem er klargestellt hatte, daß die durch Thermodynamik und Elektrodynamik gegebenen theoretischen Grundlagen bei der Beschreibung der Hohlraumstrahlung dann vollständig versagen, wenn die Wellenlänge und die Temperatur (und damit auch die Energiedichte der Strahlung) klein sind, konzentrierte er sich auf diesen Fall, für den das WIENsche Strahlungsgesetz gültig ist. Er leitete zunächst einen Ausdruck für die Entropie eines monochromatischen Strahlungsfeldes her, wobei ihn

---

[3]Damit meinte LENARD die Elektronen!

besonders die Abhängigkeit von dem vom Strahlungsfeld eingenommenen Volumen interessierte. Daraus berechnete er, unter Verwendung der fundamentalen BOLTZMANNschen Relation zwischen der Entropie S und der Wahrscheinlichkeit W, $S = k \log W$ (mit k als BOLTZMANN-Konstante), die Wahrscheinlichkeit dafür, daß zu einem Zeitpunkt die Energie des in einen „Kasten" mit spiegelnden Wänden eingeschlossen gedachten Strahlungsfeldes der Frequenz ν zufällig – dank der gerade auch im thermodynamischen Gleichgewicht erfolgenden Feldschwankungen – *vollständig* in einem vorgegebenen Teilvolumen V_0 des Kastens vom Volumen V konzentriert ist. Der von ihm gefundene Ausdruck erweist sich als formal identisch mit der aus der kinetischen Gastheorie bekannten Formel für die Wahrscheinlichkeit, N in ihrer Bewegungsfreiheit auf ein Volumen V beschränkte Moleküle zufällig allesamt in einem kleineren Volumen V_0 vorzufinden. Dabei spielt für das elektromagnetische Feld das Verhältnis der Gesamtenergie zu der Größe $h\nu$ (mit h als PLANCKschem Wirkungsquantum) die Rolle der Teilchenzahl. EINSTEIN gelangt so zu der bedeutsamen Schlußfolgerung: „Monochromatische Strahlung von geringer Dichte (innerhalb des Gültigkeitsbereiches der WIENschen Strahlungsformel) verhält sich in wärmetheoretischer Beziehung so, wie wenn sie aus voneinander unabhängigen Energiequanten von der Größe[4] $h\nu$ bestünde." Wenn das so ist, so argumentiert er weiter, „so liegt es nahe, zu untersuchen, ob auch die Gesetze der Erzeugung und Verwandlung des Lichtes so beschaffen sind, wie wenn das Licht aus derartigen Energiequanten bestünde". Diese Energiequanten, die heute meist als Lichtquanten oder Photonen bezeichnet werden, stellt er sich genauer so vor, daß sie „in Raumpunkten lokalisiert" sind und „sich bewegen, ohne sich zu teilen und nur als Ganze absorbiert und erzeugt werden können".

EINSTEIN führte nun des weiteren aus, daß diese neue Auffassung vom Licht geeignet ist, eine Reihe von Besonderheiten verständlich zu machen, wie sie experimentell bei der Photolumineszenz (in Gestalt der STOKESschen Regel), dem Photoeffekt und der Ionisierung von Gasen durch ultraviolette Strahlung gefunden worden waren. Was speziell den Photoeffekt angeht, so hat man sich folgendes Bild zu machen: Ein ankommendes Lichtquant übermittelt einem Metallelektron mit einem Schlage seine gesamte Energie. Letztere wird zum Teil dazu verbraucht, das Elektron aus dem Metall herauszulösen, d. h. eine „Austrittsarbeit" A zu verrichten, während die rest-

---

[4] Tatsächlich verwendet EINSTEIN, da er ja nicht vom PLANCKschen sondern vom WIENschen Strahlungsgesetz ausgeht, nicht die PLANCKsche Konstante h, sondern schreibt statt dessen $R\beta/N$, wobei R die universelle Gaskonstante, N die AVOGADROsche Zahl und β die im Exponenten des WIENschen Gesetzes stehende Konstante bezeichnet.

liche Energie dem Elektron als kinetische Energie verbleibt. Mathematisch
bedeutet dies das Bestehen der Beziehung

$$h\nu = \frac{1}{2}mv^2 + A,\tag{2.1}$$

wobei m die Masse und v die Geschwindigkeit des freigesetzten Elektrons
bedeuten. Da die Zahl solcher Elementarprozesse mit der Anzahl der ankommenden Lichtquanten linear zunehmen wird, erwartet man ein lineares
Wachstum der Zahl der pro Sekunde abgelösten Elektronen mit der Lichtintensität, was mit den LENARDschen Beobachtungen im Einklang steht.

Weiterhin lehrt Gl. (2.1), daß die kinetische Energie der Elektronen – bei
einem bestimmten Material – nur von der Frequenz, nicht aber von der
Intensität des einfallenden Lichts abhängt, wobei eine (durch die Materi-
alkonstante A bestimmte) Mindestfrequenz, die sogenannte Grenzfrequenz
ν_G überschritten werden muß, damit der Prozeß überhaupt in Gang kommt.
(Das für $\nu > \nu_G$ vorhergesagte lineare Anwachsen der kinetischen Energie
mit der Frequenz gab übrigens in der Folgezeit die Grundlage ab für eine
sehr genaue und gut handhabbare Methode zur Bestimmung von h, genauer gesagt, da die kinetische Energie mittels eines elektrischen Gegenfeldes
gemessen wurde, des Verhältnisses der PLANCKschen Konstanten h zur elektrischen Elementarladung e.)

EISTEIN überzeugte sich noch, daß seine Formel (2.1) tatsächlich die richtige
(d. h. die von LENARD gefundene) Größenordnung für die kinetische Energie – oder, umgerechnet, für die zum Abbremsen der Elektronen erforderliche Gegenspannung – lieferte, wenn er für die Frequenz ν die ultraviolette
Grenze des Sonnenspektrums einsetzte (und die Austrittsarbeit A zunächst
einmal vernachlässigte).

Damit konnten also tatsächlich die LENARDschen Beobachtungen als „er-
klärt" gelten. EINSTEIN formulierte es allerdings sehr viel bescheidener so:
„Mit den von Hrn. LENARD beobachteten Eigenschaften der lichtelektrischen
Wirkung steht unsere Auffassung, soweit ich sehe, nicht im Widerspruch."

Es zeugt von EINSTEINs bewundernswertem physikalischen Gespür, daß er
sogleich an die Möglichkeiten von, wie wir heute sagen, Mehr-Quantenpro-
zessen dachte. Seiner Meinung nach könnten ja Abweichungen von der bei
der Fluoreszenz des Lichts zu beobachtenden STOKESschen Regel dann auftreten, „wenn die Anzahl der gleichzeitig in Umwandlung befindlichen Energiequanten pro Volumeneinheit so groß ist, daß ein Energiequant des erzeugten Lichtes seine Energie von mehreren erzeugenden Lichtquanten erhalten
kann". Einstein hat damit als erster eine *nichtlineare* Optik für möglich

gehalten, die inzwischen – dank der Entwicklung leistungsstarker Lichtquellen in Gestalt der Laser – Wirklichkeit geworden und mit der Fülle ihrer Erscheinungen aus der modernen Physik nicht mehr wegzudenken ist.

Erst in einer folgenden Arbeit setzte EINSTEIN [EIN 06] die Lichtquantenvorstellung in Beziehung zu der PLANCKschen Theorie der Hohlraumstrahlung. Er unterstrich, daß das physikalische Kernstück der PLANCKschen Theorie in der folgenden Annahme zu sehen ist: Die Energie eines mit dem Strahlungsfeld wechselwirkenden materiellen Oszillators mit der Eigenfrequenz ν_0 kann nur diskrete Werte annehmen, die ein ganzzahliges Vielfaches von $h\nu_0$ sind; sie „ändert sich durch Absorption und Emission sprungweise, und zwar um ein ganzzahliges Vielfaches von $h\nu_0$".

Während sich der konservative PLANCK jedoch bemühte, doch noch eine Versöhnung mit der klassischen Theorie herbeizuführen – so bekennt er rückschauend [PLA 43], „durch mehrere Jahre hindurch machte ich immer wieder Versuche, das Wirkungsquantum irgendwie in das System der klassischen Physik einzubauen" –, nahm EINSTEIN die PLANCKsche Hypothese physikalisch ernst. Tatsächlich erwies sie sich als der folgenschwere erste Schritt auf dem Wege zu einem revolutionären Umdenken in der Physik, das schließlich in der Quantenmechanik seinen gültigen Ausdruck fand.

Trotz der glänzenden experimentellen Bestätigung, welche die Lichtquantenhypothese – in Gestalt von Gl. (2.1) – später durch sehr sorgfältige Messungen von MILLIKAN [MIL 16] (ganz gegen dessen eigene Erwartungen!) erfuhr, verbleibt natürlich die Frage nach ihrer Vereinbarkeit mit der Vielzahl von optischen Experimenten (wie Interferenz und Beugung), die sich nur mit der Vorstellung einer kontinuierlichen Erfüllung des Raumes durch Wellen verstehen lassen. EINSTEIN ist sich dieser Problematik durchaus bewußt, er erblickt aber noch einen Ausweg darin, „daß sich", wie er in seiner Arbeit vom Jahre 1905 schreibt, „die optischen Beobachtungen auf zeitliche Mittelwerte, nicht aber auf Momentanwerte beziehen".

Diese Argumentation vermag uns aber heute nicht mehr zu überzeugen; ist doch beispielsweise auch experimentell sichergestellt, daß Interferenzen selbst dann noch stattfinden, wenn sich in jedem Zeitpunkt im Mittel höchstens ein Photon in der Apparatur (z. B. einem MICHELSON-Interferometer) befindet, so daß also jedes Photon „mit sich selbst interferiert", wie es DIRAC [DIR 58] so prägnant formulierte. Wir kommen somit nicht umhin, bereits dem einzelnen Photon Welleneigenschaften zuzuschreiben, so daß uns die EINSTEINsche Lichtquantenhypothese letztlich ein dualistisches Bild vom Licht bescherte.

In welcher Weise sich diese Auffassung seit der EINSTEINschen Pionierleistung, dank eines eindrucksvollen experimentell-technischen wie auch theoretischen Fortschritts, vertieft und verfeinert hat, soll in den folgenden Kapiteln geschildert werden. Zuvor wollen wir jedoch an die Grundzüge der auf der klassischen Elektrodynamik beruhenden Theorie des Lichts erinnern. Sind es doch diese klassischen Vorstellungen, die uns als physikalische Leitbilder begleiten, wenn wir die optischen Phänomene bis hin zu den mikroskopischen Elementarprozessen verfolgen, und damit letztlich das Kriterium dafür abgeben, ob uns eine Erscheinung als „anschaulich" – und damit „verständlich" – oder im Gegenteil als „paradox" oder „unbegreiflich" erscheint.

3 Grundzüge der klassischen Beschreibung des Lichts

3.1 Das elektromagnetische Feld und seine Energie

Zweifellos bedeutet die von MAXWELL auf theoretischem Wege gewonnene Einsicht, daß Licht seinem Wesen nach ein elektromagnetischer Vorgang ist, einen Markstein in der Geschichte der Optik. Mit den nach ihm benannten Gleichungen waren damit zugleich die Grundlagen für eine genaue Beschreibung, wie es schien, aller optischer Phänomene gegeben. Das klassische Bild des Lichts ist somit geprägt durch den Begriff des elektromagnetischen Feldes. In jedem Raumpunkt, gekennzeichnet durch einen Ortsvektor r, und zu jeder Zeit t hat man sich je einen Vektor der elektrischen und der magnetischen Feldstärke zu denken. Die zeitliche Entwicklung der Feldverteilung wird durch lineare gekoppelte partielle Differentialgleichungen, eben die MAXWELLschen Gleichungen, beschrieben.

Die Feldstärken haben eine direkte physikalische Bedeutung: Bringt man einen elektrisch geladenen Probekörper in das Feld, so erfährt er eine Kraft, die durch das Produkt aus seiner Ladung Q und der elektrischen Feldstärke E gegeben ist. (Um eine Verfälschung des Meßwertes durch das vom Probekörper selbst erzeugte, störende Feld zu vermeiden, sollte die Ladung Q hinreichend klein gewählt werden.) In analoger Weise beschreibt die magnetische Feldstärke H, genauer die magnetische Induktion $B = \mu H$ (mit μ als Permeabilität), die auf einen (isoliert gedachten) Magnetpol ausgeübte mechanische Kraft.

Dem elektromagnetischen Feld ist andererseits ein Energieinhalt zuzuschreiben, besser gesagt, da man sich in einer konsequenten Feldtheorie die Energie nur kontinuierlich im Raum verteilt vorstellen kann, eine räumliche Energiedichte. Wie diese von den Feldstärken abhängt, läßt sich auf rein formalem Wege herausfinden: Ausgehend von den MAXWELLschen Gleichungen erhält man durch Ausführung einiger mathematischer Operationen die folgende – als POLYNTINGschen Satz bezeichnete – Beziehung (s. z. B. [SOM 49])

$$\frac{\partial}{\partial t}\left(\frac{1}{2}\varepsilon E^2 + \frac{1}{2}\mu H^2\right) + EJ + \mathrm{div}\,S = 0. \tag{3.1}$$

Hier bezeichnet J die elektrische Stromdichte, und der – ebenfalls nach POYNTING benannte – Vektor S wird als Abkürzung für das vektorielle Produkt der elektrischen und der magnetischen Feldstärke eingeführt:

$$S = E \times H \, . \tag{3.2}$$

Weiterhin haben wir der Einfachheit halber angenommen, daß ein homogenes, isotropes Medium mit der Dielektrizitätskonstanten ε und der Permeabilität μ vorliege.

Integrieren wir Gl. (3.1) über ein beliebig gewähltes Volumen V, so finden wir (unter Verwendung des GAUSSschen Satzes) die Relation

$$\frac{\partial}{\partial t} \int_V \left(\frac{1}{2}\varepsilon E^2 + \frac{1}{2}\mu H^2 \right) d^3 r + \int_V E J \, d^3 r + \int_O S_n \, df = 0 \tag{3.3}$$

mit O als Oberfläche des Volumens, df als Element dieser Oberfläche und S_n als Normalkomponente des POYNTING-Vektors S.

In Gl. (3.1) läßt sich die Größe EJ am leichtesten physikalisch interpretieren. Sie bedeutet die (auf die Volumeneinheit bezogene) Arbeit, die das elektrische Feld in der Zeiteinheit an einem elektrischen Strom verrichtet und die sich normalerweise als Wärme wiederfindet. Es liegt daher nahe, Gl. (3.3) als eine Energiebilanz in folgender Weise zu lesen: Eine zeitliche Änderung der im Volumen V gespeicherten elektromagnetischen Energie ist bedingt einerseits durch eine eventuelle Arbeitsleistung des elektrischen Feldes an einer vorhandenen Stromverteilung und andererseits durch ein Hineinfließen (oder Herausströmen) der Energie in das betrachtete Volumen (oder aus ihm heraus). Das bedeutet, wir interpretieren die Größe

$$u = \frac{1}{2}\varepsilon E^2 + \frac{1}{2}\mu H^2 \tag{3.4}$$

als die Dichte der elektromagnetischen Energie (die demnach in einen rein elektrischen und einen rein magnetischen Anteil zerfällt) – in Analogie zu einer Deformationsenergie in einem elastischen Medium –, während der POYNTING-Vektor als Repräsentant der Energiestromdichte aufzufassen ist.

Wir haben uns also vorzustellen, daß elektromagnetische Energie – in räumlich kontinuierlich verteilter Form – im Feld deponiert ist. Darüber hinaus gibt es aber auch noch eine Energieströmung (die vor allem bei den Prozessen der Ausstrahlung eine fundamentale Rolle spielt).

Damit scheint die mathematische Beschreibung der energetischen Verhältnisse im elektromagnetischen Feld eindeutig aus den Grundlagen der Theorie zu folgen. In Wirklichkeit trifft dies jedoch nur für die Energiedichte zu. Der Ausdruck (3.2) für den Vektor der Energiestromdichte dagegen ist mit einer Willkür behaftet. Aus Gl. (3.1) ist nämlich zu ersehen, daß man zu dem

POYNTING-Vektor ein beliebiges divergenzfreies Vektorfeld, also ein reines Wirbelfeld, addieren kann, ohne daß sich an der Energiebilanz (3.1) etwas ändert. Diese Vieldeutigkeit in der Beschreibung der Energieströmung hat zu bis heute noch nicht verebbten Diskussionen darüber Anlaß gegeben, welcher Ansatz für die Energiestromdichte denn eigentlich der „sinnvollste" sei. Dabei stellte sich heraus, daß diese Frage keinesfalls einfach zu beantworten ist, weil je nachdem, welche konkreten Situationen man betrachtet, der eine oder der andere Ausdruck der „Anschauung" besser gerecht zu werden scheint.

Wir wollen auf dieses Problem nicht näher eingehen, halten aber als bemerkenswert fest, daß uns die Theorie jedenfalls kein eindeutiges Bild einer Energieströmung vermittelt. Vielmehr kann man sich völlig unterschiedliche Formen des Strömungsverlaufs ausdenken, die dann doch alle physikalisch äquivalent sind.

Was der POYNTINGsche Vektor der „Anschauung" zumutet, sei an dem einfachen Beispiel zweier zueinander senkrecht stehender („gekreuzter") *statischer* Felder, eines elektrischen und eines magnetischen, demonstriert. Gemäß Gl. (3.2) strömt in diesem Fall ja ständig Energie durch den Raum, allerdings läßt sie sich nicht „fassen", denn aus irgendeinem Volumenelement strömt stets genausoviel Energie heraus wie hinein.

Ein interessanter Aspekt der kontinuierlichen Verteilung der Energie im Raum – einer Konzeption, die sich nicht nur in der MAXWELLschen Theorie, sondern allgemein in einer jeden klassischen Feldtheorie zwingend ergibt – ist die daraus folgende *beliebige* Verdünnbarkeit der Energie. Schicken wir beispielsweise mittels eines Scheinwerfers Licht in den Weltraum, so hat das entsprechende Lichtbündel aufgrund der Beugung notwendig einen endlichen Öffnungswinkel. Damit wird die in einem Volumen fester Größe vorhandene elektromagnetische Energie immer kleiner, je weiter das Licht vordringt, und es gibt für diesen Verdünnungsprozeß einfach keine Grenze. Offenbar steht dieses Verhalten des Lichts in krassem Gegensatz zu dem, was man an materiellen Teilchen beobachtet. Bei einem Elektronenstrahl beispielsweise verdünnt sich zwar die *mittlere* Teilchendichte in ähnlicher Weise wie die elektromagnetische Energiedichte, für die tatsächliche Messung gilt jedoch ein Alles-oder-Nichts-Prinzip: Entweder findet man bei einer Messung in einem vorgegebenen Volumen ein (oder auch mehrere) Teilchen oder keines. Mit wachsender Verdünnung des Strahls werden die letzteren Ereignisse immer häufiger, und in diesen Fällen ist das Volumen absolut leer. Tatsächlich wird die geschilderte Diskrepanz durch die EINSTEINsche Lichtquantenhypothese und, damit übereinstimmend, die Quantentheorie des Lichts beseitigt, die dem Licht auch einen Teilchenaspekt zuschreibt.

3.2 Intensität und Interferenz

Betrachten wir das elektromagnetische Feld speziell unter dem Blickpunkt der Optik, so erhebt sich die Frage, welche physikalische Größe bei optischen Experimenten (wozu auch die visuelle Beobachtung zu zählen ist) eigentlich als Meßgröße fungiert. Zweifellos ist es *nicht* die elektrische oder die magnetische Feldstärke selbst, denn diese Größen ändern sich zeitlich so schnell, daß kein Empfänger diesen hochfrequenten Schwingungen – die Schwingungsdauer liegt bei 10^{-15} s – zu folgen vermag. Was sich tatsächlich bei der Registrierung optischer Phänomene – sei es in einer photographischen Schicht oder im Auge – abspielt, ist, primär jedenfalls, die Ablösung jeweils eines Elektrons aus einem atomaren Verband unter der Einwirkung des Lichts. Für einen solchen photoelektrischen Effekt ist, wie wir in Abschn. 5.2 näher ausführen werden, der zeitliche Mittelwert des Quadrats der elektrischen Feldstärke[1] am Ort des jeweiligen Detektoratoms, also die als Intensität bezeichnete Größe

$$I(r,t) = \frac{1}{2}\frac{1}{T}\int_{t-\frac{1}{2}T}^{t+\frac{1}{2}T} E^2(r,t')\,dt' , \qquad (3.5)$$

maßgebend. Die Mittelung erstreckt sich dabei wenigstens über einige Lichtperioden, und der Faktor 1/2 wurde eingefügt, um später nicht immer einen Faktor 2 mitschleppen zu müssen [s. Gl. (3.10)].

Zur Ausführung der Mittelung ist es bequem, die elektrische Feldstärke, die sich allgemein als ein FOURIER-Integral

$$E(t) = \int_{-\infty}^{\infty} f(\nu)e^{-2\pi i\nu t}\,d\nu \qquad (3.6)$$

schreiben läßt, in einen positiven und einen negativen Frequenzanteil zu zerlegen gemäß

$$E(t) = E^{(+)}(t) + E^{(-)}(t) \qquad (3.7)$$

mit

$$E^{(+)}(t) = \int_{0}^{\infty} f(\nu)e^{-2\pi i\nu t}\,d\nu \qquad (3.8)$$

---

[1] Häufig wird die Intensität – abgesehen von einem Normierungsfaktor – mit dem Betrag des zeitlich gemittelten POYNTING-Vektors identifiziert (vgl. [BOR 64]). Diese Definition ist zwar im Fall laufender Wellen mit Gl. (3.5) gleichbedeutend, sie versagt jedoch bei stehenden Wellen. Dann verschwindet nämlich der POYNTING-Vektor im zeitlichen Mittel, nichtsdestoweniger wird jedoch eine photographische Platte an den Bäuchen der elektrischen Feldstärke geschwärzt, wie von der LIPPMANNschen Farbphotographie her bekannt ist.

und

$$E^{(-)}(t) = \int_{-\infty}^{0} f(\nu)e^{-2\pi i \nu t}\, d\nu = \int_{0}^{\infty} f^*(\nu)e^{2\pi i \nu t}\, d\nu = E^{(+)*}(t)\,, \quad (3.9)$$

wobei zu beobachten ist, daß wegen der Realität von E die Beziehung $f(-\nu) = f^*(\nu)$ besteht.

Ist die Frequenzverteilung des Lichts noch sehr schmal gegenüber der Mittenfrequenz – wir sprechen dann von quasimonochromatischem Licht –, so reduziert sich der Ausdruck (3.5) für die Intensität auf die einfache Gestalt

$$I(r,t) = E^{(-)}(r,t)E^{(+)}(r,t)\,. \tag{3.10}$$

Vom Nachweis her besteht somit ein fundamentaler Unterschied zwischen Akustik und Optik. Während Schallwellen mechanische Gebilde (akustische Resonatoren, das Trommelfell) zu einem Mitschwingen veranlassen, erfolgt der Nachweis optischer Signale über einen bezüglich der elektrischen Feldstärke nichtlinearen Prozeß; es findet eine Art Gleichrichtung – die Umwandlung eines elektrischen Wechselfeldes außerordentlich hoher Frequenz in einen zeitlich konstanten bzw. schwach veränderlichen Photostrom – statt. Hier liegt die Ursache für die fundamentale Verschiedenheit unserer ästhetischen Empfindungsmöglichkeiten im Bereich der Töne einerseits und der Farben andererseits.

Ein ganz wesentlich durch die Wellennatur des Lichts bedingtes Phänomen sind die Interferenzerscheinungen. Vom formalen Standpunkt aus kann man sagen, daß sie letztlich ihre Ursache in der Linearität der MAXWELLschen Gleichungen haben, derzufolge auch die Summe zweier Lösungen wieder eine Lösung darstellt. Physikalisch bedeutet dieses Superpositionsprinzip folgendes: Fallen zwei Wellen ein, so ist die elektrische (und gleicherweise natürlich auch die magnetische) Feldstärke in dem Raumgebiet, wo sich die Wellen überschneiden, gleich der Summe der elektrischen Feldstärken der beiden Wellen für sich.

Betrachten wir als einfachstes Beispiel die Interferenz zweier (in gleicher Richtung) linear polarisierter ebener Wellen mit leicht unterschiedlicher Frequenz und Ausbreitungsrichtung, so haben wir also für den positiven Frequenzanteil der elektrischen Feldstärke des Gesamtfeldes zu schreiben

$$E^{(+)}(r,t) = A_1 e \exp\{i(k_1 r - \omega_1 t + \varphi_1)\} + A_2 e \exp\{i(k_2 r - \omega_2 t + \varphi_2)\}\,,$$

$$\tag{3.11}$$

wobei A_j die (reelle) Amplitude, e einen die Polarisationsrichtung anzeigenden Einheitsvektor, k_j den Wellenzahlvektor, ω_j die Kreisfrequenz und φ_j die (konstante) Phase der Teilwelle $j\,(=1,2)$ bezeichnen.

Der Ausdruck (3.11) läßt sich in folgender Weise umformen:

$$\begin{aligned} E^{(+)}(r,t) \;=\; & A_1 e \exp\{\mathrm{i}(k_1 r - \omega_1 t + \varphi_1)\} \\ & \times [1 + \alpha \exp\{\mathrm{i}(\Delta k r - \Delta\omega t + \Delta\varphi)\}] \,, \end{aligned} \qquad (3.12)$$

wobei die Abkürzungen $\alpha = A_2/A_1$, $\Delta k = k_2 - k_1$, $\Delta\omega = \omega_2 - \omega_1$ und $\Delta\varphi = \varphi_2 - \varphi_1$ benutzt wurden. Gl. (3.12) beschreibt einen Wellenvorgang, der sich von einer idealen ebenen Welle dadurch unterscheidet, daß seine Amplitude räumlich und zeitlich moduliert ist.

Nun ist aber, wie oben bereits erwähnt, die elektrische Feldstärke im optischen Frequenzbereich keine beobachtbare Größe. Was man tatsächlich sehen, photographieren oder anderweitig registrieren kann, ist die Intensität (3.10), die sich unter Zugrundelegung von Gl. (3.11) zu

$$I(r,t) = A_1^2 + A_2^2 + 2A_1 A_2 \cos(\Delta k r - \Delta\omega t + \Delta\varphi) \qquad (3.13)$$

ergibt, wofür wir, da A_j^2 gerade die Intensität I_j der Welle $j\,(=1,2)$ bedeutet, auch schreiben können

$$I(r,t) = I_1 + I_2 + 2\sqrt{I_1 I_2}\,\cos(\Delta k r - \Delta\omega t + \Delta\varphi)\,. \qquad (3.14)$$

Offenbar ist der dritte Summand auf der rechten Seite von Gl. (3.13) bzw. (3.14) für die Interferenz maßgeblich. Lassen wir das Licht auf einen Beobachtungsschirm fallen, so bietet sich dem Auge ein System von äquidistanten, abwechselnd hellen und dunklen Streifen dar. Der Helligkeitsunterschied ist dabei um so stärker ausgeprägt, je weniger sich die Intensitäten I_1 und I_2 unterscheiden. Im Spezialfall gleicher Intensität $I_1 = I_2$ geht die Intensität in den Mitten der dunklen Streifen bis zu Null herunter.

Zu beachten ist, daß sich das geschilderte Interferenzmuster im Laufe der Zeit verschiebt, sozusagen wegläuft, wenn die beiden Frequenzen nicht genau übereinstimmen. Nur für $\Delta\omega = 0$ tritt ein stehendes – und damit auf photographischem Wege tatsächlich beobachtbares – Interferenzbild auf. Im Fall $\Delta\omega \neq 0$ ist die Intensität, an einem festen Ort betrachtet, mit der Differenzfrequenz $\Delta\nu = \Delta\omega/2\pi$ moduliert. Eine Beobachtungsmöglichkeit dieses „Schwebungsphänomens" bietet die Photozelle, wie wir in Abschn. 5.2 näher erläutern werden.

3.3 Ausstrahlung

Als außerordentlich bedeutsam erwies sich der bereits von MAXWELL entdeckte mathematische Sachverhalt, daß die Grundgleichungen der Elektrodynamik unter anderem Lösungen von wellenartigem Charakter besitzen. Die Ausbreitungsgeschwindigkeit dieser Wellen (im Vakuum) hatte MAXWELL schon früher in seinem Äthermodell unter Zuhilfenahme mechanischer Analogien zu $c = (\varepsilon\mu)^{-\frac{1}{2}}$ berechnet. Diese Größe war bereits vorher von WEBER und KOHLRAUSCH für das Vakuum durch elektrische Messungen bestimmt worden. Während MAXWELL aus der verblüffend genauen Übereinstimmung dieses Wertes mit der von FIZEAU gemessenen Vakuumlichtgeschwindigkeit auf die elektromagnetische Natur des Lichts schloß – vor ihm hatte FARADAY schon einen Zusammenhang von Licht und Elektrizität vermutet –, gelang es HEINRICH HERTZ als erstem, elektromagnetische Wellen auf elektrischem Wege zu erzeugen und damit eine ganz wesentliche Aussage der Theorie experimentell direkt zu bestätigen.

Das einfachste Modell eines Senders, der elektromagnetische Energie in den freien Raum strahlt, ist der sogenannte HERTZsche Dipol. Darunter hat man sich zwei räumlich getrennte, gleich große, dem Vorzeichen nach jedoch entgegengesetzte, punktförmig gedachte Ladungen vorzustellen, von denen die eine ruht und die andere längs einer (durch den Ort der ruhenden Ladung hindurchgehenden) Geraden verschiebbar ist. Dank einer äußeren Krafteinwirkung kommt es zu einer erzwungenen Hin- und Herbewegung der einen Ladung. Das bedeutet, es findet eine zeitliche Änderung des elektrischen Dipolmoments $D = Qa$ statt, wobei Q den Betrag der Ladung und a den von der negativen zur positiven Ladung zeigenden Abstandsvektor bezeichnet: Die zeitliche Ableitung des Dipolmoments repräsentiert einen elektrischen Strom, der in den MAXWELLschen Gleichungen die Rolle einer Quelle des elektromagnetischen Feldes spielt. Die theoretische Behandlung des in Rede stehenden Ausstrahlungsproblems liefert einfache Ausdrücke für das elektromagnetische Feld in größerer Entfernung von der Quelle, in der sogenannten Fernzone. Dort sind die elektrische und die magnetische Feldstärke allein durch die zweite zeitliche Ableitung des elektrischen Dipolmoments, also die Beschleunigung der bewegten Ladung, bestimmt, wobei zu beachten ist, daß für den Wert der Feldstärke in einem Raumpunkt P zu einer Zeit t die Beschleunigung zu einer um $\Delta t = r/c$ (r Abstand des betrachteten Raumpunktes von der Quelle und c Lichtgeschwindigkeit) früheren Zeit maßgeblich ist. Dieser als „Retardierung" bezeichnete Effekt macht deutlich, daß sich elektromagnetische Wirkungen mit Lichtgeschwindigkeit ausbreiten.

Im einzelnen zeigt sich, daß E und H zueinander und zu dem von der Lichtquelle aus gezählten Ortsvektor senkrecht stehen. Weiterhin erweisen sich die Feldstärken als proportional zu $\sin\vartheta$, wobei ϑ den Winkel zwischen dem Ortsvektor (Ausstrahlungsrichtung) und der Dipolrichtung bezeichnet. Für den Betrag des (in Ausstrahlungsrichtung weisenden) POYNTING-Vektors findet man den Wert

$$S = \frac{1}{16\pi^2\varepsilon_0 c^3}\frac{\sin^2\vartheta}{r^2}\ddot{D}^2 \tag{3.15}$$

(s. z. B. [SOM 49]). (ε_0 bezeichnet die Dielektrizitätskonstante des Vakuums.)

Zunächst ist das Abklingen des Energieflusses mit $1/r^2$ leicht zu verstehen: Es hat zur Folge, daß die pro sec durch eine Kugelschale strömende Energie stets die gleiche ist, wenn man die Ausbreitung einer bestimmten Wellenfront verfolgt, und trägt daher dem Energieerhaltungssatz Rechnung.

Die Winkelabhängigkeit in Gl. (3.15) bringt eine typische Richtungscharakteristik der Ausstrahlung zum Ausdruck: Ein elektrischer Dipol strahlt in seiner Schwingungsrichtung gar nicht, senkrecht dazu dagegen maximal. In ähnlicher Weise hängt auch die von einer Antenne absorbierte Energie empfindlich vom Einfallswinkel ab. (Eine entsprechende Erfahrung haben wir wohl schon alle einmal gemacht, als wir uns bemühten, für unsere Fernsehantenne die günstigste Orientierung herauszufinden.) Die physikalische Ursache für dieses Verhalten einer Empfangsantenne liegt übrigens auf der Hand. Nur die Komponente der elektrischen Feldstärke in Dipolrichtung vermag den Dipol in Schwingungen zu versetzen. Die Wechselwirkung ist daher am stärksten, wenn die Richtung der elektrischen Feldstärke mit der Schwingungsrichtung des Dipols zusammenfällt, und das gilt auch für die Emission. Wegen des transversalen Charakters der elektromagnetischen Wellen bedeutet dies Einfall bzw. Emission in der zur Dipolschwingung senkrechten Richtung.

Doch kehren wir zur Ausstrahlung des HERTZschen Dipols zurück! Von großer praktischer Bedeutung ist der Fall, daß sich die erregende (äußere) Kraft zeitlich sinusförmig ändert. Ein Musterbeispiel hierfür ist ein Rundfunksender. Unter diesen Umständen führt dann auch das Dipolmoment eine harmonische Schwingung aus, und das gleiche gilt für das ausgesandte elektromagnetische Feld, das damit monochromatisch wird. In energetischer Hinsicht sind die Verhältnisse so, daß dem oszillierenden Dipol durch die Ausstrahlung laufend Energie entzogen wird – man spricht in diesem Zusammenhang von einer „Strahlungsdämpfung", die eine Bremswirkung auf die bewegte Ladung zur Folge hat. Dieser Energiebetrag muß durch Arbeitsleistung der treibenden Kraft an der bewegten Ladung ständig nachgeliefert werden, um die in Rede stehende stationäre, monochromatische Ausstrahlung zu gewährleisten.

Bezeichnen wir die Frequenz der Strahlung mit ν, so folgt aus G1. (3.15), wenn wir noch über die Zeit mitteln, für die in das Raumwinkelelement $d\Omega = \sin\vartheta\, d\vartheta\, d\varphi$ pro Zeiteinheit emittierte Energie der Ausdruck

$$S\, d\Omega = \frac{\pi^2 D_0^2 \nu^4}{2\varepsilon_0 c^3} \sin^3\vartheta\, d\vartheta\, d\varphi \tag{3.16}$$

mit D_0 als Amplitude der Dipolschwingung.

Die Formel (3.16) gilt nicht nur für makroskopische Sendeantennen, mit deren Hilfe Radio- oder Mikrowellen ausgestrahlt werden, sie ist auch auf mikroskopische Oszillatoren wie Atome oder Moleküle anwendbar. In der Tat hat man sich die (nichtresonante) Streuung des Lichts, die sogenannte RAYLEIGH-Streuung, an atomaren Objekten so vorzustellen, daß die einfallende Strahlung an ihnen mit Lichtfrequenz oszillierende Dipolmomente induziert, die ihrerseits nicht nur in Vorwärtsrichtung, sondern gemäß G1. (3.16) auch nach der Seite ausstrahlen (und so die Streuung des Lichts bewirken). Eine Folge des ν^4-Gesetzes haben wir an sonnigen Tagen buchstäblich vor Augen. Es ist das Himmelsblau, das dadurch zustande kommt, daß der blaue Anteil des Sonnenlichts an den Luftmolekülen stärker gestreut wird als der rote. Diese von LORD RAYLEIGH stammende Erklärung des Himmelsblau ist allerdings noch nicht die ganze Wahrheit. Wie SMOLUCHOWSKI und EINSTEIN erkannten, spielen Unregelmäßigkeiten in der räumlichen Verteilung der Moleküle eine wesentliche Rolle. Sie sind es nämlich, die eine totale Auslöschung des nach der Seite gestreuten Lichts infolge Interferenz der von den einzelnen Streuzentren ausgehenden Partialwellen verhindern.

3.4 Spektrale Zerlegung

Im Gegensatz zu den Verhältnissen, wie sie bei einem Rundfunksender vorliegen, handelte es sich bei den HERTZschen Experimenten um stark gedämpfte (also zeitlich schnell abklingende) Dipolschwingungen, erzeugt mit Hilfe eines Funkeninduktors. Solche Vorgänge begegnen uns auch im atomaren Bereich, etwa bei der spontanen Emission. Die einfachste Modellvorstellung, die wir uns in diesem Fall machen können, ist die, daß ein Oszillator, ein schwingungsfähiges Gebilde mit der Eigenfrequenz ν_0, kurzzeitig „angestoßen" wird (beispielsweise durch einen Elektronenstoß) und so in Schwingungen gerät. Infolge der damit verbundenen Ausstrahlung wird die Dipolschwingung in ihrer Amplitude exponentiell gedämpft. Sie kommt also nach einiger Zeit zur Ruhe, und entsprechend wird auch nur ein Wellenzug endlicher Länge ausgestrahlt. An einem festen Ort betrachtet, klingen die elektrische und die magnetische Feldstärke – nachdem die Wellenfront den Beobachter erreicht hat – exponentiell ab. Ein solcher Wellenzug kann aber nicht mehr streng monochromatisch sein. Das sieht man leicht ein, wenn man eine spektrale Zerlegung der elektrischen Feldstärke, als Funktion der Zeit, vornimmt, also für den positiven Frequenzanteil schreibt

$$E^{(+)}(t) = E_0 e^{-2\pi i \nu_0 t - \frac{\kappa}{2} t} = \int_0^\infty f(\nu) e^{-2\pi i \nu t}\, d\nu\,, \tag{3.17}$$

wobei wir der Einfachheit halber angenommen haben, daß es sich um linear polarisiertes Licht handelt. Unter E ist daher die elektrische Feldstärke in Polarisationsrichtung zu verstehen.

Weiterhin wurde vorausgesetzt, daß $E(t)$ für $t < 0$ verschwindet. Das FOURIER-Theorem liefert dann, angewandt auf Gl. (3.17), für $f(\nu)$

$$f(\nu) = \int_0^\infty E^{(+)}(t) e^{2\pi i \nu t}\, dt\,, \tag{3.18}$$

und explizit ergibt sich in unserem Fall

$$f(\nu) = \frac{2E_0}{\kappa + 4\pi i(\nu_0 - \nu)}\,, \tag{3.19}$$

d. h., die Strahlung zeigt eine LORENTZsche Frequenzverteilung

$$|f(\nu)|^2 = \frac{4|E_0|^2}{\kappa^2 + [4\pi(\nu - \nu_0)]^2} \tag{3.20}$$

mit der Halbwertsbreite

$$\Delta\nu = \frac{\kappa}{2\pi}\,. \tag{3.21}$$

Wir sprechen von einer Emissions„linie" mit der Breite $\Delta\nu$. Beachtet man, daß $\Delta t = \kappa^{-1}$ die Dauer des emittierten Wellenzugs (gemessen an dessen Intensitätsverlauf an einem festen Ort) kennzeichnet, so läßt sich Gl. (3.21) auch schreiben als

$$\Delta\nu \cdot \Delta t \approx \frac{1}{2\pi}\,. \tag{3.22}$$

In dieser Form beansprucht sie generelle Gültigkeit für Wellenzüge endlicher Dauer, wobei allerdings vorauszusetzen ist, daß sich die Phase der elektrischen Feldstärke während der Zeit Δt nur wenig ändert. Ist das Gegenteil der Fall – treten möglicherweise sogar unkontrollierbare Phasensprünge, bedingt durch Wechselwirkung des strahlenden Dipols mit seiner Umgebung, auf – , so wird die linke Seite in Gl. (3.22) merklich größer als $1/2\pi$. Diese Relation ist damit allgemein so zu lesen, daß sie den Mindestwert der Linienbreite angibt, den ein Wellenzug endlicher Dauer besitzen kann.

Eine interessante physikalische Konsequenz aus Gl. (3.22) ist dann die, daß bei realer FOURIER-Zerlegung eines Wellenzugs in einem Spektralapparat Partialwellen erzeugt werden müssen, die dank ihrer größeren Frequenzschärfe deutlich länger sind als die einfallende Welle. Wie der Spektralapparat dies bewerkstelligt, kann man sich leicht am Beispiel eines FABRY-PEROT-Interferometers klarmachen.

Dieses Gerät besteht aus einer „Luftplatte", die von zwei auf parallelen Glasplatten aufgebrachten Silberschichten S_1 und S_2 begrenzt wird (Fig. 5). Läßt man einen Wellenzug unter einem bestimmten Winkel auf S_1 fallen,

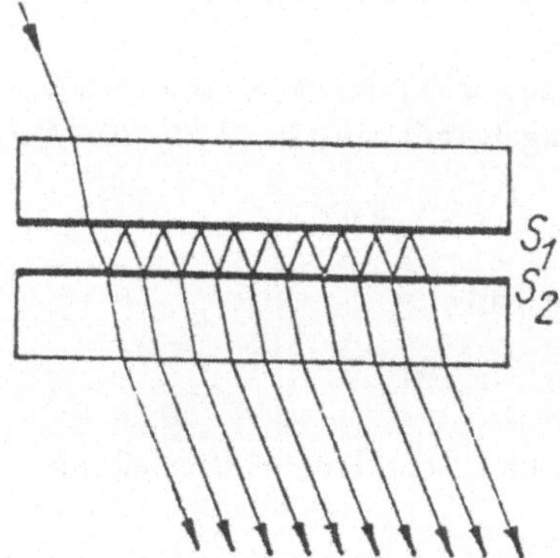

Fig. 5 Strahlenverlauf in einem FABRY-PEROT-Interferometer (S_1, S_2 Silberschichten). Die an S_1 reflektierten Strahlen sind der besseren Übersicht halber nicht mitgezeichnet.

so erfolgt zunächst an S_1 eine Aufspaltung in einen reflektierten und einen durchgehenden Teilstrahl. Letzterer erfährt an der zweiten Oberfläche S_2 ein ähnliches Schicksal. Der an S_2 reflektierte Teilstrahl wird an der ersten Schicht erneut zerlegt, und so geht es weiter. Im Endeffekt tritt eine ganze Reihe von Teilstrahlen aus dem Interferometer aus, die mehr oder weniger oft zwischen S_1 und S_2 hin- und hergelaufen sind. Benachbarte Teilstrahlen unterscheiden sich dabei in ihrer Amplitude um stets den gleichen Faktor, und außerdem besteht zwischen ihnen der gleiche, durch die Geometrie der Anordnung bestimmte Gangunterschied Δs. Die Superposition der Partialwellen ergibt dann die insgesamt austretende Strahlung. Deren Amplitude erreicht offenbar den größtmöglichen Wert – das bedeutet, das Durchlaßvermögen des Interferometers wird maximal –, wenn Δs ein ganzzahliges Vielfaches der Wellenlänge des Lichts ist. Die Durchlaßkurve für das FABRY-PEROT-Etalon, als Funktion der Frequenz, zeigt somit periodisch aufeinanderfolgende Maxima, deren Halbwertsbreite $\delta\nu$ das Auflösungsvermögen der Apparatur bestimmt.

Nehmen wir, um möglichst einfache Verhältniase zu haben, an, daß das Spektrum des Eingangsimpulses schon so schmal ist, daß nur eines der Maxima der Transmissionskurve hineinfällt, andererseits aber noch breit im Vergleich zu $\delta\nu$, so „schneidet" das Interferometer einen schmalen Frequenzbereich aus dem Spektrum des einfallenden Lichtimpulses „aus". Nach Gl. (3.22) muß damit eine Verlängerung des Impulses Hand in Hand gehen. Wie diese physikalisch zustande kommt, ist leicht zu sehen: Jeder Hin- und Herlauf des Lichts zwischen S_2 und S_1 führt zu einer zeitlichen Verzögerung und damit – im Fall eines Impulses – auch zu einer räumlichen Versetzung der einzelnen Partialwellen gegeneinander, wobei diese immer mehr „hinterherhinken", je öfter sie an S_2 und S_1 reflektiert wurden.

Eine Spektralzerlegung des Lichts erfolgt dann in der Weise, daß man das zu untersuchende Licht als fokussierten Strahl einfallen läßt. Da der Gangunterschied Δs von der Einfallsrichtung abhängt, zeigt das photographische Bild des austretenden Lichts eine Ringstruktur, wobei ein definierter Zusammenhang zwischen Ringradius und Lichtfrequenz besteht.

Offenbar erfordert die Ausbildung all der miteinander interferierenden Partialwellen eine endliche Zeit δt, die – bei hohem Auflösungsvermögen des Spektralapparats, d.h. drastischer Impulsverlängerung – praktisch mit der Dauer des austretenden Impulses übereinstimmt. Dessen Linienbreite genügt der Gl. (3.22), und da erstere mit der Durchlaßbreite $\delta\nu$ übereinstimmt, kann man die Beziehung (3.22) auch so interpretieren, daß $\Delta\nu$ die Genauigkeit einer Frequenzmessung angibt und Δt die Mindestdauer der Messung bedeutet. Es ist wohl kein Zufall, daß Gl. (3.22), so gelesen, einen Spezialfall der allgemeinen quantenmechanischen Unschärferelation zwischen der Genauigkeit ΔE einer Energiemessung und ihrer Dauer Δt

$$\Delta E \cdot \Delta t \geq \frac{h}{2\pi} \equiv \hbar \tag{3.23}$$

darstellt [LAN 65], wenn man gemäß der Photonenkonzeption die Größe $h\nu$ (h bedeutet das PLANCKsche Wirkungsquantum) mit der Energie E eines Photons identifiziert.

Schließlich sei noch erwähnt, daß einem Atom eine Linienverbreiterung eines Strahlungsfeldes „vorgetäuscht" wird, wenn die Wechselwirkungszeit eingeschränkt ist. Dies ist beispielsweise der Fall, wenn das Atom durch ein von einem Feld erfülltes endliches Raumgebiet R hindurchfliegt. Das Atom

„sieht" dann einen Wellenzug endlicher Ausdehnung, und gemäß der Gleichung (3.22), in der man nun mit Δt mit der Flugzeit durch R zu identifizieren hat, erscheint ihm das Spektrum verbreitert, selbst wenn es sich um monochromatische Strahlung handelt. Man spricht in diesem Zusammenhang von Flugzeitverbreiterung einer Absorptionslinie.

4 Quantenmechanische Aussagen über das Licht

4.1 Quantenmechanische Unschärfe

Nachdem wir uns einige wesentliche Züge der klassischen Beschreibung des Lichts in Erinnerung gebracht haben, wollen wir die für unsere Thematik wichtigsten neuen Aspekte zur Sprache bringen, die sich aus der Quantisierung des elektromagnetischen Feldes ergeben. Es erscheint angebracht, zuvor einen fundamentalen Unterschied zwischen klassischer und quantenmechanischer Naturbeschreibung deutlich zu machen, der uns bei der späteren Diskussion von Experimenten immer wieder begegnen und Kopfschmerzen verursachen wird. Es handelt sich um die physikalische Bedeutung dessen, was man als Unschärfe bezeichnet.

Die klassische Physik geht von der Überzeugung aus, daß die in der Natur ablaufenden Vorgänge den Charakter des „Faktischen" tragen. Das soll heißen, die physikalischen Größen wie beispielsweise Ort und Impuls eines Teilchens besitzen in jedem Fall genau definierte (i. allg. zeitabhängige) Werte. Nun wird es allerdings oft gar nicht möglich sein, all diese Größen tatsächlich zu messen (z. B. die momentane elektrische Feldstärke in einem Strahlungsfeld), ganz zu schweigen davon, daß man in praxi Messungen generell nur mit einer endlichen Genauigkeit ausführen kann. Man sollte daher das grundlegende Credo der klassischen Physik eher so formulieren: Es ist erlaubt, d. h., es führt zu keinerlei im Widerspruch zur Erfahrung stehenden Folgerungen, sich die (physikalische) Welt so vorzustellen, daß alle Größen wohldefinierte Werte besitzen, die man nur nicht genau genug (oder auch gar nicht) kennt.

Es ist dies die Auffassung, auf der die klassische Statistik beruht: Man muß sich aus praktischen, nicht aber prinzipiellen Gründen mit der Kenntnis von Wahrscheinlichkeitsverteilungen für die interessierenden Größen begnügen. Dabei erweist sich im Fall von Vielteilchensystemen, z.B. einem Gas, diese Not in Wahrheit als eine Tugend, denn was hätten wir von einer bis ins letzte Detail gehenden Beschreibung, sagen wir von 10^{23} Teilchen, selbst wenn unser Gehirn dazu befähigt wäre, eine solche ungeheure Informationsmenge zu „verdauen"! Generell kann man also sagen, daß in der klassischen Physik

Unschärfe immer mit Unkenntnis eines „an sich" feststehenden Sachverhalts gleichzusetzen ist.

Tatsächlich zeigte nun ein genaueres Studium des Mikrokosmos, daß sich diese klassische Realitätskonzeption dort nicht aufrechterhalten läßt. Zu dem „Faktischen" muß noch das „Mögliche" als eine neue Kategorie hinzugenommen werden. Genauer gesagt, es gibt über die aus der klassischen Physik bekannte Unschärfe hinaus eine weitere, spezifisch quantenmechanische Unbestimmtheit. Sie ist tief in den Grundlagen der Quantenmechanik verwurzelt und findet ihren bekanntesten Ausdruck in der HEISENBERGschen Unschärferelation für Ort und Impuls eines Teilchens. Allgemein geht auf ihr Konto, was man häufig als „Unanschaulichkeit" der quantenmechanischen Naturbeschreibung – im Vergleich zur klassischen – bezeichnet.

Worin besteht nun das Wesen dieser quantenmechanischen Unschärfe? Präzise sagen kann man eigentlich nur, was sie nicht ist, nämlich eine bloße Unkenntnis. Aber was ist sie dann? Die Quantenmechanik begnügt sich mit einer mathematisch präzisen Fassung des neuen Unbestimmtheitsbegriffs (womit der Pragmatiker ja auch völlig zufriedengestellt ist), sie gibt aber keinerlei Hinweise darauf, was für eine konkrete Vorstellung man sich davon machen sollte. Verdeutlichen wir uns die Problematik an einem einfachen Beispiel! Wir betrachten eine Gesamtheit von gleichartigen Atomen, deren Energie im quantenmechanischen Sinne unscharf sei. (Eine solche Situation liegt vor, wenn die Atome der Einwirkung eines resonanten kohärenten Strahlungsfeldes ausgesetzt sind, wie es ein Laser zu liefern vermag.) Der Einfachheit halber nehmen wir an, daß nur zwei atomare Niveaus 1 und 2 mit der Energie E_1 bzw. E_2 im Spiel sind. Die Quantenmechanik behauptet nun (mit Recht, wie die glänzende Bestätigung ihrer Vorhersagen durch das Experiment zeigt), es wäre falsch, die in Rede stehende Unbestimmtheit so zu interpretieren, als befände sich ein bestimmter Prozentsatz der Atome im oberen Niveau und der Rest im unteren. Statt dessen hat man sich vorzustellen, daß es keinen Unterschied im physikalischen Zustand der einzelnen Atome gibt.[1] In quantenmechanischer Sprechweise befinden sie sich in einem „reinen Zustand". Mathematisch drückt sich dies so aus, daß das Ensemble *aller* Atome durch *eine* Wellenfunktion in Gestalt einer Superposition

$$\Psi = \alpha(t)\Psi_1 + \beta(t)\Psi_2 \tag{4.1}$$

---

[1] Genauer müßte man so sagen: Wie auch immer man die Gesamtheit der Atome in zwei Teilgesamtheiten zerlegt, stets verhalten sich letztere bei Messung einer beliebigen physikalischen Größe (Observablen) gleich.

beschrieben wird. Hier bezeichnen Ψ_1 und Ψ_2 die zu den Niveaus 1 bzw. 2 gehörigen Eigenfunktionen, und α, β sind komplexe Zahlen, die der Normierungsbedingung $|\alpha|^2 + |\beta|^2 = 1$ genügen.

Versucht man Gl. (4.1) in die Alltagssprache zu übersetzen, so müßte man sagen: „Die Atome befinden sich (gleichzeitig) sowohl im oberen als auch im unteren Niveau" oder „Die beiden Energiezustände sind als Möglichkeiten angelegt, jedoch ist keine von ihnen faktisch".

Diese spezifisch quantenmechanische Unschärfe der Energie ist andererseits die Vorbedingung dafür, daß wir den Atomen ein kohärent schwingendes elektrisches Dipolmoment (im Sinne des quantenmechanischen Erwartungswertes) zuschreiben dürfen (s. z. B. [PAU 69]). Das Dipolmoment steht nämlich in einer Art von Komplementaritätsverhältnis zur Energie; es verschwindet, wenn sich das Atom in einem Zustand scharfer Energie befindet. Die einzelnen Dipolmomente – in praxi, nämlich im Laser, werden sie durch die an ihrem Ort herrschende jeweilige elektrische Feldstärke induziert – addieren sich zu einer mit der Frequenz des Strahlungsfeldes oszillierenden makroskopischen Polarisation, die eine große Rolle als Quelle der Laserstrahlung spielt. (Sie stellt das genaue Analogon des Antennenstroms eines Rundfunksenders dar.)

Der Übergang vom „Potentiellen" zum „Faktischen", oder vom „Sowohl-Als-Auch" zum „Entweder-Oder", vollzieht sich erst durch eine Energiemessung, einen physikalischen Eingriff also. Gemäß der axiomatischen Beschreibung des quantenmechanischen Meßprozesses findet hierbei eine „Ausreduktion der Wellenfunktion" statt. Das bedeutet, es verwandelt sich das betrachtete Ensemble von Atomen in das der klassischen Auffassung von Unschärfe entsprechende Ensemble, das dadurch charakterisiert ist, daß der Bruchteil $|\alpha|^2$ der Atome die Energie E_1 und der verbleibende Bruchteil $|\beta|^2$ die Energie E_2 besitzt. Dieses neue Ensemble ist somit – im Gegensatz zu dem im „reinen Zustand" (4.1) befindlichen ursprünglichen Ensemble – als ein „statistisches Gemisch" von zwei Teilensembles mit unterschiedlicher Energie der Atome aufzufassen. Eine reale Trennung in die beiden Teilensembles erreicht man, indem man die Atome bei der Messung entsprechend dem gefundenen Meßwert (E_1 oder E_2) sortiert.

Nach dem oben Gesagten verschwindet der Erwartungswert des Dipolmoments für ein solches Gemisch. Das bedeutet, die Energiemessung zerstört die makroskopische Polarisation des Mediums vollständig. Es macht also physikalisch sehr wohl einen Unterschied aus, ob man es mit Atomen zu tun hat, die sich in einem reinen Zustand (beschrieben durch eine Wellenfunktion der Form (4.1)) befinden, oder mit dem erwähnten statistischen Gemisch von Atomen. Der erste Fall ist in einem Lasermedium (im Laserbetrieb) realisiert, während der zweite Fall den Verhältnissen in einer konventionellen (thermischen) Lichtquelle entspricht, und der Unterschied der beiden physikalischen Situationen kommt deutlich in den Eigenschaften der jeweils ausgesandten Strahlung zum Ausdruck (vgl. hierzu Abschn. 8.2 und 8.3).

An dem betrachteten Beispiel kann man auch sehr schön den störenden Einfluß einer Messung auf die Dynamik des Systems demonstrieren. Nehmen wir an, daß sich die Atome anfänglich alle im tieferen Niveau 1 befinden. Das intensive kohärente Feld induziert dann einen Übergang $1 \rightarrow 2$, und die Theorie lehrt, daß – im Resonanzfall – zu einem bestimmten Zeit„punkt" t_A alle Atome mit Sicherheit im angeregten Zustand 2 vorgefunden werden. Was geschieht jedoch, wenn man zwischendurch immer mal „hinguckt", in welchem Niveau sich die Atome gerade aufhalten? Diese Neugier hat drastische Folgen: Die entsprechende Energiemessung am Atom führt zu einer abrupten Unterbrechung der kohärenten Wechselwirkung mit dem äußeren Feld, wobei ein jedes Atom – entsprechend den durch die Wellenfunktion in dem betreffenden Zeitpunkt bestimmten Wahrscheinlichkeiten – entweder in den Ausgangs- oder den angeregten Zustand versetzt wird. Im ersteren Fall muß die Wechselwirkung dann also wieder „von Null an" beginnen, während im letzteren Fall eine Entwicklung einsetzt, welche die Tendenz hat, die Atome in den Zustand tieferer Energie zurückzubringen. Diese massive Störung des Geschehens führt dann, wie die quantenmechanische Rechnung zeigt, dazu, daß zur Zeit t_A keineswegs mehr alle Atome im oberen Niveau angetroffen werden. Die Zahl der dann angeregten Atome sinkt überdies immer mehr, je öfter man die Messung wiederholt, und nähert sich schließlich dem Wert Null. Es wird also der Bewegungsablauf immer mehr gehemmt, je häufiger man „hinschaut". Dieses Phänomen – das kürzlich mit Methoden der Resonanzfluoreszenz auch experimentell bestätigt werden konnte [ITA 90] (vgl. hierzu auch Abschn. 6.1) – erinnert an das bekannte ZENOsche Paradoxon vom fliegenden Pfeil (der sich zu jedem Zeitpunkt an einem definierten Ort befindet und „folglich" immer ruht) und wird daher öfters als Quanten-ZENO-Effekt bezeichnet.

Nach dem oben Gesagten müssen wir also die spezifisch quantenmechanische Unschärfe tatsächlich ernst nehmen. Mit unserem an den Begriffsbildungen der klassischen Physik geschulten Denken befinden wir uns gegenüber dem, was uns die Quantentheorie mit ihrer neuen Art von Unbestimmtheit zumutet, in einem Zustand der Hilflosigkeit[2]. Allerdings gibt es gewisse Analogien

---

[2]Tatsächlich kennen wir, worauf NIELS BOHR schon hingewiesen hat, sehr wohl einen Zustand des Unbestimmtseins aus unserem unmittelbaren seelischen Erleben. Stehen wir vor einer schwerwiegenden Entscheidung, so haben wir ganz deutlich das Gefühl, daß sich

zu Aussagen der klassischen Elektrodynamik. Der Grund hierfür ist der, daß ja auch dort – wie in der Quantentheorie – ein Superpositionsprinzip gilt. Beispielsweise braucht ein Strahlungsfeld nicht monochromatisch zu sein. Vielmehr ist es im allgemeinen eine Superposition von Wellen unterschiedlicher Frequenz, so daß die Frequenz im Sinne eines „Sowohl-Als-Auch" unscharf ist. Weiterhin spielt das Superpositionsprinzip eine große Rolle bei den Polarisationseigenschaften des Lichts. Denken wir z. B. an *linear* polarisiertes Licht und fragen, welche *zirkulare* Polarisation vorliegt, so lautet die Antwort: Da man eine linear polarisierte Lichtwelle als Superposition einer rechts und einer links zirkular polarisierten Welle auffassen kann, sind die letztgenannten Polarisationszustände gleichzeitig, und dazu mit gleichem Gewicht, vertreten.

Man muß sich aber darüber im klaren sein, daß die erwähnte Unschärfe in der klassischen Beschreibung von Eigenschaften des elektromagnetischen Feldes keinesfalls dem oben erläuterten Grundsatz der klassischen Physik zuwiderläuft, wonach allen physikalischen Vorgängen das Attribut des Faktischen zukommt. In der Tat ist in den obigen beiden Beispielen die elektrische Feldstärke als primäre physikalische Größe in jedem Zeitpunkt hinsichtlich Richtung und Größe wohldefiniert, und man gelangt zu der Aussage, einer physikalischen Größe kommen gleichzeitig unterschiedliche Werte zu, erst durch eine experimentelle Fragestellung der Art, was ergibt sich, wenn Licht durch einen Spektralapparat hindurchläuft u. ä.

Es erhebt sich dann allerdings die grundsätzliche Frage, ob eine ähnliche Situation nicht auch in der Quantentheorie vorliegen könnte. Ist, wie es EINSTEIN, PODOLSKY und ROSEN [EIN 35] formulierten, die quantenmechanische Beschreibung in Wahrheit unvollständig? Sind ihre generell statistischen Aussagen nur eine Folge unserer Unkenntnis der genauen Einzelheiten des mikroskopischen Geschehens, die wir mit unseren groben (notwendigerweise makroskopischen!) Meßapparaten nur nicht wahrnehmen können? Könnte man sich daher eine nach dem Vorbild der klassischen Physik gebildete, tiefer ins Detail gehende Theorie nicht wenigstens vorstellen, aus der sich die statistischen Aussagen der Quantenmechanik als Folgerung ergeben, so wie sich die klassische Statistik aus der klassischen Mechanik ableitet?

Nun wurde die Möglichkeit einer solchen Theorie, die, um dem genannten Anspruch gerecht werden zu können, wohl mit zusätzlichen, der Beobachtung nicht zugänglichen und daher als „verborgen" bezeichneten Parametern

---

verschiedene Möglichkeiten „in der Schwebe befinden", von denen wir dann eine, kraft eines Willensaktes, Wirklichkeit werden lassen.

ausgesstattet sein müßte, von der Mehrzahl der Quantentheoretiker stets geleugnet. Ein überzeugender Beweis für die Richtigkeit dieser Meinung wurde von BELL [BEL 64] gegeben. Dieser Forscher konnte in verblüffend einfacher Weise zeigen, daß es gewisse Experimente gibt, bei denen die quantenmechanischen Vorhersagen grundsätzlich von keiner deterministischen Theorie verborgener Parameter reproduziert werden können – jedenfalls wenn man die Möglichkeit ausschließt, daß sich physikalische Wirkungen mit Überlichtgeschwindigkeit ausbreiten. (Näheres hierzu s. Abschn. 11.3.)

Es besteht daher keine Hoffnung, daß die spezifisch quantenmechanische Unschärfe durch eine Weiterentwicklung der Theorie, und sei sie noch so raffiniert, „aus der Welt geschafft" werden kann. Sie zeigt vielmehr einen qualitativ neuen Aspekt der Wirklichkeit auf.

Wenden wir uns nun einigen konkreten Aussagen der Quantentheorie der Strahlung zu, die von besonderem Interesse für die Optik sind!

4.2 Quantelung der elektromagnetischen Energie

Erfreulicherweise läßt sich das aus der Quantenmechanik materieller Systeme bekannte Quantisierungsverfahren ohne weiteres auf das Strahlungsfeld übertragen, wenn man von dem Konzept der Eigenschwingungen, oder, wie man heute gern sagt, der Moden des Feldes Gebrach macht. Diese ergeben sich zunächst ganz natürlich, wenn wir uns das Feld in einem Resonator mit ideal reflektierenden Wänden eingeschlossen denken. Aufgrund der physikalischen Randbedingungen können sich dann nur bestimmte räumliche Feldverteilungen ausbilden – die unendlich große Leitfähigkeit des Resonatormaterials erzwingt das Verschwinden der Tangentialkomponente der elektrischen Feldstärke, also das Auftreten von Knoten des Feldes, auf den Resonatorwänden –, und solche Eigenschwingungen oszillieren dann mit diskreten, durch die Resonatorgeometrie festgelegten Frequenzen, den sog. Eigenfrequenzen des Resonators. Die Anregung einer Eigenschwingung wird durch eine (reelle) Amplitude und eine Phase beschrieben, die man zweckmäßig zu einer komplexen Amplitude zusammenfaßt. Allgemein ist ein beliebiger Anregungszustand des Strahlungsfeldes durch eine Superposition solcher Eigenschwingungen gegeben. Das „Modenbild" erweist sich deshalb als besonders vorteilhaft für die quantenmechanische Beschreibung des Feldes, weil man jede einzelne Mode für sich quantisieren kann. Die einzelnen Moden entsprechen unabhängigen Freiheitsgraden des Feldes, im besonderen setzt sich dessen Energie additiv aus den Beiträgen der einzelnen Moden zusammen.

Aus physikalischer Sicht ist aber die Vorstellung, das Feld sei vollständig in einem „Kasten" eingeschlossen, nur im Falle von Mikrowellen tatsächlich realistisch. In der Optik dagegen hat man es primär mit freien Feldern zu tun, die sich zunächst einmal ungestört ausbreiten – damit sind sie laufende und keine stehenden Wellen – und erst später durch optische Elemente oder eine andere Wechselwirkung mit Materie verändert werden. Um das bequeme Modenbild auch unter diesen Umständen noch verwenden zu können, nimmt man zu einem Kunstgriff Zuflucht: Wir unterwerfen das freie Strahlungsfeld fiktiven Randbedingungen. Im einzelnen verlangen wir, daß es in jeder der drei Raumrichtungen periodisch ist mit einer (großen) Periodenlänge L. An die Stelle des früheren Resonatorvolumens tritt somit ein „Periodizitätskubus" der Kantenlänge L. Die durch die Randbedingung ausgewählten Moden des Strahlungsfeldes sind dann monochromatische laufende ebene Wellen, die sich in Ausbreitungsrichtung, Frequenz und Polarisation unterscheiden. (Die Endpunkte der Wellenzahlvektoren bilden ein kubisches Gitter mit der Gitterkonstanten $2\pi/L$.) Da die Kantenlänge L keine physikalische Bedeutung hat, befreien wir uns schließlich wieder von diesem Parameter, indem wir zunächst mit einem festen Wert L rechnen und im Endergebnis den Grenzübergang $L \to \infty$ vornehmen.

Was wir auf diese Weise erreicht haben, ist eine Kennzeichnung des Strahlungsfeldes durch eine *abzählbar* unendliche Mannigfaltigkeit von Freiheitsgraden. Dies geschah durch Auswahl diskreter Moden aus dem eigentlich vorliegenden (einer kontinuierlichen Verteilung des Wellenzahlvektors entsprechenden) Kontinuum der Moden.

Unsere Aufgabe ist es nun also, eine einzelne Strahlungsfeldmode quantenmechanisch zu beschreiben. Dabei zeigt sich, daß dieses Problem in der Quantenmechanik (materieller Systeme) bereits vollständig gelöst wurde, so daß wir die dort gefundenen Ergebnisse nur zu übernehmen brauchen. Eine Mode des Strahlungsfeldes ist nämlich formal identisch mit einem (eindimensionalen) harmonischen Oszillator. Das ist leicht einzusehen, da ein in einer einzigen Eigenschwingung angeregtes Feld harmonisch oszilliert. Das bedeutet, die zeitabhängige (komplexe) Amplitude lautet $A(t) = A_0 \exp(\mathrm{i}\omega t) = |A_0| \exp\{\mathrm{i}(\omega t - \varphi)\}$, und deren Realteil $x = |A_0| \cos(\omega t - \varphi)$ genügt daher der Differentialgleichung

$$\ddot{x} + \omega^2 x = 0 \,. \tag{4.2}$$

Diese ist nichts anderes als die Bewegungsgleichung eines harmonischen Oszillators, sofern wir x als Auslenkung des Teilchens aus der Ruhelage interpretieren. Nebenbei bemerkt ist eine Strahlungsfeldmode sogar die einzige uns bekannte *exakte* Realisierung eines harmonischen Oszillators, während

der mechanische harmonische Oszillator – da er auf der Gültigkeit des Hoo-
KEschen Gesetzes beruht, demzufolge die rücktreibende Kraft proportional
zur Auslenkung ist – nur als eine für kleine Auslenkungen gültige Näherung
angesehen werden kann.

Ein fundamentales Ergebnis der quantenmechanischen Beschreibung eines
harmonischen Oszillators besteht darin, daß seine Energie in Gestalt äquidistanter Stufen quantisiert ist (Fig. 6). Das gleiche gilt dann also auch für
die Energie einer Mode des Strahlungsfeldes, die man sich dem räumlichen
Verlauf der Feldintensität entsprechend über das gesamte Modenvolumen
verteilt zu denken hat.

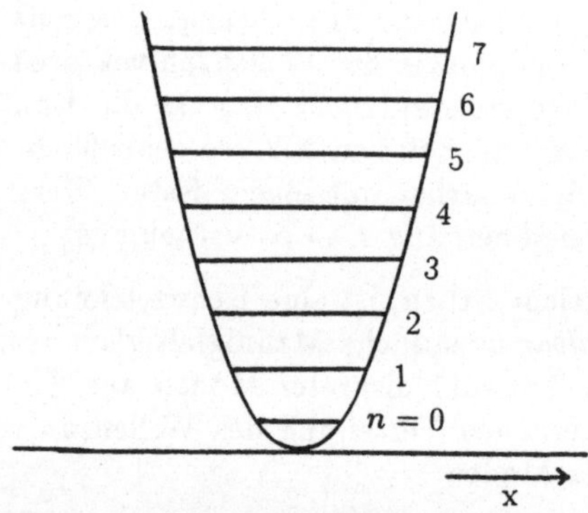

Fig. 6 Energieschema des harmonischen Oszillators. Die Parabel stellt die potentielle Energie als Funktion der Auslenkung x dar.

Zählt man die Energie vom tiefsten Niveau aus, so ist die Energie E_n des n-
ten Anregungszustandes also das n-fache einer Konstanten, die sich gerade
zu $h\nu$ ergibt,

$$E_n = nh\nu \quad (n = 0, 1, 2 \ldots) \tag{4.3}$$

(s. Abschn. A.1). Es liegt dann offenbar die Sprechweise nahe, es befinden
sich, wenn der quantenmechanische Zustand mit der Energie E_n realisiert
ist, n „Energiepakete" der Größe $h\nu$, kurz Photonen genannt, im Modenvolumen. Den unterschiedlichen Moden des Feldes entsprechend gibt es verschiedene Photonensorten. Ein Zustand scharfer Energie des Gesamtfeldes
ist daher durch einen unendlichen Satz von Photonenzahlen zu kennzeichnen, die sich jeweils auf die einzelnen Moden beziehen. Ist die Photonenzahl
für eine Mode gleich Null, sprechen wir vom Vakuumzustand dieser Mode.

Entsprechend befindet sich das Gesamtfeld im Vakuumzustand, wenn die Photonenzahlen für alle Moden (exakt) verschwinden.

Wir wollen an dieser Stelle noch ein paar Worte über die Nullpunktsenergie des elektromagnetischen Feldes sagen. Tatsächlich kommt ja dem Grundzustand des harmonischen Oszillators die Energie $\frac{1}{2}h\nu$ zu, – wobei wir den Nullpunkt der Energiezählung so gewählt haben, daß die potentielle Energie des elastisch gebundenen Teilchens in dessen Ruhelage den Wert Null annimmt (Fig. 6). Nehmen wir diese Nullpunktsenergie auch beim Strahlungsfeld mit, so müssen wir konstatieren, daß deren Gesamtwert (die Summe der Beiträge aller Moden) hoffnungslos divergiert. Das braucht uns aber nicht zu beunruhigen, da sich mit dieser Energie nichts anfangen läßt. Gelänge es einem nämlich, einen Teil davon „abzuzapfen", so geriete das Feld dabei offenbar in einen Zustand tieferer Energie, den es aber nicht geben kann, weil der Vakuumzustand per def. der energetisch tiefste Zustand des Feldes ist. Es liegt daher nahe, sich von der Nullpunktsenergie des elektromagnetischen Feldes einfach dadurch zu befreien, daß man sie – wie oben geschehen – zum Nullpunkt der Energiezählung macht.

Es gibt aber eine Situation, bei der man nicht so einfach argumentieren kann. Denken wir nämlich an einen realen Resonator, dessen Form veränderlich ist – konkret stellen wir ihn uns als den Zwischenraum zwischen zwei ebenen Metallplatten vor, die parallel zueinander in einem sehr kleinen Abstand z angeordnet sind –, so divergiert zwar die Nullpunktsenergie des eingeschlossenen Feldes, sie ändert sich jedoch mit dem Plattenabstand um einen endlichen Betrag, so daß die obige „Renormierung" der Feldenergie nur für einen einzigen Wert von z vorgenommen werden könnte. In der Tat bewirken die Metallplatten, daß das Wellenlängenspektrum der erlaubten Moden nach oben abgeschnitten wird. Da sich ja auf den Metalloberflächen Knoten der elektrischen Feldstärke ausbilden müssen, ist der größtmögliche Wert der Wellenlänge durch z gegeben. Mit wachsendem z stehen daher mehr Moden zur Verfügung, infolgedessen wächst auch die Nullpunktsenergie. Interpretieren wir letztere als potentielle Energie $V(z)$ des Systems, so können wir daraus nach der bekannten Formel $K = -\mathrm{grad}V$ eine Kraft K ableiten, die senkrecht zu den Platten steht und wegen $dV/dz > 0$ negativ ist, also eine Anziehung der Platten beschreibt. Diese Kraft wurde 1948 von CASIMIR [POW 64] theoretisch vorhergesagt, der folgenden Wert für sie herleitete

$$K = -\frac{\pi}{480}\frac{hc}{z^4} \tag{4.4}$$

(c Lichtgeschwindigkeit). Diese Formel macht deutlich, daß die CASIMIR-Kraft eine reine „Quantenkraft" zwischen elektrisch neutralen Körpern ist. Sie erweist sich als proportional zum PLANCKschen Wirkungsquantum und besitzt somit kein klassisches Analogon. Inzwischen konnte sie auch genau gemessen werden [ARN 79]. Tatsächlich ist sie nichts anderes als ein Spezialfall der bekannten VAN DER WAALS-Kräfte, die generell zwischen – in geringem gegenseitigen Abstand befindlichen – makroskopischen Körpern wirken, deren Oberflächen ja so etwas wie einen (teilweise offenen) Resonator bilden. Diese Kräfte sind jedoch sehr schwach und nur von kurzer Reichweite. Ihre Stärke hängt außerdem von den dielektrischen Eigenschaften der betreffenden Materialien ab.

Doch kehren wir zu den Strahlungsfeldmoden zurück! Offenbar sind sie nur dann *physikalisch* definiert, wenn es sich um Resonatormoden handelt. Diese lassen sich einzeln anregen, und das Modenvolumen ist nichts anderes als das Resonatorvolumen. Demzufolge hat die (räumliche) Photonendichte, die für die lokale Wechselwirkung mit Materie maßgeblich ist, im Falle einer endlichen Photonenzahl einen von Null verschiedenen Wert. Dies ist jedoch keineswegs so für die über eine künstliche Periodizitätsbedingung eingeführten Moden eines Strahlungsfeldes, dem der ganze Raum zur Verfügung steht. Man hat dann ja das Modenvolumen mit dem fiktiven, im Prinzip unendlich großen Periodizitätskubus zu identifizieren. Es ist offensichtlich, daß man *einzelne* Moden dieser Art nicht anregen kann. Das geht schon deswegen nicht, weil man eine unendlich große Photonenzahl (also unendlich viel Energie) benötigte, um zu einer nichtverschwindenden Photonendichte zu gelangen. Die Situation ist aber nicht grundlegend anders als in der klassischen Elektrodynamik, wo man auch sagen muß, daß eine ebene Welle genaugenommen nicht realisiert werden kann. Realistische Felder, denen notwendig eine endliche Linienbreite und eine endliche räumliche (wie auch zeitliche) Ausdehnung zukommt, sind, klassisch betrachtet, als Superpositionen unendlich vieler ebener Wellen aufzufassen. Quantenmechanisch werden sie im einfachsten Fall durch Energieeigenzustände des Feldes repräsentiert, bei denen die Photonenzahl für diejenigen Moden von Null verschieden ist, die mit den gegebenen Parametern des Lichtbündels (Mittenfrequenz und Linienbreite, Ausbreitungsrichtung und zugehöriger Spielraum, Polarisation) verträglich sind. Dann hat die über die angeregten Moden gemittelte Photonenzahl pro Mode tatsächlich einen wohldefinierten endlichen Wert, der durch die Energie- bzw. Photonendichte der Strahlung, bezogen sowohl auf die Einheit des Frequenzintervalls als auch die Volumeneinheit, eindeutig bestimmt ist, unabhängig von dem (als groß vorausgesetzten) Modenvolumen V. Das liegt daran, daß bei dessen Vergrößerung die Zustandsdichte der Moden und damit auch die Zahl der angeregten Moden linear mit V anwächst.

Nun ist die geschilderte Beschreibung realistischer elektromagnetischer Felder offenbar recht aufwendig. Es wäre schön, wenn sich der bequeme Ein-Moden-Formalismus, der Resonatorfelder zutreffend beschreibt, retten ließe. Tatsächlich ist dies möglich, wenn man ein realistisches Modenkonzept entwickelt. Dazu erinnern wir uns, daß das Charakteristikum einer Mode darin zu sehen ist, daß sie ein System mit einem einzigen Freiheitsgrad repräsentiert. Dieser Anforderung genügt offenbar ein kohärenter Impuls *vorgegebener Form*[3]. Was dann noch offen bleibt, sind die konkreten Werte für Gesamtamplitude und -phase des Impulses, die, meist zu einer komplexen Amplitude zusammengefaßt, genau wie im Falle der Resonatormoden oder der fiktiven, durch eine Periodizitätsbedingung festgelegten Moden die dynamischen – bei Wechselwirkungen sich ändernden – Variablen des Systems darstellen. Andererseits kann man im Falle kontinuierlicher – meist stationärer – Einstrahlung von nahezu monochromatischem (sog. quasimonochromatischem) Licht ein aus dem Lichtbündel herausgeschnitten gedachtes Stück von der Größe des Kohärenzvolumens mit einer Mode identifizieren. Dabei verstehen wir unter dem Kohärenzvolumen einen (vom Lichtfeld erfüllten) Raumbereich, dessen Längsausdehnung (in Strahlrichtung) durch die longitudinale und dessen Querausdehnung durch die transversale Kohärenzlänge gegeben ist. Definitionsgemäß ist ein einem solchen Volumen die räumliche Änderung der momentanen Amplitude und der Phase des Lichts sehr gering, und die genannten Größen bleiben bei der ungestörten zeitlichen Entwicklung, d. h. der Ausbreitung – wir stellen uns dabei vor, daß wir mit dem Feld mitlaufen – ungeändert, so daß auch hier der Ein-Moden-Formalismus, jedenfalls näherungsweise, anwendbar ist.

Formal läuft das Arbeiten mit den geschilderten realistischen Moden einfach darauf hinaus, daß wir weiterhin mit monochromatischen laufenden ebenen Wellen rechnen, uns jedoch darüber im klaren sind, daß diese Beschreibung nur für ein endliches Raumzeitgebiet gültig ist. In der Tat tun wir damit nichts anderes als das, was in der klassischen Optik gang und gäbe ist [SOM 50]. Da, wie oben erläutert wurde, bei der quantenmechanischen Beschreibung des Lichts der Begriff der *auf das Modenvolumen bezogenen* Photonenzahl eine zentrale Rolle spielt, ist bei Ein-Moden-Rechnungen eine physikalische Definition des Modenvolumens unerläßlich, und das wichtigste Ergebnis der vorhergehenden Betrachtungen ist darin zu sehen, daß wir eine derartige Definition tatsächlich gegeben haben.

Vergleichen wir nun die auf quantenmechanischer Grundlage entwickelte Photonenkonzeption mit der EINSTEINschen, so müssen wir einen radikalen

---

[3] Für ein Experiment benötigt man einen aus praktisch identischen Einzelimpulsen bestehenden Impulszug, wie er von Piko- oder Femtosekundenlasern geliefert wird.

Unterschied konstatieren: Während sich EINSTEIN die Photonen als räumlich lokalisierte Teilchen vorstellte, bezieht sich der quantenmechanische Photonenbegriff auf ein makroskopisches Volumen. Ganz wie in der klassischen Beschreibung ist die Energie also räumlich verteilt. Die „Photonen des Theoretikers", wie wir sie einmal nennen wollen, sind daher etwas ganz anderes als das, was der Experimentator meint, wenn er sagt, es wurde dort und dort ein Photon absorbiert oder mit einem Detektor „nachgewiesen". Tatsächlich ist es so, daß eine „körnige" Struktur des elektromagnetischen Feldes, wie sie EINSTEIN vorschwebte, erst zutage tritt, wenn eine Wechselwirkung mit (lokalisierten) Teilchen stattfindet. Mit dieser Problematik werden wir uns später noch ausführlicher beschäftigen (s. Abschn. 5.3).

4.3 Fluktuationen der elektrischen Feldstärke

Die im vorangehenden Abschnitt erwähnten Zustände scharfer Energie eines in einer einzigen Eigenschwingung oszillierenden elektromagnetischen Feldes sind mittels des Indexes n numeriert, dem wir die Bedeutung der Photonenzahl zugeschrieben haben. Wir können daher auch sagen, es handelt sich um Eigenzustände $|n\rangle$ eines Photonenzahloperators. Für die Welleneigenschaften des Feldes ist die elektrische Feldstärke maßgeblich. Sie wird in der quantenmechanischen Beschreibung durch einen HERMITEschen Operator repräsentiert. Von großer Bedeutung für die Beschreibung optischer Phänomene ist nun der formale Tatbestand, daß der Photonenzahloperator und der Operator der elektrischen Feldstärke[4] nicht miteinander vertauschbar sind (s. Abschn. A.1). Das hat zur Folge, daß in einem Zustand scharfer Photonenzahl die elektrische Feldstärke notwendig unscharf – in dem in Abschn. 4.1 erläuterten spezifisch quantenmechanischen Sinne – ist. Im besonderen zeigt sich, daß der quantenmechanische Erwartungswert der elektrischen Feldstärke zu einem beliebigen Zeitpunkt verschwindet (s. Abschn. A.1). Das heißt natürlich nicht, daß sich die elektrische Feldstärke, macht man zu einer Zeit t eine Messung an einem durch die Wellenfunktion $|n\rangle$ charakterisierten Ensemble von Strahlungsfeldern, stets zum Wert Null ergibt. Vielmehr wird es so sein, daß die (momentane) elektrische Feldstärke um den Mittelwert Null schwankt, also positive und (betragsmäßig gleiche) negative Meßwerte mit der gleichen Häufigkeit vorkommen. Da der Zeitpunkt der Messung als fixiert angesehen wird, haben diese Schwankungen nichts mit der zeitlichen Entwicklung zu tun; was sie tatsächlich anzeigen, ist eine vollständige Unbestimmtheit der Phase der elektrischen Feldstärke.

---

[4] Die magnetische Feldstärke spielt in der Optik normalerweise keine Rolle.

Da sich das System in einem reinen Zustand befindet, darf diese Unschärfe nicht mit bloßer Unkenntnis verwechselt werden, vielmehr ist sie, wie in Abschn. 4.1 ausgeführt, prinzipieller Natur. Von besonderem Interesse ist für uns der Spezialfall $n = 1$: Nach dem Obigen ist die Phase eines einzelnen Photons als grundsätzlich unbestimmt anzusehen.

Es kommt aber die elektrische Feldstärke selbst im tiefsten Energiezustand, dem der Photonenzahl Null entsprechenden Vakuumzustand $|0\rangle$, nicht zur Ruhe. Man spricht in diesem Fall von Vakuumschwankungen des elektromagnetischen Feldes. Dieser aus der Quantisierung des Strahlungsfeldes mit Notwendigkeit folgende Sachverhalt (s. Abschn. A.2) ist das genaue Analogon zu der Nullpunktsschwingung, die ein harmonischer Oszillator gemäß der Quantenmechanik auch im Grundzustand noch ausführt. Das Teilchen kann ja nicht wie in der Klassik im tiefsten Punkt des Potentialtopfes ruhen, da dann aufgrund der HEISENBERGschen Vertauschungsrelation für Ort und Impuls die Impulsunschärfe unendlich groß werden würde.

Die Quantentheorie zwingt uns somit zu einer einschneidenden Revision unserer, durch die klassische Elektrodynamik geprägten Vorstellungen vom elektromagnetischen Feld. Während in der klassischen Beschreibung die elektromagnetische Energiedichte [s. Gl. (3.4)], und damit natürlich auch die in irgendeinem Volumen gespeicherte Energie, durch die elektrische und die magnetische Feldstärke genau bestimmt sind, so daß mit den letzteren auch die Energie scharf ist, erklärt die Quantentheorie, daß Energieschärfe notwendig auf Kosten der Genauigkeit geht, mit der die Feldstärken definiert sind. Umgekehrt erfordert ein scharfer Wert der elektrischen Feldstärke nach der Quantentheorie eine Unbestimmtheit in der Energie bzw. Photonenzahl. Die Quantentheorie löst also gewissermaßen die von der klassischen Theorie postulierte „starre Verbindung" der elektrischen sowie der magnetischen Feldstärke mit der Energie zugunsten eines flexibleren Zusammenhangs.

Die Diskrepanz zwischen klassischer und quantenmechanischer Beschreibung wird besonders augenfällig für den Vakuumzustand. Im klassischen Bild ist in diesem Fall der Raum vollständig feldfrei, also tatsächlich leer, während die Quantenmechanik ihn mit fluktuierenden elektromagnetischen Feldern ausstattet. Eine Messung der (momentanen) elektrischen Feldstärke (für die sich zwar kein praktikables Verfahren angeben läßt, die als Gedankenexperiment sich vorzustellen einem aber niemand verwehren kann) würde daher nach der Quantenmechanik auch dann i. allg. von Null verschiedene Werte ergeben, wenn mit Sicherheit keine Photonen vorhanden sind. Die Vakuumfeldstärken sind also gar nicht mit elektromagnetischer Energie verknüpft, jedenfalls mit keiner verwertbaren.

4.4 Kohärente Zustände des Strahlungsfeldes

Wenn uns auch die Quantentheorie verbietet, einer elektromagnetischen Welle scharfe Werte sowohl der Photonenzahl als auch der Phase zuzuschreiben, so können wir doch fragen, welche quantenmechanischen Zustände die beste Annäherung an die klassischen Wellen definierter Energie (bzw. Amplitude) und Phase darstellen. Eine befriedigende Antwort ergibt sich aus der Forderung, die elektrische Feldstärke möge – im zeitlichen Mittel und bei festgehaltener mittlerer Photonenzahl – möglichst wenig schwanken (s. Abschn. A.2). Man gelangt so eindeutig zu den sogenannten kohärenten Zuständen des elektromagnetischen Feldes, meist GLAUBER-Zustände genannt nach dem amerikanischen Forscher, der als erster ihre hervorragende Eignung zur Beschreibung optischer Erscheinungen erkannte. Explizit lassen sich die in Rede stehenden Zustände in folgender Form darstellen:

$$|\alpha\rangle = \sum_{n=0}^{\infty} e^{-\frac{|\alpha|^2}{2}} \frac{\alpha^n}{\sqrt{n!}} |n\rangle \, . \tag{4.5}$$

Wie die Zustände $|n\rangle$ beschreiben sie die Anregung einer Mode des Strahlungsfelds.

In Gl. (4.5) bezeichnet α eine beliebige komplexe Zahl, die der klassischen komplexen Amplitude der Welle (in geeigneter Normierung) korrespondiert. Das Absolutquadrat von α hat nämlich die Bedeutung der mittleren Photonenzahl, und die Phase von α gibt die Phase der elektrischen Feldstärke, genauer gesagt, ihres quantenmechanischen Erwartungswerts, an. Es fluktuiert nämlich die elektrische Feldstärke auch noch in kohärenten Zuständen, was eine gewisse Phasenunschärfe zur Folge hat, die allerdings um so weniger ins Gewicht fällt, je größer die mittlere Photonenzahl ist.

Andererseits schwankt in einem kohärenten Zustand auch die Photonenzahl, wie man an der Darstellung (4.5) unmittelbar erkennt. Offenbar folgen die Absolutquadrate p_n der Entwicklungskoeffizienten, die ja die Wahrscheinlichkeit angeben, bei einer Photonenzählung gerade n Photonen vorzufinden, einer POISSON-Verteilung

$$p_n = \mathrm{e}^{-|\alpha|^2} \frac{|\alpha|^{2n}}{n!} \tag{4.6}$$

(s. hierzu Fig. 27). Wie man leicht nachrechnet, ergibt sich die mittlere quadratische Streuung der Photonenzahl $\Delta n^2 \equiv \overline{(n - \overline{n})^2}$ (wobei der Querstrich die Mittelbildung anzeigen soll) im Fall einer POISSON-Verteilung zu $\overline{n}$.

Die kohärenten Zustände des elektromagnetischen Feldes zeichnen sich dadurch aus, daß bei ihnen die Schwankungen der Phase einerseits und der

Photonenzahl andererseits in einem ausgewogenen Verhältnis stehen, wodurch sie dem klassischen Ideal scharf definierter Phase *und* Amplitude so nahe wie möglich kommen, ohne es jedoch tatsächlich erreichen zu können. Erst im Limes einer unendlich großen mittleren Photonenzahl werden die Unschärfen der Phase und der Photonenzahl bedeutungslos. (So geht nach dem oben Gesagten die relative quadratische Streuung $\Delta n^2/\overline{n}^2$ für $\overline{n} \to \infty$ wie $1/\overline{n}$ gegen Null.) Damit erweist sich das BOHRsche Korrespondenzprinzip auch hier als gültig.

Von großer praktischer Bedeutung ist der Umstand, daß wir mit dem Laser ein Instrument in der Hand haben, mit dem wir GLAUBER-Zustände tatsächlich realisieren können. Zunächst befindet sich die Laserstrahlung selbst in sehr guter Näherung in einem solchen Zustand, da der Laserprozeß eine Amplitudenstabilisierung bewirkt (s. Abschn. 8.3). Von ebensolcher Wichtigkeit für die Quantenoptik ist, daß diese Eigenschaft der Laserstrahlung auch bei Schwächung infolge (Ein-Photonen-)Absorption erhalten bleibt. In der Tat wurde schon sehr frühzeitig gezeigt [BRU 64,65], daß ein GLAUBER-Zustand bei einem Dämpfungsprozeß ein GLAUBER-Zustand bleibt (s. Abschn. A.4). Es ändert sich nur der Wert von α.

Nach diesem kurzen Abstecher in die Gefilde „grauer Theorie" kommen wir nun zu unserem eigentlichen Anliegen, das wir darin sehen, das Photon als Gegenstand physikalischer Erfahrung zu begreifen. Da uns letztere nur durch Meßapparate (einschließlich unserer Sinnesorgane) vermittelt wird, erscheint es angebracht, uns zunächst der Frage des experimentellen Nachweises von Licht zuzuwenden.

5 Optische Detektoren

5.1 Lichtabsorption

Während der Empfang von Rundfunkwellen als ein makroskopischer (und daher in den Zuständigkeitsbereich der klassischen Elektrodynamik fallender) Vorgang anzusehen ist – in einer makroskopischen Antenne wird eine elektrische Spannung induziert, an deren Zustandekommen eine sehr große Anzahl von Elektronen beteiligt ist, die gewissermaßen im Kollektiv der elektrischen Feldstärke der einfallenden Welle folgen –, spielt sich der Nachweis von Licht, was das Elementargeschehen angeht, in mikroskopisch kleinen Gebilden wie Atomen oder Molekülen ab. Ein optischer Detektor wird daher in seiner Wirkungsweise entscheidend durch die Mikrostruktur der Materie bestimmt. Im besonderen ist es (schon wegen der enorm hohen Frequenz des Lichts, die bei etwa 10^{15} Hz liegt) unmöglich, die elektrische Feldstärke zu messen. Was sich tatsächlich feststellen läßt, ist eine Energieübertragung vom Strahlungsfeld auf einen atomaren Empfänger, woraus sich bestenfalls Rückschlüsse auf die (momentane) Intensität des Lichts ziehen lassen.

Was kann man nun vom experimentellen Standpunkt über diesen Absorptionsprozeß sagen? Zu den grundlegenden Erfahrungstatsachen, die uns einen tiefen Einblick in die Struktur des Mikrokosmos vermitteln, gehört der Resonanzcharakter der Wechselwirkung zwischen Licht und einem atomaren System. Letzteres verhält sich, wird es von Licht getroffen, wie ein Resonator mit bestimmten Eigenfrequenzen, d. h., es wird nur dann angeregt (nimmt Energie auf), wenn die Frequenz des Lichts mit einem der für das betreffende Atom charakteristischen Werte zusammenfällt. Läßt man daher eine Lichtwelle, die ein breites Frequenzspektrum besitzt, durch ein Gas hindurchlaufen, so findet man im Spektrum des austretenden Lichts dunkle Stellen, die sogenannten Absorptionslinien. Dieser zuerst von FRAUNHOFER am Sonnenlicht beobachtete Tatbestand bildet bekanntlich die Grundlage der Absorptionsspektroskopie, mit deren Hilfe sich kleinste Substanzmengen zuverlässig nachweisen lassen.

Der Resonatorcharakter des Atoms äußert sich andererseits beim Vorgang der Emission: Das Frequenzspektrum des von angeregten Atomen ausgestrahlten Lichts setzt sich aus diskreten „Linien" zusammen, die wiederum mit den Absorptionslinien genau zusammenfallen.

Die geschilderten Beobachtungen lassen also ein Atom als ein schwingungsfähiges Gebilde mit charakteristischen Eigenfrequenzen erscheinen, die sowohl im Absorptions- wie auch im Emissionsprozeß zutage treten. Betrachten wir nur eine bestimmte atomare Eigenfrequenz, so ähnelt das Atom also einem HERTZschen Dipol, der ja im Resonanzfall (bei geeigneter Phasenlage des Dipols zum äußeren Feld) Energie aus dem Feld aufnimmt oder bei Fehlen eines äußeren Feldes eine elektromagnetische Welle aussendet.

Dieses einfache Bild vom Atom als einer atomaren Empfangs- bzw. Sendeantenne gibt jedoch nur eine Seite der mikroskopischen Realität wieder. Ein zweiter, recht ungewöhnlicher Aspekt wird bei genauerer Untersuchung des atomaren Anregungsvorganges deutlich. In einem berühmt gewordenen Experiment fanden J. FRANCK und G. HERTZ [FRA 13], daß ein Elektronenstrahl erst dann Energie auf Gasatome zu übertragen vermag, wenn die kinetische Energie einen Mindestwert erreicht oder überschritten hat. Diese Beobachtungen passen, wie sich bald herausstellte, ausgezeichnet zu dem Atommodell, wie es N. BOHR im Jahre 1913 entwickelt hatte. Das erste BOHRsche Postulat besagt ja, daß es für ein atomares System „stationäre" Zustände gibt, denen ganz bestimmte, diskrete Energiewerte zukommen. Daraus folgt, daß man dem Atom eine (dem Abstand zu einem höheren Energieniveau entsprechende) Mindestenergie zuführen muß, wenn man seinen Zustand verändern will.

Es ist dies gerade eine Besonderheit mikroskopischer Systeme, die kein Gegenstück in der makroskopischen Welt findet und die daher den radikalen Bruch mit der klassischen Physik unvermeidlich machte. Im Rahmen der klassischen Mechanik ist eben völlig unverständlich, warum dem im Atom gebundenen Elektron die Bewegung nur auf gewissen, ausgezeichneten Bahnen „erlaubt" sein sollte. Die Erklärung der Existenz stationärer Zustände war daher ein Grundanliegen der später geschaffenen Quantenmechanik.

Es erhebt sich nun die Frage, wie die beiden so verschiedenartigen experimentellen Fakten – zum einen das Resonanzverhalten der Atome bei Wechselwirkung mit Licht und zum anderen die in den diskreten Energieniveaus zum Ausdruck kommende Struktur der Atome – miteinander zusammenhängen. Die (später durch die Quantenmechanik im einzelnen begründete) Antwort gab BOHR mit seinem zweiten Postulat, demzufolge das Atom einen sprunghaften Übergang von einem Energieniveau zu einem anderen zu vollziehen vermag, der mit Emission oder Absorption von Licht verbunden ist. Je nachdem, ob der Übergang von einem höheren Niveau auf ein tieferes führt oder in umgekehrter Richtung erfolgt, findet Emission oder Absorption statt, wobei die Frequenz ν der betreffenden Spektrallinie durch den Niveauabstand in der Form

$$\nu = \frac{1}{h}(E_m - E_n) \tag{5.1}$$

(E_m Energie des oberen und E_n Energie des unteren Niveaus, h PLANCKsches Wirkungsquantum) bestimmt wird. Damit ist ein eindeutiger Zusammenhang zwischen den Energieniveaus und den atomaren Resonanzfrequenzen gegeben.

In der Tat wurde die fundamentale Beziehung (5.1) schon von FRANCK und HERTZ – durch Messung einerseits der Anregungsenergie von Quecksilberatomen mit der Elektronenstoß-Methode und andererseits der Frequenz des dabei auftretenden Fluoreszenzlichts – direkt bestätigt.

Nun ist ein Absorptionsvorgang, wie er sich in einem atomaren System abspielt, aber noch keinesfalls eine Lichtmessung. Tatsächlich kann von einem physikalischen Meßprozeß ganz generell nur dann gesprochen werden, wenn er zu einem makroskopisch fixierten Resultat führt (z. B. in Form eines Zeigerausschlags). Das Beobachtungsobjekt muß also im Endeffekt einen irreversiblen makroskopischen Vorgang auslösen.

Bei einem Absorber ist ein solcher Prozeß die Umsetzung der Anregungsenergie der einzelnen Atome oder Moleküle in thermische Energie. (Im Fall eines Gases besorgen die Zusammenstöße zwischen den Teilchen die Verwandlung der Anregungsenergie in kinetische Energie.) Es kommt so zu einer Temperaturerhöhung, die mit konventionellen Methoden registriert werden kann.

Die Einbeziehung von doch immerhin recht „schwerfälligen" thermodynamischen Vorgängen in den Meßprozeß läßt sich nun glücklicherweise – zugunsten elektrischer bzw. elektrochemischer Prozesse – dadurch vermeiden, daß man das einfallende Licht nicht zur Anregung eines Atoms, sondern zu seiner Ionisierung verwendet, also den photoelektrischen Effekt ausnutzt. Der dabei sich abspielende Elementarprozeß – das Herausschleudern eines Elektrons aus dem atomaren Verband – ist selbst schon irreversibel. Das Elektron läuft dank der ihm erteilten kinetischen Energie davon, und es besteht praktisch keine Chance, daß es wieder eingefangen wird. Die Situation ist ganz ähnlich wie bei der spontanen Emission (s. Abschn. 6.5). Der notwendigerweise makroskopische Meßvorgang erfordert dann nur noch eine geeignete Verstärkung des mikroskopischen Primärsignals.

5.2 Photoelektrischer Nachweis von Licht

Wir geben zunächst – in historischer Reihenfolge – eine kurze Charakterisierung der Haupttypen photoelektrischer Empfänger.

Der Photoeffekt fand seine erste praktisch bedeutsame Anwendung in der Photographie. Der Primärvorgang besteht dabei darin, daß Licht auf ein Silberbromidkorn trifft, das als Ionenkristall $Ag^+ Br^-$ ausgebildet ist, und dort an einem Brom-Ion ein Valenzelektron ablöst. Dieses Elektron verbleibt im Kristallgitter (man spricht daher von einem inneren Photoeffekt), ist dort frei beweglich und kann von einer im Gitter vorhandenen Störstelle eingefangen werden. Geschieht dies, wird die Störstelle negativ aufgeladen und vermag so ein auf einem Zwischengitterplatz sitzendes (und daher leicht bewegliches) Silber-Ion an sich zu ziehen und seine Ladung zu neutralisieren. Dieser Prozeß kann durch Einfang jeweils eines weiteren Elektrons – an der gleichen Störstelle – mehrmals wiederholt werden. Es bildet sich dort ein aus einigen wenigen Silberatomen bestehender „Keim". Erst die als „Entwicklung" bekannte chemische Behandlung der photographischen Schicht, bei der ein Korn, das einen solchen Keim enthält, zur Gänze zu einem schwarzen, metallischen Silberkorn reduziert wird, macht dann das photographische Bild tatsächlich sichtbar, erzeugt also eine makroskopische „Spur" der Lichteinwirkung.

Ein wesentlicher Mangel des photographischen Verfahrens besteht darin, daß man wegen der erforderlichen sehr langen Belichtungszeit keine Information über das zeitliche Verhalten des Lichts erhält. Die Möglichkeit, auch kurzzeitige Änderungen der Lichtintensität meßtechnisch zu verfolgen, ist aber dann gegeben, wenn die photoelektrisch freigesetzten Elektronen direkt zur Registrierung genutzt werden. Dieses Prinzip ist in der Photozelle verwirklicht, wo die vom Licht aus einer geeignet beschichteten Metalloberfläche abgelösten und in das Vakuum emittierten Elektronen mit Hilfe einer angelegten äußeren Spannung einer Anode zugeführt werden. Folglich fließt im äußeren Stromkreis ein elektrischer Strom, dessen Stärke ein Maß für die Intensität des auf die Photokatode fallenden Lichts abgibt.

Genauer gesagt, besteht (in klassischer Beschreibung, die für nicht zu kleine Intensitäten ausreicht) zwischen der elektrischen Stromstärke J und der Lichtintensität I ein Zusammenhang der Form

$$J(t) = \alpha \frac{1}{T_1} \int_{t-T_1}^{t} I(t')\, dt', \tag{5.2}$$

wobei die Konstante α die Empfindlichkeit des Geräts kennzeichnet. Die in Gl. (5.2) vorgenommene zeitliche Mittelung hat ihre Ursache vornehmlich darin, daß bereits ein einzelnes abgelöstes Elektron durch Influenzwirkung einen Stromimpuls von der Dauer der Laufzeit des Elektrons von der Katode zur Anode erzeugt. Der in praxi erreichbare Minimalwert für die – das zeitliche Auflösungsvermögen der Photozelle bestimmende – Mittelungszeit T_1 liegt bei etwa 10^{-10} s. Die Photozelle vermag somit zeitlichen Änderungen der Intensität zu folgen, die sich in Zeitintervallen $\Delta t \geq T_1$ abspielen. Der Photostrom ist dementsprechend zeitlich nicht konstant, er enthält vielmehr neben einer dominierenden Gleichstromkomponente noch Wechselstromanteile, deren Freuqenzen aber den Wert $1/T_1$ nicht übersteigen können.

Die Schaffung der Photozelle eröffnete dem Forscher gleichsam eine neue Dimension der experimentellen Untersuchung, war ihm doch damit erstmals ein Instrument in die Hand gegeben, das ihm die Schwankungserscheinungen in einem Strahlungsfeld – und damit die mikroskopische Struktur des Lichts – direkt zu beobachten erlaubte.

Nun läßt allerdings die Nachweisempfindlichkeit der Photozelle noch Wünsche offen. Offenbar müssen viele Photoelektronen ausgelöst werden, damit ein meßbarer Strom zustande kommt. Die Intensität des einfallenden Lichts darf daher nicht zu niedrig sein. Hier wurde ein bedeutender Fortschritt durch die Entwicklung des Sekundärelektronenvervielfachers (abgekürzt SEV), auch Photomultiplier genannt, erzielt. Das Grundprinzip seiner Arbeitsweise besteht darin, daß jedes freigesetzte Elektron zum „Ahnherrn“ einer Elektronenlawine gemacht wird. Im einzelnen läuft der Prozeß folgendermaßen ab: Die primären Elektronen werden durch ein elektrisches Feld beschleunigt, fallen auf eine erste Hilfskatode (eine sogenannte Dynode) und lösen dort eine Gruppe von Sekundärelektronen aus. Diese werden ebenfalls beschleunigt, treffen auf eine zweite Dynode, wo sie neue „Nachkommen“ erzeugen usf. Dieses Spiel wiederholt sich mehrere Male, bis die entstandene Elektronenlawine von einer Anode „abgesaugt“ wird.

Der Photomultiplier erlaubt nicht nur, sehr schwache Lichtströme in elektrische Ströme umzusetzen, er macht es tatsächlich möglich, einzelne Photonen zu registrieren und so bis an die äußerste Grenze für den Lichtnachweis vorzustoßen, die uns die Natur durch die atomistische Struktur der Materie setzt. In diesem Fall liefert die von einem einzigen Primärelektron herrührende Elektronenlawine in dem äußeren Kreis einen Stromimpuls, der – an einem OHMschen Widerstand in einen bequemer meßbaren Spannungsimpuls umgewandelt – dann das makroskopische Signal darstellt, das die Registrierung eines einzelnen Photons anzeigt. Wir bezeichnen ein solches Nachweisgerät im folgenden einfach als Photodetektor oder Photozähler.

Nicht unerwähnt bleiben sollte, daß der Sehvorgang, wie er sich in unserem Auge abspielt, ebenfalls nach dem Prinzip eines Photodetektors abläuft.

Die Natur hat uns damit tatsächlich mit dem empfindlichsten optischen Nachweisinstrument ausgestattet, das ihr zur Verfügung steht. Bekanntlich kann man ja mit adaptiertem Auge wirklich einige wenige Photonen „sehen"!

Da keinesfalls alle auf die Katode eines Photodetektors fallenden Photonen tatsächlich einen Photoeffekt bewirken (wir denken dabei an das sichtbare Spektrum; im ultravioletten Spektralbereich läßt sich die Forderung, daß jedes ankommende Photon ein Elektron freisetzt, tatsächlich erfüllen), wird ein eintreffendes Photon nicht mit Sicherheit registriert, sondern nur mit einer bestimmten Wahrscheinlichkeit, der Zählerempfindlichkeit, die wesentlich vom Katodenmaterial und dem Spektralbereich abhängt und daher von unterschiedlicher Größe ist.

Da die Wahrscheinlichkeit für die photoelektrische Ablösung eines Elektrons proportional zu der momentanen Lichtintensität sein wird, andererseits jedoch, ähnlich wie bei der Photozelle, Laufzeiteffekte der Elektronen das zeitliche Auflösungsvermögen des Geräts begrenzen werden, erwartet man für die auf die Zeiteinheit bezogene Ansprechwahrscheinlichkeit W eines Photodetektors – in Analogie zu der für die Photozelle gültigen Beziehung (5.2) – eine Relation der Form

$$W(t) = \beta \frac{1}{T_1} \int_{t-T_1}^{t} I(t')\, dt' \, . \tag{5.3}$$

Der Wert der Konstante β wird dabei durch die oben erwähnte Zählerempfindlichkeit bestimmt. Die Integrationszeit T_1, die sogenannte Ansprechzeit des Detektors, ist von etwa der gleichen Größe wie bei der Photozelle.

Der Beziehung (5.3) liegt eine klassische Beschreibung zugrunde. Letztere ist jedoch nicht mehr gerechtfertigt, wenn man in den Bereich sehr kleiner Intensitäten gelangt. So befindet sich Gl. (5.3) in einem krassen Gegensatz zur Erfahrung, wenn man sie auf ein Wellenpaket mit einer Energie, die kleiner ist als $h\nu$ – eine klassisch durchaus legitime Annahme! – anwendet, da sie auch dann eine von Null verschiedene Ansprechwahrscheinlichkeit liefert. Eine Photoionisation ist aber in diesem Fall energetisch gar nicht möglich!

Abhilfe schafft hier die vollständig quantisierte Theorie (s. z. B. [GLA 65]), in der an die Stelle von Gl. (5.3) die Relation

$$W(t) = \beta \frac{1}{T_1} \int_{t-T_1}^{t} \langle \hat{E}^{(-)}(t') \hat{E}^{(+)}(t') \rangle \, dt' \tag{5.4}$$

tritt, wobei $\hat{E}^{(-)}$ und $\hat{E}^{(+)}$ die dem negativen bzw. positiven Frequenzanteil der elektrischen Feldstärke [s. Gln. (3.8) und (3.9)] zugeordneten Operatoren bedeuten. Bei dem unter dem Integralzeichen stehenden quantenmechanischen Erwartungswert kommt es dabei sehr wesentlich auf die Reihenfolge der Faktoren an. In der angegebenen Form entspricht sie gerade der „Normalordnung" (s. Abschn. A.1), die dadurch ausgezeichnet ist, daß entsprechende Erwartungswerte frei von Vakuumbeiträgen sind. Die in Abschn. 4.3 geschilderten Vakuumfluktuationen des elektrischen Feldes haben somit beruhigenderweise keinerlei Einfluß auf den photoelektrischen Nachweisvorgang, im besonderen zeigt ein Photodetektor keinerlei Reaktion, wenn (mit Sicherheit) kein Photon vorhanden ist.

Schließlich lassen sich Photoelektronen wiederum auf optischem Wege nachweisen. Dazu verwendet man photoelektrische Bildwandler, in denen man durch das einfallende Licht in einer Photokatode ausgelöste Elektronen – nach Beschleunigung durch ein statisches elektrisches Feld – auf einen Fluoreszenzschirm fallen läßt. (Das ganze Geschehen spielt sich natürlich im Innern einer Vakuumröhre ab.) Durch eine elektronenoptische Abbildung der Katode auf den Leuchtschirm sorgt man dafür, daß die Intensitätsverteilung des einfallenden Lichts, wie sie auf der Katode vorliegt, auf dem Schirm reproduziert wird. Man hat so die Möglichkeit, die Helligkeit des (optischen) Primärbildes beträchtlich zu verstärken, wobei auch der Abbildungsmaßstab unterschiedlich gewählt werden kann.

In jüngster Zeit wurde die Methode der photoelektrischen Bildwandlung sehr erfolgreich zur Messung des Zeitverlaufs extrem kurzer optischer Signale benutzt. Zunächst entfällt in einem solchen Gerät die störende Influenzwirkung der Elektronen auf die Anode, und folglich wird das zeitliche Auflösungsvermögen nicht mehr durch die Laufzeit der Elektronen in der Röhre begrenzt, sondern dadurch, daß die freigesetzten Elektronen verschieden lange Zeiten benötigen, um, aus unterschiedlicher Tiefe der Katodenschicht kommend, die Oberfläche der Katode zu erreichen (wobei sie durch die Wechselwirkung mit dem Katodenmaterial in unterschiedlicher Weise gebremst und gestreut werden). Mit Hilfe sogenannter „streak cameras" ist es tatsächlich gelungen, ein Auflösungsvermögen von einer Pikosekunde zu erreichen. Hierbei wird der Elektronenstrahl durch ein zeitlich sehr schnell (und möglichst linear) ansteigendes, senkrecht zur Bewegungsrichtung der Elektronen angelegtes Feld seitlich aufgefächert, so daß das zeitliche Nacheinander im Elektronenstrahl in ein räumliches Nebeneinander auf dem Fluoreszenzschirm umgewandelt wird.

In neuerer Zeit werden zunehmend Halbleitermaterialien für den photoelektrischen Nachweis genutzt. Der Elementarprozeß ist dann die Erzeugung eines Elektron-Loch-Paares durch ein einfallendes Photon, also ein innerer Photoeffekt. Gebräuchlich sind vor allem die sog. Photodioden. Diese lassen sich auch in großer Zahl zu einer zeilen- oder einer matrixförmigen Anordnung (engl. array) kombinieren und erlauben so eine räumliche Auflösung des optischen Signals. Man spricht dann von Photodiodenarrays. Andererseits läßt sich bei einer Photodiode auch eine große Verstärkung über interne Lawinenprozesse realisieren. Solche Detektoren heißen Avalanche-Photodioden nach dem englischen Wort für Lawine.

Wir wollen nun einmal aufzählen, was für Experimente mit den geschilderten Beobachtungsinstrumenten im einzelnen ausgeführt werden können.

5.2.1 Messung der mittleren Intensität

Hierfür eignen sich sowohl die Photoplatte als auch die Photozelle bzw. der Photomultiplier. Bei der Photoplatte stellt die Schwärzung ein Maß für die über die Belichtungszeit gemittelte Lichtintensität dar. Im Fall der photoelektrischen Registrierung ist die entsprechende Information im Gleichstromanteil des Photostroms enthalten. Bei Verwendung eines Photodetektors summiert man während eines längeren Zeitraums alle Ereignisse auf und vermag so noch extrem kleine Lichtintensitäten nachzuweisen.

Beschränkt man sich nicht auf die Messung der Intensität an einem bestimmten Ort, sondern registriert die Intensität an verschiedenen Orten, so kann man auf diese Weise ein räumliches Interferenzmuster beobachten.

5.2.2 Nachweis von Schwebungen

Läßt man auf eine Photozelle oder einen Photomultiplier gleichzeitig zwei kohärente Lichtstrahlen mit ein wenig unterschiedlicher Frequenz fallen (wie sie in nahezu idealer Weise beispielsweise von zwei Gaslasern geliefert werden), so kann man das zeitliche Analogon der räumlichen Interferenz, nämlich die in Abschn. 3.2 erläuterte Schwebungserscheinung direkt beobachten. Sie äußert sich im Auftreten einer mit der Differenz der beiden optischen Frequenzen oszillierenden Wechselstromkomponente im Photostrom, die sich mit den Methoden der Hochfrequenztechnik sehr gut messen läßt. Dieses experimentelle Verfahren hat eine große praktische Bedeutung für die Präzisionsmessung von Lichtfrequenzen, erlaubt es doch, die Frequenz eines Lasers in bezug auf eine, durch einen zweiten Laser definierte, benachbarte Standardfrequenz mit extremer Genauigkeit zu vermessen.

5.2.3 Messung von Intensitätskorrelationen

Es können räumliche Korrelationen der Intensität dadurch bestimmt werden, daß man zwei (oder auch mehr) Detektoren an verschiedenen Orten aufstellt und Koinzidenzen zählt, d. h. nur solche Ereignisse registriert, bei denen alle Detektoren jeweils zur gleichen Zeit ansprechen. Bei höheren Intensitäten können zu dieser Messung auch Photozellen (oder Photomultiplier) verwendet werden. In diesem Fall werden mit Hilfe eines „Korrelators" die zwischen den Photoströmen der einzelnen Photozellen bestehenden Korrelationen ermittelt (Näheres s. Abschn. 8.1).

In analoger Weise kann man zeitliche Korrelationen der Intensität (an einem festen Ort) beobachten, wobei sich die experimentelle Schwierigkeit, zwei Zähler am selben Ort aufzustellen, nach R. HANBURY BROWN und R. Q. TWISS [BRO 56a] sehr elegant dadurch umgehen läßt, daß man das zu untersuchende Licht mittels eines Strahlteilers (halbdurchlässiger Spiegel) in zwei zueinander kohärente Teilstrahlen zerlegt, die man auf separate Detektoren fallen läßt (s. Fig. 24, Abschn. 8.1). Die Meßgröße ist dann die Zahl der zeitlich verzögerten Koinzidenzen, d. h., gezählt werden nur solche Ereignisse, bei denen auf ein Ansprechen des ersten Zählers τ Sekunden später ein Ansprechen des zweiten Zählers folgt. Auch dieses Experiment kann natürlich bei ausreichender Intensität unter Benutzung von Photozellen bzw. Photomultipliern ausgeführt werden.

5.2.4 Registrierung der Ankunftszeit einzelner Photonen

Bei sehr geringer Intensität der einfallenden Strahlung (notfalls kann man letztere vorher abschwächen!) können mit einem Photodetektor die Zeit„punkte" festgestellt werden, zu denen jeweils ein Photoelektron ausgelöst, also ein einfallendes Photon tatsächlich absorbiert wurde. Mit dieser Meßtechnik lassen sich Fragen beantworten von der Art: „Wie lange dauert es nach Einsetzen der Bestrahlung, bis das erste Photoelektron erscheint?" Man kann die Meßdaten auch dazu benutzen, die Häufigkeit zu ermitteln, mit der zwei Photonen in einem vorgegebenen zeitlichen Abstand τ registriert werden. Man erhält so die gleiche Information wie bei der Messung verzögerter Koinzidenzen. Der praktische Unterschied im Vergleich zur Methode 5.2.3 besteht darin, daß man bereits mit einem einzigen Photozähler auskommt.

5.2.5 Photonenzählung

Die von einem Photodetektor gelieferten (von der Auslösung jeweils eines Photoelektrons herrührenden) Spannungsimpulse können in Zeitintervallen gleicher Länge elektronisch gezählt werden. Man erhält so die Zahl der Photonen, die der Detektor in den einzelnen Zeitintervallen registriert hat. Von großem physikalischen Interesse ist, welcher Statistik diese – von Fall zu Fall normalerweise verschiedenen – Photonenzahlen genügen.

Nach diesem kurzen Überblick über die gegebenen technischen Möglichkeiten zur Beobachtung optischer Erscheinungen wollen wir die Frage stellen, wieweit der Photoeffekt einen schlüssigen Beweis für die Existenz von Photonen – im Sinne räumlich lokalisierter Energieklümpchen gemäß der EINSTEINschen Lichtquantenhypothese – zu liefern vermag.

5.3 Photoeffekt und Quantennatur des Lichts

Im Rahmen der Quantenmechanik ist der Photoeffekt ganz ähnlich zu beschreiben wie der in Abschn. 5.1 geschilderte Vorgang der Lichtabsorption. Das liegt wesentlich daran, daß man von wohldefinierten stationären Zuständen eines atomaren Systems auch dann noch sprechen kann, wenn das Elektron vom Atomrumpf abgelöst wurde. Diese Zustände bilden hinsichtlich ihrer Energie ein Kontinuum, das sich an das diskrete Energiespektrum (zu größeren Energien hin) anschließt. Ihre Energie setzt sich, betrachtet man nur das abgelöste Elektron, additiv zusammen aus dem Wert E_G, der die untere Grenze des Kontinuums markiert, und der kinetischen Energie des praktisch freien Elektrons:

$$E = E_\mathrm{G} + \frac{1}{2}mv^2 \tag{5.5}$$

(m Masse und v Geschwindigkeit des Elektrons). Der kontinuierliche Charakter des Spektrums – die Tatsache also, daß in dem betreffenden Bereich ein jeder Wert der Energie erlaubt ist – hat seine Ursache darin, daß die kinetische Energie des freigesetzten Elektrons keinerlei „Quantelungsvorschrift" unterworfen ist, vielmehr wie in der klassischen Beschreibung jeden beliebigen (nichtnegativen) Wert annehmen kann.

Für den quantenmechanischen Formalismus macht es nun grundsätzlich keinen Unterschied, ob Übergänge zwischen diskreten Energieniveaus stattfinden oder zwischen Zuständen, von denen der eine dem diskreten, der andere jedoch dem kontinuierlichen Spektrum angehört. Im besonderen bleibt die Aussage (5.1) bestehen, die einen Übergang mit einer bestimmten atomaren Eigenfrequenz in Verbindung bringt. Nach den Gln. (5.1) und (5.5) ergibt sich die dem Ionisierungsvorgang entsprechende Resonanzfrequenz des Atoms zu

$$\nu = \frac{1}{h}\left(E_\mathrm{G} - E_0 + \frac{1}{2}mv^2\right). \tag{5.6}$$

Hier bezeichnet E_0 die Energie des atomaren Ausgangszustandes (der normalerweise mit dem Grundzustand identisch ist). Da die Energiedifferenz $E_\mathrm{G} - E_0$ nichts anderes als die Ionisierungsarbeit ist, sind wir so unmittelbar zur EINSTEINschen Gleichung (2.1) gelangt. Letztere impliziert also, vom Standpunkt der Quantenmechanik betrachtet, noch keinesfalls ein

Photonenbild, sondern spiegelt nur den allgemeinen Resonanzcharakter der Wechselwirkung zwischen Strahlung und Materie wider. Tatsächlich findet man Gl. (5.6) schon in der sogenannten semiklassischen Theorie, d. h. bei quantenmechanischer Behandlung des Atoms und *klassischer* Beschreibung des Strahlungsfeldes!

Was wir zunächst nur mit Sicherheit sagen können, ist dies: Wegen der uneingeschränkten Gültigkeit des Energiesatzes auch für den Einzelprozeß muß bei der Ablösung eines Photoelektrons dem Strahlungsfeld die Energie $E_G - E_0 + \frac{1}{2}mv^2$ entzogen worden sein, die nach Gl. (5.6) gerade den Wert $h\nu$ hat.

Kann es dann aber nicht sein, daß uns die Partikelnatur des Lichts durch den Detektor nur „vorgetäuscht" wird? Das am photoelektrischen Primärvorgang beteiligte Atom hat ja auf Grund seiner eigenen, durch die Gesetze der Quantenmechanik diktierten Struktur nur die Wahl, entweder aus dem Strahlungsfeld der Frequenz ν die Energie $h\nu$ aufzunehmen – oder gar nicht zu reagieren. Besitzt das elektromagnetische Feld vielleicht genausowenig eine körnige Struktur, wie eine Suppe – die man dank des verwendeten Löffels portionsweise zu sich nimmt – „quantisiert" ist, solange sie sich noch auf dem Teller befindet? Hat also letzten Endes die klassische Elektrodynamik doch recht, wenn sie dem Licht eine räumlich kontinuierliche Energieverteilung zuschreibt, und „sammelt" das Atom nicht einfach so lange Energie „auf", bis es den für den Übergang benötigten Betrag beisammen hat?

Tatsächlich lehrt uns die Erfahrung, daß die klassische Vorstellung unhaltbar ist. Schätzen wir zunächst einmal die „Akkumulationszeit" ab, die ein Atom gemäß der klassischen Theorie benötigt, um die Energie $h\nu$ aus dem Strahlungsfeld aufzunehmen! (Wir machen uns dabei eine Argumentation von PLANCK [PLA 66] zu eigen.)

Wir stellen uns die Atome, an denen sich der Photoeffekt abspielen möge, als „dicht gepackt" vor, wie es bei einem Festkörper der Fall ist. Offenbar erhalten die unmittelbar an der Oberfläche sitzenden, also direkt vom einfallenden Licht getroffenen Atome das größte Angebot an Strahlungsenergie. Im günstigsten Fall können sie schon die gesamte einfallende Energie absorbieren, was wir zwecks Abschätzung der *Mindestdauer* des Akkumulationsvorgangs einmal annehmen wollen. Machen wir nun – in Anlehnung an die quantenmechanische Beschreibung – die Annahme, daß sich die Atome zu Beginn der Einstrahlung alle im gleichen Zustand befinden, so ist (von Randeffekten wollen wir absehen) keines der Oberflächenatome vor den anderen bevorzugt. Das bedeutet, daß ihr Verhalten unter der Einwirkung des Strahlungsfeldes (wir denken an eine ebene, quasimonochromatische Welle, die senkrecht auf die ebene Oberfläche eines festen Körpers fällt) identisch sein muß. Dies ist eine generelle Konsequenz des deterministischen Charakters einer jeden klassischen Theorie.

Die Oberflächenatome können sich also nicht gegenseitig Energie wegnehmen. Ihnen steht nur die Energie zur Verfügung, die (bei der vorausgesetzten dichten Packung) durch ihren geometrischen Querschnitt strömt. Führen wir einen Photonenstrom ein, indem wir die Energie der eingestrahlten Welle in Einheiten von $h\nu$ zählen, so können wir sagen: Bei einer Photonenstromdichte der Größe j strömen in der Sekunde $j \cdot F$ Photonen durch den atomaren Querschnitt F, d. h., es dauert die Zeit

$$T_{\min} = \frac{1}{jF}, \tag{5.7}$$

bis die einem Photon entsprechende Energie durch das Atom hindurchgelaufen ist. Diese Zeit gibt dann zugleich die kürzestmögliche Dauer des Absorptionsvorgangs an, in deren Verlauf das Atom ein Energiequant $h\nu$ „verschluckt", d. h., $T_{\min}$ ist der Mindestwert der klassischen Akkumulationszeit.

Um eine Vorstellung davon zu bekommen, mit welchen Werten der Photonenstromdichte man es in praxi zu tun hat, orientieren wir uns an der für uns natürlichsten Lichtquelle, der Sonne. Wir denken uns aus der Sonnenstrahlung mit Hilfe eines Filters grünes Licht der Wellenlänge 500 nm mit einer Frequenzbreite ausgeblendet, die 1 % der Frequenz ausmacht. Diesem Licht entspricht dann eine Photonenstromdichte von der Größenordnung $10^{19}/\mathrm{m}^2\mathrm{s}$, wie man vermöge der PLANCKschen Strahlungsformel aus den bekannten Daten der Sonne (Oberflächentemperatur 6 000 K, Winkeldurchmesser 32 Bogenminuten) leicht ausrechnet. Nach Gl. (5.7) ergibt sich damit die Mindestdauer des Akkumulationsprozesses, nehmen wir für den atomaren Querschnitt F den Wert $10^{-18}\mathrm{m}^2$, zu einer Zehntelsekunde.

Ist diese Zeit schon relativ groß, so kommt man bei wesentlich kleineren Intensitäten zu phantastischen Akkumulationszeiten. Der Photoeffekt tritt ja bereits bei sehr viel niedrigeren Intensitäten auf. Das wissen wir nicht zuletzt aus unmittelbarer Erfahrung, nämlich vom Sehvorgang, bei dem der Primärprozeß bekanntermaßen photoelektrischer Natur ist. Tatsächlich liegt die Reizschwelle des menschlichen Auges (im Grünen) bei einem Energiestrom von $5 \cdot 10^{-17}\mathrm{W}$ (s. z. B. [WAW 54]), was einen Photonenstrom von ca. 120 pro s bedeutet. Eine Photonenstromdichte von, sagen wir, $10^{10}/\mathrm{m}^2\mathrm{s}$ ist daher ganz sicher ausreichend, um Photoelektronen freizusetzen. Nach Gl. (5.7) würde das aber mindestens 10^8 s dauern, d. h., man müßte länger als drei Jahre warten, bis die ersten Photoelektronen festzustellen wären – wahrlich eine absurd anmutende Vorstellung.

Die eben angestellte Betrachtung lehrt, daß die tägliche Erfahrung, wie wir sie beim Sehen machen, bereits einen überzeugenden Beweis für die Photonennatur des Lichts liefert. Hätte die klassische Theorie recht, so könnten wir lichtschwache Objekte überhaupt nicht wahrnehmen – die Pracht des Sternenhimmels, die der Entwicklung der Physik so starke Impulse gegeben hat, bliebe unserem Auge verschlossen! Im übrigen würde der Sehvorgang äußerst merkwürdig ablaufen. Es würde sich nämlich die unterschiedliche Helligkeit von Objekten hauptsächlich dadurch bemerkbar machen, daß es unterschiedlich lange dauern würde, bis wir sie tatsächlich zu „sehen bekämen". Dann erschienen sie uns aber – betrachten wir einmal den idealisierten Fall, daß die Intensität des einfallenden Lichts an den verschiedenen Stellen des Netzhautbilds des jeweiligen Objekts überall die gleiche ist – alle gleich hell, da ja alle vom Licht des betreffenden Gegenstandes getroffenen Rezeptoren gleichermaßen und zur gleichen Zeit ansprächen. Verständlich wird der Sehvorgang, so wie wir ihn kennen, tatsächlich erst mit dem Bild von Photonen, die ähnlich wie ein Hagelschauer auf die Netzhaut fallen, wobei ein empfindliches Element (ein Rhodopsinmolekül im Fall eines Stäbchens) entweder gar nichts von der einfallenden Energie abbekommt oder aber „mit einem Schlage" die benötigte Energiemenge erhält.

Nun kommt allerdings die klassische Theorie bei der obigen Abschätzung der Akkumulationszeit deswegen besonders schlecht weg, weil wir angenommen haben, daß wir es mit dicht gepackten Atomen zu tun haben. Dadurch stehen sie sich gewissermaßen gegenseitig im Weg, und es wird verhindert, daß ein Atom elektromagnetische Energie aus einer größeren Umgebung aufnimmt. In der Tat kennt die klassische Elektrodynamik einen derartigen „Saugeffekt", wenn es sich um Atome handelt, die sich in großem Abstand voneinander befinden, – oder, was auf dasselbe hinausläuft, wenn bei großer Konzentration der Atome nur einige von ihnen, aus welchen Gründen auch immer, die Wechselwirkung mit dem Strahlungsfeld „mitmachen".

Wir wollen im folgenden zeigen, daß die klassische Theorie auch unter diesen Bedingungen in Widerspruch zur Erfahrung gerät, wenn auch die Diskrepanz zwischen theoretischer Vorhersage und den experimentellen Befunden nicht mehr so eklatant ist wie in dem oben diskutierten Fall dicht gepackter, gleichberechtigter Atome. Wir beginnen wieder mit einer Abschätzung der nach der klassischen Beschreibung benötigten Akkumulationszeit.

Im Rahmen der klassischen Elektrodynamik bietet sich als einfachste Modellvorstellung für das elementare Absorptionsgeschehen (gleichgültig, ob es zur Anregung oder bis zur Ionisation des Atoms führt) die eines Elektrons an, das elastisch an den „Atomrumpf" gebunden ist. Wir haben es also mit einem harmonischen Oszillator zu tun, der durch das Strahlungsfeld der Frequenz ν zum Mitschwingen gebracht wird. Uns interessiert die Zeit T, nach deren Ablauf die Energie des schwingenden Elektrons (die sich bekanntlich aus kinetischer und potentieller Energie zusammensetzt) im Resonanzfall den Wert $h\nu$ erreicht hat, das Atom also ein ganzes Lichtquant aufgenommen hat. (Über die Frage, wie es das Elektron im Fall des Photoeffekts dann anstellt, um den Atomverband zu verlassen, machen wir uns weiter keine Gedanken.) Eine einfache Rechnung, wie sie schon von LORENTZ [LOR 10] durchgeführt wurde, liefert für die Akkumulationszeit den Wert

$$T = \frac{\sqrt{8mh\nu}}{eE_0}, \tag{5.8}$$

wobei E_0 die Amplitude der am Ort des Atoms herrschenden elektrischen Feldstärke $E(t) = E_0 \cos(2\pi\nu t + \varphi)$, e die elektrische Elementarladung und m die Masse des Elektrons bedeuten. Die BOHRsche Atomtheorie, denken wir an ein wasserstoffähnliches Atom, erlaubt uns, die Größe $2\pi\nu m$ durch $\hbar/r_0^2$ zu ersetzen, wobei r_0 den BOHRschen Atomradius bezeichnet. (Da es uns nur auf die Größenordnung von T ankommt, haben wir die Hauptquantenzahl n einfach gleich Eins gesetzt.) Wir können so statt Gl. (5.8)

$$T \approx \frac{\sqrt{2}h}{\pi D E_0} \tag{5.9}$$

schreiben, wobei wir vermöge der Beziehung $D = er_0$ eine Größe D eingeführt haben, die, jedenfalls größenordnungsmäßig, das atomare elektrische Dipolmoment angibt.

Drücken wir in Gl. (5.9) noch die Amplitude E_0 der elektrischen Feldstärke durch die (zeitlich gemittelte) Photonenstromdichte j aus,

$$E_0 = \sqrt{2h\nu j}\,\sqrt[4]{\frac{\mu_0}{\varepsilon_0}} \tag{5.10}$$

(μ_0 bezeichnet die Permeabilität des Vakuums), so erhalten wir die Beziehung

$$T \approx \frac{1}{\pi D}\sqrt{\frac{h}{\nu j}}\,\sqrt[4]{\frac{\varepsilon_0}{\mu_0}}. \tag{5.11}$$

Es ergibt sich also jetzt eine im Vergleich zum früheren Resultat (5.7) deutlich schwächere Abhängigkeit von der Photonenstromdichte. Tatsächlich sind auch die aus Gl. (5.11) folgenden Absolutwerte der Akkumulationszeit sehr viel kleiner als die früher berechneten. So finden wir (im grünen Spektralbereich) im Fall $j = 10^{19}/\mathrm{m}^2\,\mathrm{s}$ für T den bereits recht kleinen Wert

$3 \cdot 10^{-7}$s (bei der früheren Abschätzung waren es 10^{-1}s), während sich für $j = 10^{10}/\text{m}^2$s der frühere unsinnig hohe Wert von 10^8s auf 10^{-1}s reduziert.

Diese drastische Verminderung der Akkumulationszeit kann nur so verstanden werden, daß ein Atom – falls es nicht durch seine Umwelt daran gehindert wird – Strahlungsenergie aus einer im Vergleich zu seinen eigenen Dimensionen sehr großen Umgebung „aufzusaugen" vermag. Der hierfür verantwortliche Mechanismus, in der Antennentheorie wohlbekannt, ist darin begründet, daß die einfallende Welle am Atom ein Dipolmoment induziert, das selbst wieder eine Welle ausstrahlt, wie es dies nach der klassischen Elektrodynamik ja tun muß. Diese vom Absorber emittierte Welle transportiert aber keine Energie vom Atom weg – im Gegenteil, sie interferiert mit der einfallenden Welle (zwischen den beiden Wellen besteht eine feste, für den Absorptionsprozeß charakteristische Phasenbeziehung) in so „raffinierter" Weise, daß in größerer Entfernung vom Atom strömende Energie auf das Atom hin „dirigiert" wird. Figur 7 zeigt für einen realistischen Fall den Verlauf der Energieströmung im zeitlichen Mittel über einige Lichtperioden. (Näheres hierzu s. [PAU 83]). Man erkennt sehr deutlich die „Saugwirkung" des Atoms, die verblüffenderweise so stark ist, daß selbst Energie, die schon am Atom vorbeigeströmt ist, wieder zurückgeholt wird.

Dabei ist zu beachten, daß der geschilderte Mechanismus nur so lange funktioniert, wie die Phase des einfallenden Feldes konstant bleibt. Eine jede (etwa sprunghaft erfolgende) Änderung dieser Phase zerstört ja die für die Absorption optimale Phasenbeziehung zwischen einfallender Welle und Dipolschwingung, wodurch sich die Akkumulationszeit beträchtlich verlängert. Formel (5.8) gilt daher nur unter der Voraussetzung, daß die Kohärenzzeit der eingestrahlten Welle nicht kürzer ist als die Akkumulationszeit.

Tatsächlich liegen nun die aus Gl. (5.8) bzw. (5.11) folgenden Werte der Akkumulationszeit im Vergleich zum Experiment immer noch um Größenordnungen zu hoch. Die beiden in diesem Zusammenhang durchgeführten grundlegenden Versuche sind so originell, daß wir die Gelegenheit zu ihrer Schilderung nicht vorübergehen lassen wollen, zumal sie unverdienterweise nahezu in Vergessenheit geraten sind.

Das experimentelle Problem besteht hauptsächlich darin, die (wie zu erwarten ist, extrem kurze) Zeit zu messen, die zwischen Beginn der Belichtung und Auftreten der ersten Photoelektronen verstreicht. Man würde heutzutage meinen, daß dafür eine ausgefeilte Ultrakurzzeit-Meßtechnik benötigt wird, wie sie eigentlich erst in den letzten Jahren entwickelt wurde. Tatsächlich gelang den amerikanischen Forschern LAWRENCE und BEAMS [LAW 27] bereits im Jahre 1927 eine verblüffend einfache Lösung des Problems. Sie gingen dabei so vor, daß sie mittels einer Funkenentladung einen Lichtblitz erzeugten, der auf die Katode einer Photozelle fiel. Letztere war mit einem zusätzlichen Gitter ausgestattet. An ihm lag zum Zeitpunkt der Funkenentladung eine positive Spannung, so daß freigesetzte Elektronen von der Katode „abgesaugt" wurden. Durch eine geeignete Schaltung war dafür gesorgt, daß die Funkenentladung zugleich einen Wechsel der Gitterspannung bewirkte. Dank der bekannten Tatsache, daß sich auch ein elektrischer Impuls in einem Draht mit Lichtgeschwindigkeit ausbreitet, ließ sich durch Verwendung eines – im Vergleich zum Lichtweg – längeren Drahtes erreichen, daß der Wechsel der Gitterspannung eine gewisse Zeit τ später erfolgte als der Beginn der Belichtung der Photokatode. Das Problem der Zeitmessung reduzierte sich so auf eine einfache Längenmessung! Die nunmehr negative Gitterspannung machte es den Photoelektronen unmöglich, die Katode zu verlassen. Tatsächlich registrierte Photoelektronen konnten daher höchstens mit einer Verzögerung τ, bezogen auf das Einsetzen der Belichtung, ausgelöst worden sein. Die beiden Forscher gelangten zu der Feststellung, daß die ersten Photoelektronen *gleichzeitig* mit Beginn der Einstrahlung freigesetzt werden, wobei sie die Meßgenauigkeit ihrer Apparatur hinsichtlich der Verzögerungszeit mit $3 \cdot 10^{-9}$ s angaben. Die Akkumulationszeit – sofern es überhaupt eine gibt – kann daher *höchstens* 3 ns betragen.

Das zweite Experiment, ausgeführt von FORRESTER et al. [FOR 55], hatte eigentlich eine ganz andere Zielstellung, nämlich den Nachweis von Interferenzen – in Gestalt von Schwebungen – zwischen zwei thermisch erzeugten monochromatischen Lichtwellen mit geringfügig verschiedener Frequenz, und ist schon aus diesem Grund von fundamentaler Bedeutung. (In Abschn. 7.4 werden wir es eingehender würdigen.) Was uns gegenwärtig interessiert, ist die von den Autoren gezogene Schlußfolgerung, daß das tatsächlich beobachtete Schwebungssignal (im Photostrom) bei einer Differenzfrequenz von 10^{10} Hz nur zustande kommen konnte, wenn die Photoelektronen den zeitlichen Schwankungen der Lichtintensität genau folgen, was bedeutet, daß die Akkumulationszeit jedenfalls noch deutlich kürzer sein muß als 10^{-10} s.

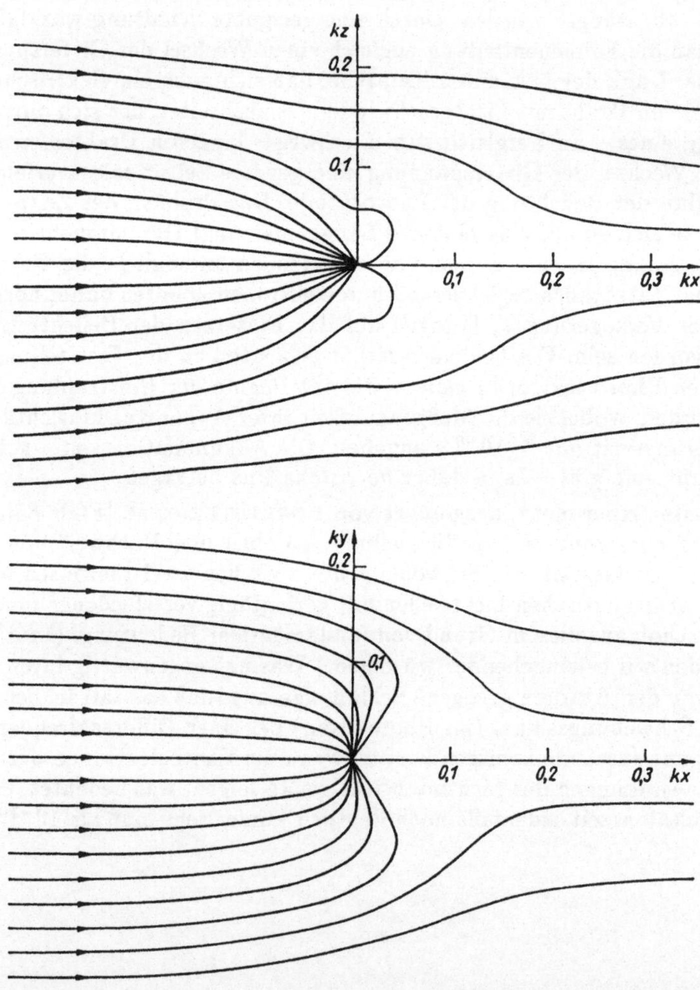

Fig. 7 Energieströmung in ein absorbierendes Atom; oben: in der von der Ausbreitungsrichtung (x) der einfallenden, linear polarisierten monochromatischen ebenen Welle und der Schwingungsrichtung (z) des induzierten Dipolmoments aufgespannten Ebene, unten: in der dazu senkrechten x,y-Ebene (k Wellenzahl). Nach [PAU 83]

Da die klassisch berechnete Akkumulationszeit entscheidend von der Intensität des eingestrahlten Lichts abhängt, benötigen wir für einen Vergleich mit den Vorhersagen der klassischen Theorie noch die entsprechende Intensitätsangabe. Glücklicherweise wurde diese von FORRESTER und Mitarbeitern gemacht, und zwar betrug die Energiestromdichte auf der Oberfläche der Photokatode ungefähr 0,8 W/m², woraus sich (bei einer Wellenlänge von 546,1 nm) eine Photonenstromdichte von rund $2 \cdot 10^{18}/m^2$ s errechnet. Mit diesem Wert wird dann die Akkumulationszeit (5.11) etwa $7 \cdot 10^{-7}$ s. Sie ist damit noch mindestens um vier Größenordnungen zu groß, so daß die eingangs behauptete Unvereinbarkeit der klassischen Beschreibung mit der Erfahrung als erwiesen anzusehen ist.

Interessanterweise gelangt man zu einem mit der Formel (5.9) nahezu identischen Resultat auch bei der quantenmechanischen Behandlung des Absorptionsvorgangs in einem intensiven, monochromatischen (und damit kohärenten) Feld.[1] (Wesentlich ist dabei nur, daß jedenfalls das Atom quantenmechanisch beschrieben wird.) Man erhält nämlich den Wert

$$T_{qu} = \frac{h}{2DE_0} \tag{5.12}$$

für den Zeitpunkt, zu dem sich das Atom mit hundertprozentiger Wahrscheinlichkeit im oberen Niveau aufhält, also mit Sicherheit ein Energiequant der Größe $h\nu$ aus dem Strahlungsfeld aufgenommen hat, wenn es sich anfänglich im unteren Niveau befand (s. z. B. [PAU 69]). Unter D ist nunmehr das quantenmechanische „Übergangsdipolmoment", i. e. das Nichtdiagonalelement des elektrischen Dipoloperators in bezug auf die beiden am Übergang beteiligten Zustände des Atoms zu verstehen, und es wurde vorausgesetzt, daß die mittleren Lebensdauern des letzteren (ihre Größe wird durch spontane Emission und Stoßprozesse bestimmt) die „Übergangszeit" T_{qu} deutlich übertreffen. In der Tat ist eine solche Übereinstimmung zwischen klassischer und quantenmechanischer Aussage auf Grund des Korrespondenzprinzips zu erwarten!

Worin besteht aber dann eigentlich, so mag man sich fragen, der Unterschied zwischen den beiden Beschreibungsformen? Die Antwort lautet, er liegt in dem in Abschn. 4.1 bereits erläuterten prinzipiell statistischen Charakter der quantenmechanischen Vorhersagen, der im Gegensatz zur klassischen

---

[1] Im Grunde genommen ist das nicht verwunderlich, da die quantenmechanischen Bewegungsgleichungen ja nur eine, wenn auch sehr raffinierte, „Übersetzung" der klassischen sind und wir bei der Herleitung der klassischen Formel (5.9) überdies eine Anleihe bei der Quantenmechanik (in Gestalt des BOHRschen Atommodells) gemacht haben.

Theorie eine deterministische Beschreibung eines mikroskopischen Einzelsystems grundsätzlich unmöglich macht. Er tritt in voller Schärfe zutage, wenn wir Zeiten t betrachten, die kleiner als die Akkumulationszeit (5.9) oder (5.12) sind. Die klassische und die quantenmechanische Theorie stimmen dann zwar in der Aussage „Bis zur Zeit t hat ein Atom nur einen gewissen Bruchteil eines Energiequants $h\nu$ absorbiert" überein, sie meinen jedoch damit etwas völlig Unterschiedliches: In der klassischen Beschreibung, die ja keine Quantisierung der Energie kennt, ist diese Behauptung wörtlich zu verstehen in dem Sinne, daß *jedes einzelne* Mitglied eines Ensembles von Atomen (die sich alle im gleichen Ausgangszustand befanden) nicht mehr und nicht weniger als den betreffenden Energiewert aufgenommen hat. Da letzerer aber, denken wir speziell an den Photoeffekt, zur Ionisation nicht ausreicht, können zu diesem Zeitpunkt noch keine Photoelektronen ausgetreten sein. Die quantenmechanische Aussage dagegen bezieht sich auf das Verhalten der Atome, wie es *im Mittel* an einem Ensemble zu beobachten ist, wobei die einzelnen Mitglieder des Ensembles aber keineswegs alle das gleiche tun, sondern individuelle Schicksale erleiden. Der Mittelwert von, sagen wir $\frac{1}{4}h\nu$ an absorbierter Energie kommt dann in Wahrheit so zustande, daß eben zu der betrachteten Zeit t 25 % der Atome jeweils ein volles Quant $h\nu$ aufgenommen haben, während die restlichen 75 % leer ausgegangen sind.

Strenggenommen setzt der erwähnte Zerfall des gesamten Ensembles in zwei Teilensembles, bestehend einerseits aus angeregten (bzw. ionisierten) und andererseits aus nichtangeregten Atomen, einen geeigneten Meßvorgang voraus, bei dem „nachgesehen" wird, in welchem Energiezustand sich die Atome befinden. Die Photoemission kann aber selbst schon als wesentliches Element eines solchen Meßprozesses angesehen werden. In der Tat ist ja die Ablösung eines Elektrons bereits ein irreversibler Vorgang, da das Elektron vom Atom wegläuft und man mit seiner Hilfe, beispielsweise durch einen Lawinenprozeß (vgl. Abschn. 5.2), ein makroskopisches Signal gewinnen kann.

Der grundlegende Unterschied zwischen der klassischen und der quantenmechanischen Beschreibung des Photoeffekts ist, um es noch einmal zu wiederholen, darin zu sehen, daß im ersten Fall das Schicksal eines jeden einzelnen Atoms bis ins einzelne vorherbestimmt ist – es ist aus der Kenntnis der Anfangsbedingungen und der äußeren Einwirkungen eindeutig vorausberechenbar und damit für alle Atome identisch, die, vom gleichen Anfangszustand ausgehend, die gleiche Beeinflussung von außen erfahren –, während im zweiten Fall das Leben der Atome einem Lotteriespiel gleicht. Ähnlich wie beim radioaktiven Zerfall, wo einige „vorwitzige" Atomkerne gleich zerfallen, andere dagegen sich damit Zeit lassen, werden gewisse Atome schon nach sehr kurzer Zeit ionisiert, andere dagegen erst später. Die einzelnen

Ionisierungsakte verteilen sich so über eine ganze Zeitskala. Die nach klassischer Vorstellung nach Verstreichen der Akkumulationszeit schlagartig einsetzende lichtelektrische Katastrophe – alle Atome geben mehr oder weniger gleichzeitig ihr Elektron ab – findet nicht statt. Dank des Wirkens quantenmechanischer Gesetzmäßigkeiten in der Natur wird der Ionisationsvorgang in eine große Zahl zu unterschiedlichen Zeiten stattfindender Einzelereignisse „aufgelöst". Es handelt sich hier, wie wir noch besonders betonen möchten, um einen generellen Zug der quantenmechanischen Naturbeschreibung, um das „Würfeln", von dem EINSTEIN glaubte, es dem „lieben Gott" nicht zumuten zu dürfen.

Wir können es uns an dieser Stelle nicht versagen, auf eine wahrhaft phantastische Konsequenz dieser Besonderheit der Quantenmechanik hinzuweisen, die unsere Vorstellungen vom Mikrogeschehen so tiefgreifend verändert hat. Wir denken an eine Problematik, die gegenwärtig in der Elementarteilchenphysik von großem Interesse ist, nämlich an die Frage der Stabilität des Protons. Grundlegende theoretische Überlegungen führten nämlich zu der Vermutung, daß das Proton, wenn man es ganz genau nimmt, doch kein stabiles Teilchen ist, vielmehr *im Mittel* nach ca. 10^{31} Jahren zerfällt. Dieser unvorstellbar große Zeitraum, der das Alter des Universums um 21 Größenordnungen übersteigt, läßt diese Frage als in höchstem Maße akademisch erscheinen, als eine Spekulation, die mit Physik im Sinne einer Erfahrungswissenschaft nichts mehr zu tun hat. Tatsächlich muß man jedoch davon ausgehen, daß von den ungeheuer vielen Protonen, die sich beispielsweise in einem Kubikkilometer Wasser befinden, ein paar auch schon jetzt – im Verlauf von Tagen oder Wochen – zerfallen, und diese Prozesse kann man mit Geduld und guter Nachweistechnik registrieren – jedenfalls liegt es im Bereich der gegenwärtigen experimentellen Möglichkeiten! Tatsächlich haben Experimente ergeben, daß die mittlere Zerfallszeit des Protons, so es denn überhaupt instabil ist, größer als 10^{31} Jahre sein muß. Das ist aber, um es noch einmal zu betonen, tatsächlich eine *experimentelle* Aussage!

Kehren wir nach dieser Abschweifung noch einmal zum Photoeffekt zurück! Der oben ausführlich erläuterte Unterschied zwischen klassischer und quantenmechanischer Beschreibung äußert sich ganz deutlich sogar im Makroskopischen, nämlich im zeitlichen Verhalten des Photostroms. Dieser müßte nach der klassischen Theorie ein Wechselstrom sein, während die Quantentheorie – in glänzender Übereinstimmung mit der Erfahrung – einen Gleichstrom vorhersagt.

Dieses Beispiel zeigt, daß man sehr vorsichtig sein muß mit folgendem, häufig gezogenem Schluß: Für Ensemble-Mittelwerte gilt das Korrespondenzprinzip; da man es bei makroskopischen Messungen stets mit derartigen Mittelwerten zu tun hat, geht im Makroskopischen die quantenmechanische Beschreibung in die klassische über. Tatsächlich wird beim Photoeffekt eben *nicht* der Ensemble-Mittelwert der absorbierten Energie gemessen (der, wie oben ausgeführt, in beiden Fällen durchaus der gleiche ist). Der genannte Schluß trifft nur für die Schwächung des eingestrahlten Lichts infolge des Photoeffekts zu.

Nach den in diesem Abschnitt gemachten Ausführungen kann es wohl keinen Zweifel mehr an der korpuskularen Natur der Strahlung – als *einem* ihrer Aspekte! – geben. Die elektromagnetische Energie eines Strahlungsfeldes (geringer Intensität) darf man sich nicht als mehr oder weniger gleichmäßig im Raum verteilt vorstellen, da es sonst ein Atom nicht schaffen könnte, innerhalb so kurzer Zeit die benötigte Energiemenge $h\nu$ „aufzusammeln".

Unabhängig von allem theoretischen „Hintergrund" kann man sich auf den folgenden pragmatischen Standpunkt stellen: Es gibt Instrumente (Photodetektoren), die zuverlässig anzeigen, daß dem Strahlungsfeld ein Energiebetrag der Größe $h\nu$ entnommen wurde. Ein solches Ereignis nennen wir „Nachweis eines Photons". Da letzteres bei dieser Gelegenheit unweigerlich vernichtet wird, erfahren wir auf diese Weise kaum etwas über sein eigentliches „Dasein". Es erscheint daher angebracht, daß wir uns der „Geburt" von Photonen zuwenden. Diese vollzieht sich im Prozeß der spontanen Emission.

6 Spontane Emission

6.1 Korpuskulare Züge der Ausstrahlung

Eine ganz wesentliche Eigenschaft mikroskopischer materieller Systeme ist ihre Fähigkeit, spontan elektromagnetische Strahlung auszusenden. Nach der Quantenmechanik spielt sich der Emissionsvorgang so ab, daß ein Atom (oder Molekül) von einem höheren Energieniveau, in das es durch einen Anregungsvorgang, beispielsweise einen Elektronenstoß, gelangt ist, ohne erkennbaren äußeren Anlaß – etwa in Gestalt eines bereits vorhandenen elektromagnetischen Feldes – in ein tieferes übergeht und die dabei freiwerdende Energie in Form von elektromagnetischer Strahlung abgibt. Die durch die Quantengesetze bedingte energetische Struktur der Atome hat damit – wegen der Gültigkeit des Energieerhaltungssatzes auch im Einzelprozeß – zwangsläufig eine Quantisierung der Energie des bei einem Elementarakt ausgestrahlten Feldes zur Folge, m. a. W., es wird jeweils ein Photon – im Sinne eines definierten Energiequantums – ausgestrahlt.

Die emittierten Quanten kann man wiederum mit einem Photodetektor direkt nachweisen. (Genaugenommen ist eine Identifizierung eines registrierten Photons mit einem ausgesandten nur dann möglich, wenn sich nur ein einziges Atom im Beobachtungsvolumen befindet. Näheres hierzu s. Abschn. 6.8 und 8.1.) In praxi läßt sich so ein Experiment in folgender Weise ausführen: Zunächst wird ein Strahl ionisierter Atome durch eine dünne Folie geschossen; der austretende Strahl besteht dann aus angeregten Atomen. (In der englischsprachigen Literatur bezeichnet man dieses experimentelle Verfahren als beam-foil-Technik.) In einer gewissen Entfernung d von der Folie ist ein Detektor aufgestellt, der vom Atomstrahl nach der Seite ausgesandtes Licht empfängt (Fig. 8). Gemessen wird die Häufigkeit, mit welcher der Zähler in unterschiedlichen Abständen d anspricht. (Normalerweise verschiebt man zu diesem Zweck die Folie.) Offenbar ist ein von dem Zähler registriertes Einzelereignis die Absorption eines Energiequants zur Zeit $t = d/v$ (mit v als Geschwindigkeit der Atome), vom Zeit„punkt" der Anregung des Atoms an gerechnet. Da das Ansprechen des Detektors andererseits anzeigt, daß das Atom seine *gesamte* Anregungsenergie abgegeben hat[1], können wir

---

[1]Strenggenommen ist dieser Schluß nur dann zulässig, wenn die experimentellen Bedin-

außerdem sagen, daß das betreffende Atom sich jedenfalls zur Zeit t (und auch später, falls sich kein weiterer Übergang anschließt) *mit Sicherheit* im tieferen Energieniveau befindet, also seinen Übergang beendet hat.

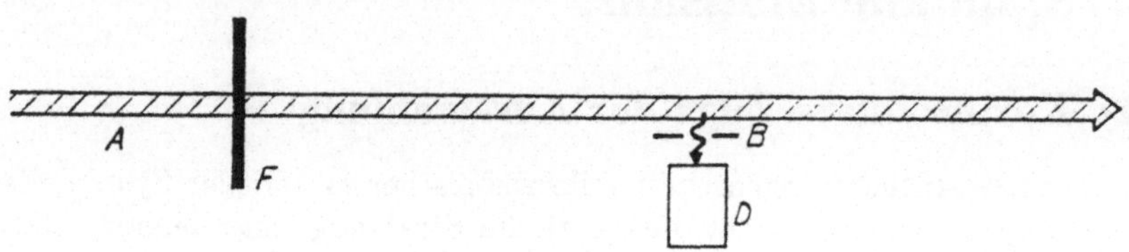

Fig. 8 Beam-foil-Technik (A Atomstrahl, B Blende, D Detektor, F Folie)

Eine andere experimentelle Methodik zur Beobachtung der quantenhaften Ausstrahlung macht Gebrauch von der durch die moderne Lasertechnologie gegebenen Möglichkeit, äußerst intensive und extrem kurze Lichtimpulse (von der Dauer einiger Pikosekunden bis herunter in den Femtosekundenbereich) zu erzeugen.[2] Mit einem solchen Impuls geeigneter Frequenz lassen sich anfänglich im Grundzustand befindliche Atome zu einem definierten Zeit„punkt" – genauer, in einem Zeitintervall, das noch sehr kurz im Vergleich zur mittleren Lebensdauer der atomaren Niveaus ist – anregen. Mit einem Photodetektor kann man dann die (seit der Anregung verstrichene) Zeit t messen, zu der erstmals ein Photon registriert wird. Durch oftmalige Wiederholung des Experiments läßt sich so die Häufigkeit des Ansprechens des Detektors als Funktion von t ermitteln. (Benötigt wird dazu natürlich ein Detektor, dessen Ansprechzeit deutlich kürzer ist als die Dauer des gesamten Ausstrahlungsvorgangs. Weiterhin muß bei geringen Lichtintensitäten gearbeitet werden, um tatsächlich auch spät ausgesandte Photonen mit erfassen zu können.) Man erhält so die gleiche Information wie bei Anwendung der beam-foil-Technik.

Die beiden geschilderten Experimente lassen uns den atomaren Übergang als diskontinuierlich, in der Art eines plötzlichen, sprunghaften Ereignisses

---

gungen so sind, daß der Detektor während seiner Ansprechzeit nur ein Atom „zu Gesicht bekommt", da ja andernfalls die aufgenommene Energie auch von mehreren Atomen stammen könnte.

[2]In vielen Fällen kann man auch schon mit konventionellen Lichtquellen, z. B. Quecksilber-Hochdrucklampen, auskommen, wenn man mit Hilfe eines Unterbrechers, beispielsweise einer rotierenden Lochscheibe, die emittierte Strahlung in eine Folge von Impulsen „zerhackt".

erscheinen. In der Tat ist dies das Bild, das sich bereits NIELS BOHR machte.
Es scheint also so zu sein, als ob eine Zeitlang tatsächlich nichts geschähe;
das Atom verbleibt im Ausgangszustand, bis es sich plötzlich, zu einem nicht
vorhersagbaren Zeitpunkt t, zu dem Übergang „entschließt". Die Häufigkeit
des Ansprechens eines Photodetektors, als Funktion der vom frühestmögli-
chen Zeitpunkt t_0 des Eintreffens eines Lichtquants ($t_0 = t_A + t_L$ mit t_A
als Anregungszeit„punkt" und t_L als Laufzeit des Lichts vom Emitter zum
Detektor) aus gezählten Zeit t, genügt, das zeigt die Erfahrung, einem Ex-
ponentialgesetz, wie es uns vom radioaktiven Zerfall her vertraut ist. Das
bedeutet, die Wahrscheinlichkeit, daß ein Detektor im Zeitintervall $t \ldots t{+}dt$
ein Photon registriert, ist gegeben durch

$$dw = \text{const}\, e^{-\Gamma t} dt\,. \tag{6.1}$$

Aus Gl. (6.1) folgt durch einfache Integration, daß der Bruchteil der insgesamt registrierten Ereignisse, bei denen ein Photon erst (irgendwann) später
als zur Zeit t nachgewiesen wird, gleich $\exp\{-\Gamma t\}$ ist. Daraus können wir
– fassen wir den elementaren Ausstrahlungsvorgang als einen „Quantensprung" auf – schließen, daß sich der Bruchteil $\exp\{-\Gamma t\}$ der anfangs angeregten Atome zur Zeit t noch im oberen Niveau befindet. Die Größe Γ hat
daher die Bedeutung der mittleren Lebensdauer des angeregten Niveaus.

Tatsächlich ist es neuerdings gelungen, Quantensprünge eines Einzelatoms
direkt sichtbar zu machen. Die Beobachtung erfolgt an Hand der Resonanzfluoreszenz, die durch (resonante) Einstrahlung einer Laserwelle erregt
wird. Dabei werden Laserphotonen in größerer Zahl nach der Seite gestreut.
Den Streumechanismus hat man sich folgendermaßen vorzustellen: Befindet
sich das Atom anfänglich im Grundzustand, so wird es unter der Einwirkung der intensiven Strahlung angeregt, gelangt also in ein höheres Niveau.
Die aufgenommene Energie strahlt es dann in Gestalt eines Photons in einer zufälligen Richtung aus.[3] Genau wie bei der spontanen Emission läßt
sich das Atom dabei Zeit: Die Häufigkeitsverteilung für die Zeit„punkte"
der einzelnen Emissionsakte ist genau die gleiche wie in dem zuvor genannten Falle [s. Gl. (6.1)]. Im Mittel dauert es daher Γ^{-1} Sekunden, bis eine
Emission erfolgt, wobei wichtig ist, daß die mittlere Lebensdauer Γ^{-1} des angeregten Niveaus eine für das betreffende atomare Niveau charakteristische,
von der Intensität der Einstrahlung unabhängige Größe ist. (Im Gegensatz
dazu wird das Atom immer schneller vom Grundzustand in das höhere Niveau „gepumpt", je intensiver die Treiberwelle ist.) Nach Beendigung des
Emissionsvorgangs befindet sich das Atom wieder im Grundzustand, und

---

[3] Wir benutzen hier ungeniert das korpuskulare Bild der Ausstrahlung, weil wir annehmen,
daß die gestreuten Photonen mittels Photodetektoren registriert werden.

das Spiel beginnt von neuem, so daß bei längerer Einstrahlung insgesamt eine große Zahl von Fluoreszenzphotonen ausgesandt wird. Wir betrachten nun den Fall, daß das obere Niveau auch auf anderem Wege zerfallen kann, nämlich durch einen mit spontaner Ausstrahlung verbundenen Übergang in ein tiefer liegendes drittes Niveau. Von dort möge es dann durch weitere spontane Übergänge in den Grundzustand zurückkehren. Nehmen wir an,

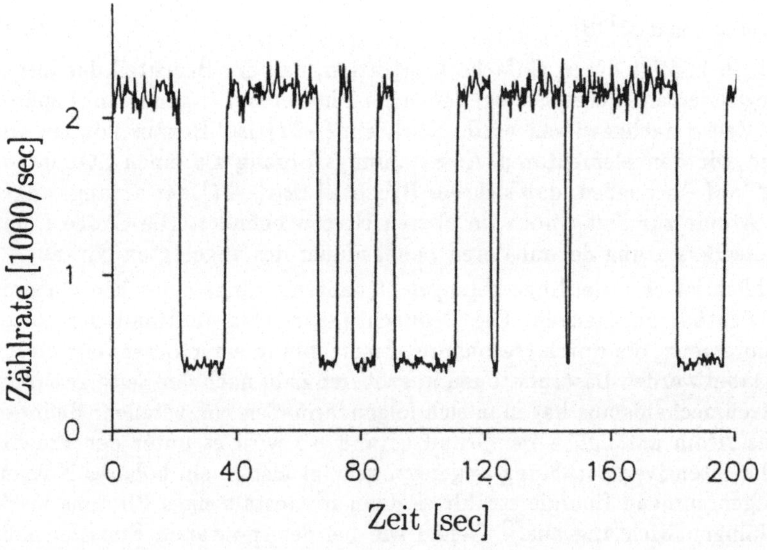

Fig. 9 Beobachteter Wechsel von Hell- und Dunkelphasen der Resonanzfluoreszenz. Nach [SAU 86]

daß der erste Übergang sehr schwach ist (beispielsweise kann es sich um einen Quadrupolübergang handeln), so wird sich im Konkurrenzkampf die Resonanzfluoreszenz durchsetzen – jedoch nicht für immer: Einmal, zu einem unvorhersehbaren Zeitpunkt, „kommt" auch der schwache Übergang „zum Zuge". Die Folge davon ist, daß die Fluoreszenzstrahlung plötzlich aussetzt – so lange, bis das Atom schließlich wieder im Grundzustand angelangt ist und damit von der Laserstrahlung erneut „getrieben" werden kann. Man beobachtet also einen unregelmäßigen Wechsel von Hell- und Dunkelperioden der Resonanzfluoreszenz (intermittierende Fluoreszenz, s. Fig. 9), wobei uns offenbar das Abbrechen der Fluoreszenz anzeigt, daß ein spontaner Übergang, also der berühmte Quantensprung, gerade stattgefunden hat. Da während einer Hellphase eine große Zahl von Laserphotonen gestreut wird, handelt es sich bei der Fluoreszenzstrahlung tatsächlich um ein *makroskopisches* Signal, dessen „Abschalten" daher zuverlässig registriert werden kann. Wir haben somit die interessante Möglichkeit, die spontane Aussendung eines Lichtquants auf indirektem Wege *mit Sicherheit* nachweisen zu können, wobei wir uns sogar wenig empfindliche Detektoren leisten können. Daher eignet sich diese Technik auch sehr gut für eine Bestimmung der mittleren Lebensdauer des angeregten Niveaus bezüglich des schwachen Überganges. Man ermittelt hierzu die Rate, mit welcher der Abbruch der Fluoreszenz erfolgt, in Abhängigkeit von der Intensität der Fluoreszenzstrahlung [ITA 87].

Allerdings ist die geschilderte Beobachtung von Quantensprüngen nur dann wirklich ausführbar, wenn man es mit einem einzigen Atom zu tun hat. (Wegen des zufälligen Charakters der Hell- und Dunkelphasen der Fluoreszenzstrahlung führt die Überlagerung der Beiträge mehrerer Atome zu einer mehr oder weniger gleichmäßigen Gesamtstrahlung.) Glücklicherweise erlaubt es die moderne Experimentierkunst, diese Vorbedingung in geradezu idealer Weise zu erfüllen. Es gelingt nämlich, ein einziges Ion in einer elektromagnetischen Falle, einer sog. PAUL-Falle, einzufangen und darin im Prinzip beliebig lange festzuhalten [NEU 80], wobei ein wesentlicher Trick darin besteht, daß man das Ion auf optischem Wege „kühlt". Das bedeutet, man bremst das hin- und herschwingende Ion durch Einstrahlung von Laserlicht, dessen Frequenz knapp unterhalb einer geeigneten Resonanzfrequenz des Ions liegt, – unter Ausnutzung des Strahlungsdrucks also – ab.

Tatsächlich läßt sich die betrachtete Fluoreszenztechnik noch weiter vervollkommnen. Man treibt zu diesem Zweck auch den schwachen Übergang $1 \leftrightarrow 2$, der nun an den Grundzustand gekoppelt sein möge (V-Konfiguration, s. Fig. 10), unter Verwendung einer zweiten Laserwelle. Das Abbrechen der mit dem starken Übergang $1 \leftrightarrow 3$ verknüpften Fluoreszenzstrahlung zeigt dann an, daß der Grundzustand durch einen *induzierten* schwachen Übergang $1 \rightarrow 2$ – ebenfalls sprunghaft! – entleert wurde. Nach einiger Zeit kehrt dann das Atom vermöge eines induzierten oder eines spontanen Übergangs $2 \rightarrow 1$ in den Grundzustand zurück, wodurch die Fluoreszenz wieder „eingeschaltet" wird.

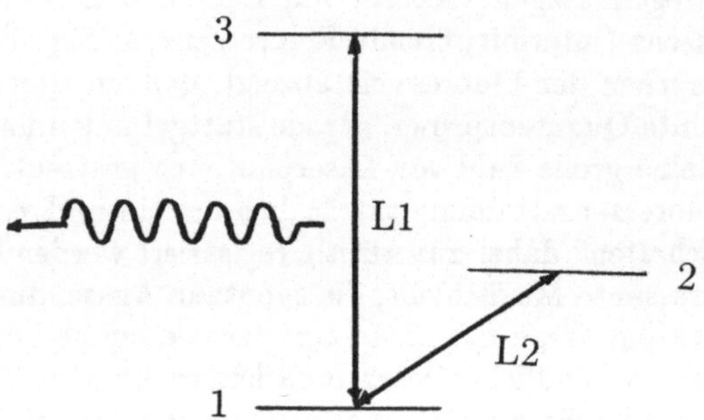

Fig. 10 Zwei gekoppelte, durch Laserstrahlung $L1$ und $L2$ induzierte atomare Übergänge. An dem starken Übergang 1 ↔ 3 wird intermittierende Resonanzfluoreszenz beobachtet.

Das geschilderte Verfahren könnte sich als bedeutungsvoll bei der Schaffung eines extrem genauen Frequenznormals erweisen. Mit dem schwachen Übergang hat man ja eine außerordentlich schmale Emissions- bzw. Absorptionslinie zur Verfügung. Eine geeignet ausgewählte Linie dieser Art könnte man daher zur Definition eines Frequenzstandards benutzen. Dessen Realisierung durch Laserstrahlung könnte dann so geschehen, daß man einen geeigneten Laser auf den schwachen Übergang abstimmt, wobei das Erreichen der Resonanz gerade durch das Auftreten von Dunkelphasen der Resonanzfluoreszenz angezeigt würde.

Erwähnt sei schließlich noch, daß mit Hilfe der beschriebenen experimentellen Technik quantenmechanische Energiemessungen ausgeführt werden können. Man strahlt dazu das mit dem starken Übergang resonante Laserlicht nicht kontinuierlich, sondern in Form sehr kurzer Impulse ein, die so intensiv sind, daß pro Impuls eine größere Zahl von Fluoreszenzphotonen erzeugt wird. Ist anderweitig bekannt, daß das Atom nur im Niveau 1 oder 2 vorgefunden werden kann (von besonderem Interesse ist der Fall, daß es sich in einer quantenmechanischen Superposition der zugehörigen Energiezustände befindet), so „fragt" ein jeder solcher Impuls das Atom „ab", in welchem der beiden Niveaus es sich gerade befindet. Dabei zeigt das Auftreten von Fluoreszenzstrahlung an, daß das Atom im Niveau 1 angetroffen wurde, während man andererseits aus deren Ausbleiben den Schluß ziehen muß, daß sich das Atom im Niveau 2 befindet. Mit diesem Verfahren ist es kürzlich gelungen, den in Abschn. 4.1 erläuterten Quanten-ZENO-Effekt tatsächlich nachzuweisen [ITA 90].

6.2 Der Wellenaspekt

Anstatt die emittierten Photonen zu zählen (bei welcher Gelegenheit sie notwendig verschwinden, so daß sich über ihre physikalischen Eigenschaften keine weiteren Aussagen machen lassen), kann man mit ihnen auch Experimente ausführen, die ihren Wellencharakter zutage treten lassen.

So lassen sich, wie wir in Abschn. 7.2 näher ausführen werden, Interferenzen noch bei im Prinzip beliebig kleinen Intensitäten beobachten. (Man muß dabei die Photoplatte entsprechend lange belichten, um ein Interferenzmuster zu erhalten.) Es muß daher jedes einzelne Photon schon die Fähigkeit zur Interferenz besitzen. Denken wir beispielsweise an den YOUNGschen Interferenzversuch (s. Abschn. 2.3), so muß jedes einzelne Photon auf irgendeine Weise Kenntnis von der Existenz zweier Löcher im Beugungsschirm haben, da es sich ja in seinem Verhalten, wie an dem Interferenzmuster auf dem Beobachtungsschirm zu ersehen, danach richtet.

Eine physikalische Erklärung dieser Erscheinung kann wohl nicht ohne die Vorstellung einer (in transversaler Richtung) ausgedehnten Welle auskommen. Die Interferenzfigur läßt andererseits auch auf die Länge des dem Photon entsprechenden Wellenzugs zurückschließen. Geht man nämlich an die Stellen auf dem Beobachtungsschirm, wo die Interferenzstreifen „gerade noch" sichtbar sind, so ist dort der Unterschied der beiden, jeweils von einem der Löcher aus gezählten, Lichtwege etwa gleich der Längsausdehnung der „Elementarwelle". (Es treffen diejenigen der von den beiden Löchern ausgehenden Erregungen aufeinander, die in dem einen Fall vom Kopf und in dem anderen Fall vom Schwanz der Welle hervorgerufen werden, so daß die Interferenzmöglichkeit „gerade noch" gegeben ist.) Eine bequemere Methode zur Messung der Länge von Elementarwellen hat man mit dem MICHELSON-Interferometer in der Hand. Man hat dabei so vorzugehen, daß man die Länge eines der beiden Interferometerarme so lange variiert, bis die Sichtbarkeit des Interferometers schlecht wird.

Es besteht somit experimentellerseits kein Zweifel daran, daß ein Photon unter bestimmten Versuchsbedingungen als eine räumlich ausgedehnte Welle aufgefaßt werden muß. Ein solches Wellenpaket erfordert aber zu seiner Ausbildung eine endliche Zeit, denn die Dauer Δt des Ausstrahlungsvorgangs bestimmt nach der Formel $l = c\Delta t$ (c Lichtgeschwindigkeit) die Länge l

des Wellenzugs (in Ausbreitungsrichtung[4]). Dieser Sachverhalt ist jedenfalls in klassischer Betrachtungsweise evident. Daran ändert aber auch die quantenmechanische Beschreibung nichts, weil nämlich der genannte Zusammenhang zwischen l und Δt eine unmittelbare Folge der beiden, in der klassischen wie auch in der quantisierten Theorie gleichermaßen gültigen, Prinzipien ist: a) Die Wechselwirkung zwischen einem (als punktförmig idealisierten) elektrischen Dipol und dem elektromagnetischen Feld ist lokaler Natur, d. h., die Dipolschwingung und nur die zur gleichen Zeit am Ort des Dipols herrschende elektrische Feldstärke üben eine direkte Wirkung aufeinander aus. b) Elektromagnetische Erregungen breiten sich mit Lichtgeschwindigkeit im Raum aus.

Die zu beobachtenden Welleneigenschaften des spontan emittierten Lichts sind somit nur mit der Annahme eines eine gewisse Zeit *stetig* ablaufenden Ausstrahlungsvorgangs verständlich. Informationen über dessen Dauer ergeben sich aus der oben geschilderten interferometrischen Messung der Länge der Elementarwellen, aber auch aus dem Frequenzspektrum der emittierten Strahlung. Dabei stellt sich (experimentell wie auch theoretisch) heraus, daß der folgende Zusammenhang zwischen der natürlichen Linienbreite $\Delta \nu$ der emittierten Strahlung und der mittleren Lebensdauer $T = 1/\Gamma$ des angeregten Zustands besteht:

$$\Delta \nu \cdot T = \frac{1}{2\pi} \, . \tag{6.2}$$

Vergleichen wir dieses Ergebnis mit der fundamentalen Beziehung (3.23) zwischen Linienbreite und Dauer eines Wellenzuges (die von der Quantisierung des Strahlungsfeldes unberührt bleibt), so gelangen wir zu der Feststellung, daß die Dauer der emittierten elementaren Wellenzüge – und damit, wie oben erwähnt, auch die des Ausstrahlungsvorgangs selbst – durch die mittlere Lebensdauer des oberen Niveaus gegeben ist.

Gleichung (6.2) Gl. wird häufig als eine Folge der allgemeinen quantenmechanischen Unschärferelation (3.24) für die Energie und die für ihre Messung aufgewendete Zeit angesehen. Man deutet dabei das Auftreten einer Frequenzunschärfe im emittierten Licht, die nach der EINSTEINschen Beziehung $E = h\nu$ zwischen der Energie E eines Lichtquants und seiner Frequenz ν mit einer Energieunschärfe $\Delta E = h\Delta\nu$ gleichbedeutend ist, in der Weise, daß bereits das obere Niveau die gleiche Energieunschärfe besitzt und diese bei der Emission auf das ausgesandte Strahlungsfeld übertragen wird.

---

[4] Im Normalfall wird sich die Welle in unterschiedlichen Richtungen zugleich ausbreiten; in dem meist vorliegenden Fall eines elektrischen Dipolübergangs gemäß der Richtungscharakteristik der HERTZschen Dipolstrahlung. (Näheres hierzu s. Abschn. 6.5).

Im einzelnen argumentiert man so: Wegen der endlichen Lebensdauer T des oberen Niveaus steht *grundsätzlich* (im Mittel) keine längere Zeit als T für eine Energiemessung zur Verfügung. Gemäß der Unschärfebeziehung (3.24) läßt sich damit die Energie (an einem Ensemble von Atomen, auf das sich ja quantenmechanische Aussagen generell beziehen) prinzipiell nicht genauer bestimmen als bis auf einen möglichen Fehler der Größe $\Delta E = \hbar/T$. Das veranlaßt uns, dem atomaren Niveau diese Energieunschärfe als „objektive Eigenschaft" zuzuschreiben. Sie findet sich dann in der Energie eines Photons wieder, und das ist genau das, was Gl. (6.2) aussagt.

Die geschilderte Betrachtungsweise hat zwei große Vorteile: Erstens macht sie keinen expliziten Gebrauch von der Voraussetzung, daß der „Zerfall" des angeregten Zustands ausschließlich durch den Emissionsprozeß verursacht ist. Sie ist daher genauso anwendbar auf den Fall, daß neben der spontanen Emission noch weitere Mechanismen (beispielsweise unelastische Stöße) wirksam sind, welche die mittlere Lebensdauer verkürzen. Gleichung (6.2) sollte also auch unter diesen Umständen noch gültig sein. Sie sagt dann das Auftreten einer größeren Linienbreite voraus, und tatsächlich ist dieser Effekt als Druckverbreiterung der Spektrallinien – verursacht durch die mit wachsendem Druck immer häufiger werdenden Stöße zwischen den Gasatomen bzw. -molekülen – experimentell seit langem bekannt. (Ein detailliertes Bild von diesem Vorgang werden wir uns in Abschn. 6.3 machen.) Zweitens läßt sich die obige Argumentation leicht auf den Fall verallgemeinern, daß nicht nur das obere, sondern auch das untere Niveau „instabil" ist, sei es infolge eines zu einem tieferen Niveau führenden, mit spontaner Ausstrahlung verbundenen Übergangs oder einer anderen, dem Atom gegebenen Möglichkeit, das untere Niveau zu verlassen. Dann ist der dem Photon hinsichtlich seiner Energie zur Verfügung stehende Spielraum $\Delta E = h\Delta\nu$ gleich der *Summe* der Energieunschärfen der beiden Niveaus, d. h., es gilt, wenn wir die beiden beteiligten Niveaus mit 1 und 2 numerieren,

$$\Delta\nu = \frac{1}{h}(\Delta E_1 + \Delta E_2) = \frac{1}{2\pi}\left(\frac{1}{T_1} + \frac{1}{T_2}\right). \tag{6.3}$$

Auch diese Vorhersage stimmt mit der Erfahrung sehr gut überein.

Wir erwähnen noch einen weiteren, aus der Mikrowellenphysik bekannten Sachverhalt, der ebenfalls dafür spricht, daß bei spontaner Emission kontinuierlich eine elektromagnetische Welle ausgesandt wird. Es handelt sich um spontane Emission von Mikrowellen, wobei sich die strahlenden Atome bzw. Moleküle nicht, wie bisher immer angenommen, im freien Raum befinden, sondern im Innern eines Resonators, der auf die Wellenlänge der

Strahlung abgestimmt ist. Das bedeutet, eine der Eigenfrequenzen des Resonators fällt mit der Mittenfrequenz der emittierten Strahlung zusammen. Die Anwesenheit der (reflektierenden) Resonatorwände beeinflußt nun den Ausstrahlungsvorgang in drastischer Weise, die mittlere Lebensdauer des angeregten Zustands verkürzt sich nämlich – im Vergleich zur Ausstrahlung in den freien Raum – um viele Größenordnungen! Betrachten wir als Beispiel die Mikrowellenemission eines Ammoniakmoleküls bei einer Wellenlänge von 1,25 cm (dadurch zu großem Ansehen gelangt, daß sich mit ihrer Hilfe erstmals das Maser-Prinzip verwirklichen ließ [GOR 54]), so findet eine Reduktion von ungefähr 10^7 s (das sind rund 115 Tage!) auf 0,1 s statt. Physikalisch läßt sich dieses Phänomen so verstehen, daß der Kopf der emittierten Welle an den Resonatorwänden reflektiert wird, beim Zurücklaufen das emittierende Molekül überstreicht und dort eine stimulierende (die Ausstrahlung beschleunigende) Wirkung auf den Emissionsvorgang ausübt. Wesentlich ist dabei, daß die zurückkommende Welle mit der richtigen Phase am Ort des Moleküls eintrifft, was gerade bei Abstimmung des Resonators auf die Übergangsfrequenz des Moleküls der Fall ist. Was für den Wellenkopf gilt, trifft natürlich auch für das später emittierte Feld zu, so daß das Molekül bei zunehmender Füllung des Resonators mit elektromagnetischer Energie (es bildet sich eine *stehende* Welle aus) eine immer stärkere Stimulierung erfährt. Nach wie vor handelt es sich aber um spontane Emission, d. h. einen Ausstrahlungsprozeß, der vom Vakuumzustand des Feldes ausgeht.

Andererseits wird bei ungünstiger Phasenlage der zurücklaufenden Welle in bezug auf den strahlenden Dipol der Ausstrahlungsvorgang nicht beschleunigt, sondern im Gegenteil gebremst. Eine solche Situation liegt vor, wenn die Emissionsfrequenz sich in deutlichem Abstand von den benachbarten Resonanzfrequenzen befindet. Im Idealfall eines Resonators mit vollständig reflektierenden Wänden würde unter solchen Umständen die Emission vollständig unterdrückt werden. Unter realistischen Bedingungen wurde eine drastische Vergrößerung der mittleren Lebensdauer eines RYDBERG-Niveaus[5], verglichen mit der spontanen Emission im freien Raum, beobachtet [HUL 85].

Tatsächlich sind sowohl eine stimulierende wie auch eine hemmende Beein-

---

[5] RYDBERG-Zustände sind hochangeregte wasserstoffähnliche Zustände von Atomen und demzufolge durch eine sehr große Hauptquantenzahl n gekennzeichnet. Wegen der hohen Anregung sind die Atome dann stark „aufgebläht" und besitzen daher ein sehr großes (Übergangs-)Dipolmoment. Die Folge davon ist, daß sie mit elektromagnetischer Strahlung stark wechselwirken und auch sehr schnell spontan (bei einem Übergang $n \rightarrow n - 1$) zerfallen. Da die RYDBERG-Niveaus sehr dicht liegen, wird dabei ein Mikrowellen-Photon ausgesandt.

flussung des Emissionsprozesses durch die Umgebung auch schon im optischen Frequenzbereich nachgewiesen worden. In ersten Experimenten wurde gezeigt, daß eine reflektierende Wand, die sich in einem kleinen Abstand d (von der Größe einiger hundert Nanometer) vom Emitter befindet, bereits eine meßbare Wirkung auf den Emissionsvorgang – in Gestalt einer Veränderung der Ausstrahlungsdauer – ausübt [DRE 74]. Dieser Effekt ist noch stärker ausgeprägt, wenn der Emitter zwischen zwei Spiegel gesetzt wird. Experimentell wurde so vorgegangen, daß man auf einen Metallspiegel zunächst eine definierte Zahl von monomolekularen Schichten aus Fettsäuremolekülen und darauf die Emitter – ebenfalls in Form einer monomolekularen Schicht – brachte, wodurch sich ein gewünschter Abstand d zwischen den Emittern und dem Metallspiegel einstellen ließ. Die Grenzfläche zwischen der Emitterschicht und Luft wirkte dann als ein zweiter (teilweise reflektierender) Spiegel. Bei Veränderung des Abstands d wurde eine deutliche Änderung der mittleren Fluoreszenzlebensdauer des angeregten Niveaus des Emittermoleküls (es handelte sich um Farbstoffmoleküle) beobachtet, und zwar traten – je nach Phasenlage – größere wie auch kleinere Werte, verglichen mit dem normalen, von außen nicht beeinflußten Emissionsgeschehen, auf.

In der Folgezeit ist es auch gelungen, mikroskopische optische Resonatoren dadurch zu realisieren, daß man an einen ebenen Spiegel einen zweiten mit Hilfe eines piezoelektrischen Stellelements bis auf einen Abstand von der Größenordnung der Lichtwellenlänge heranführt. Mit einer solchen Anordnung konnte ebenfalls eine ausgeprägte Abhängigkeit der mittleren Lebensdauer des angeregten Niveaus eines (im optischen Frequenzbereich strahlenden) Emitters vom Spiegelabstand, also der Resonatorabstimmung, nachgewiesen werden [DEM 87].

Schließlich bemerken wir, daß der Wellencharakter des von einem Atom spontan ausgestrahlten Lichts allein schon dadurch als erwiesen gelten kann, daß jedenfalls eine Superposition sehr vieler derartiger Elementarwellen einen elektromagnetischen Wellenvorgang darstellt, auf den eine klassische Beschreibung zutrifft. Dies zeigt die klassische Optik mit aller Deutlichkeit, da das Licht aus konventionellen (thermischen) Lichtquellen gerade von dieser Art ist.

6.3 Paradoxien des Emissionsvorgangs

Die in den beiden vorhergehenden Abschnitten angeführten experimentellen Fakten nötigen uns dazu, uns den Emissionsprozeß – je nach den Versuchsbedingungen – einmal als sprunghaften Übergang, verbunden mit der Aussendung eines Lichtquants, das soll heißen eines lokalisierten Energiebündels, und zum anderen als kontinuierliche Abstrahlung einer elektromagnetischen Welle vorzustellen. Versuchen wir letztere klassisch zu beschreiben, so geraten wir in große Schwierigkeiten. Sie rühren daher, daß in klassischer Betrachtungsweise – dank der Verknüpfung (3.4) zwischen den Feldstärken und der Energiedichte – zusammen mit dem Feld stets auch Energie ausgestrahlt wird. Das bedeutet im besonderen, daß erst dann die gesamte vom Atom zur Verfügung gestellte Energie (die durch den Abstand der Energieniveaus gegeben ist, zwischen denen sich der Übergang vollzieht) in elektromagnetische Energie umgewandelt sein kann, wenn der Ausstrahlungsvorgang tatsächlich abgeschlossen ist, also nach einer Zeit, die größer ist, als die mittlere Lebensdauer des oberen Niveaus. Diese Aussage steht aber im Gegensatz zu den photoelektrischen Messungen, da man tatsächlich bereits viel früher Ereignisse registriert, bei denen die gesamte Energie $h\nu$ – auf dem Weg über das Feld – dem Detektor zugeführt wird.

Noch viel drastischer tritt diese Diskrepanz in der Kernphysik in Erscheinung. Es werden nämlich im Fall der Emission von γ-Quanten aus Atomkernen Lebensdauern bis zu Jahren beobachtet. Nach klassischer Vorstellung müßte man also nach Anregung der betreffenden Kerne jahrelang warten, bis die Kerne jeweils die Energie eines γ-Quants ausgesandt haben (das ergäbe immerhin einen Wellenzug von der Länge einiger Lichtjahre!), während nach der Quantenmechanik – in bester Übereinstimmung mit der Erfahrung – γ-Quanten sofort nachweisbar sind.

Der für die Quantenmechanik charakteristischen Eigentümlichkeit, daß Energie nur in ganz bestimmten Mindestportionen „gehandelt" wird, begegnen wir auch beim unelastischen Stoßprozeß. Wenn ein solcher Stoß zwischen einem angeregten Atom A und einem (nichtangeregten) Fremdatom B stattfindet, wird die *gesamte* Anregungsenergie von A, ein volles Energiequant $h\nu$ also, auf B übertragen und dabei in kinetische Energie verwandelt. Die andere Möglichkeit ist nur die, daß beim Stoß *gar keine* Energie ausgetauscht wird. Das Atom A wüßte offenbar, würden die Stoßpartner die Anregungsenergie unter sich aufteilen, mit dem ihm verbliebenen Rest an Energie nichts anzufangen. Bruchteile von $h\nu$ kann es ja grundsätzlich nicht ausstrahlen!

Dieser Aspekt des Stoßprozesses hat verblüffende Konsequenzen für den in Abschn. 6.2 bereits erwähnten Effekt der Druckverbreiterung der Spektrallinien. Dort machten wir dafür ja die – durch die Stöße bedingte – Verkürzung der mittleren Lebensdauer des oberen atomaren Niveaus verantwortlich. Nun zeigt sich aber, daß die Stoßprozesse, bei denen das angeregte Atom seine Anregungsenergie tatsächlich verliert und damit vorzeitig in das tiefere

Niveau übergeht, überhaupt keinen Einfluß auf die Eigenschaften der emittierten Gesamtstrahlung haben – mit Ausnahme von deren Intensität –, da die betreffenden Atome ja gar kein Licht aussenden!

Im Gegensatz dazu ist die Stoßverbreiterung aus klassischer Sicht ohne weiteres verständlich: Ein angeregtes Atom strahlt eine gewisse Zeit und verliert dabei einen Teil seiner Anregungsenergie; irgendwann erfolgt ein Stoß, bei dem die noch vorhandene Energie an den Stoßpartner abgegeben wird. Damit wird der Ausstrahlungsvorgang abrupt abgebrochen, mithin ist der insgesamt emittierte Wellenzug kürzer als „normal", was, wie wir in Abschn. 3.4 erläuterten, ein breiteres Frequenzspektrum zur Folge hat.

Das eben Geschilderte tut aber ein Atom gemäß der Quantentheorie gerade nicht! Man muß daher, will man mit der Erfahrung in Übereinstimmung bleiben, annehmen, daß auch solche Stöße stattfinden, bei denen keine Energie übertragen wird, die jedoch gleichwohl den Emissionsvorgang stören und dadurch eine Frequenzverbreiterung bewirken. Eine naheliegende Vorstellung ist die, daß – wie in der klassischen Beschreibung – infolge eines solchen Stoßes, die (als kontinuierlicher Prozeß zu denkende) Emission der elektromagnetischen Welle abbricht, die Welle aber trotzdem ein volles Energiequant enthält.

Der Stoß des angeregten Atoms A mit dem Fremdatom B kann demnach als eine Art von Energiemessung am Atom A aufgefaßt werden: Nimmt das Fremdatom B die Anregungsenergie auf, so bedeutet dies, daß das Atom A im angeregten Zustand angetroffen wurde und demzufolge kein Photon ausgesandt hat; andernfalls wurde es im abgeregten Zustand vorgefunden, was – aus energetischer Sicht jedenfalls – so zu verstehen ist, daß der Emissionsvorgang zum Zeitpunkt der Messung seinen Abschluß gefunden hat. Eine genauere quantenmechanische Begründung für diese Interpretation ergibt sich aus der WEISSKOPF-WIGNER-Lösung für die spontane Emission (s. Abschn. 6.5).

Im *Mittel* stimmt dann die quantenmechanische Beschreibung der Wirkung unelastischer Stöße auf den Ausstrahlungsvorgang mit der klassischen überein (vgl. auch [LEN 24]). Klassisch gesehen werden zwar Bruchteile der Energie $h\nu$ eines Photons emittiert, in summa wird aber von einem atomaren Ensemble der gleiche Energiebetrag ausgesandt wie nach der Quantentheorie, und der zur spektralen Verbreiterung führende Mechanismus – die Verkürzung der ausgesandten individuellen Wellenzüge – ist in beiden Fällen der gleiche. Die quantenmechanische Beschreibung bringt uns allerdings in große Schwierigkeiten, wenn wir dem ausgesandten Feld Realität im Sinne der klassischen Physik zuschreiben. Da das Atom ja nicht „wissen" kann, wann es (und ob überhaupt!) einen Stoß erleiden wird, kann als sicher gelten, daß es den Ausstrahlungsvorgang wie im ungestörten Fall beginnen wird. Das bedeutet, das Atom wird kontinuierlich eine elektromagnetische Welle emittieren. Ein plötzlich stattfindender Stoß, der das Atom seiner gesamten Anregungsenergie beraubt, hat dann offenbar zur Folge, daß der bereits ausgestrahlte Wellenzug ohne Energie „dasteht", was aus klassischer Sicht ein Unding ist. Nun könnte man auf die Idee kommen, das Atom müsse halt das „in gutem Glauben" ausgestrahlte Feld wieder „zurückspulen". Wenn es mit rechten Dingen zugeht, könnte dies jedoch nicht schneller geschehen als mit Lichtgeschwindigkeit. Das würde aber unter Umständen, denken wir an die oben erwähnte Emission von γ-Quanten, Jahre in Anspruch nehmen – eine absurde Vorstellung, zumal dem Atomkern in dieser Zeit sonst etwas zugestoßen sein kann! Es sieht demnach tatsächlich so aus, als würde das bereits emittierte Feld momentan zusammenbrechen, sobald sich herausstellt, daß die „erwartete" Energiezuführung ausbleibt (so wie ein Forschungsprojekt einen schnellen Tod erleidet, wenn die in Aussicht gestellten Mittel plötzlich gestrichen werden). Wie beim Problem der Akkumulationszeit bleibt uns wieder nichts anderes übrig, als den klassischen Zusammenhang (3.4) zwischen Feld und Energiedichte in Frage zu stellen. Nach der Quantentheorie, so scheint es, können Felder auch ohne Energie existieren, um dann schlagartig zusammenzubrechen, wenn man das Fehlen der Energie „bemerkt".

6.4 Komplementarität

Die in Abschn. 6.1 und 6.2 geschilderten Beobachtungen bringen offenbar einen Welle-Teilchen-Dualismus für die spontan emittierte Strahlung zum Ausdruck. Wesentlich ist dabei, daß uns der Ausstrahlungsvorgang je nach den konkreten Versuchsbedingungen nur die eine oder die andere der beiden komplementären Seiten des Lichts zeigt. Im folgenden wollen wir dies noch etwas näher erläutern, indem wir auf die *grundsätzliche* Unmöglichkeit hinweisen, gleichzeitig den Zeitpunkt der Emission eines Photons und dessen Frequenzspektrum zu messen.

Im Fall der beam-foil-Technik ist dies sofort einzusehen. Damit der Photodetektor seiner Aufgabe gerecht wird, ist es erforderlich, durch eine geeignete optische Abbildung dafür zu sorgen, daß er nur von solchem Licht getroffen wird, das von einer bestimmten Stelle im Atomstrahl ausgeht. Die vorbeifliegenden Atome geraten also jeweils nur für kurze Zeit in das „Gesichtsfeld" des Detektors. Denken wir uns die angeregten Atome als eine gewisse Zeit kontinuierlich strahlende Oszillatoren (von der Art eines HERTZschen Dipols), so gelangt also jeweils nur ein kleiner Ausschnitt der emittierten

Welle auf den Detektor. Ersetzen wir diesen durch ein Spektrometer, so finden wir daher eine unrealistisch große Linienbreite, die [entsprechend Gl. (3.23)] durch das „Herausschneiden" eines kleinen Stücks aus der Gesamtwelle bedingt ist und mit dem Frequenzspektrum der letzteren nichts mehr zu tun hat.

Bei der zweiten in Abschn. 6.1 geschilderten Methode, bei der direkt der Zeit„punkt" des Ansprechens eines Photodetektors gemessen wird, ist zu beachten, daß eine Frequenzmessung den Zeitpunkt des „Eintreffens" eines Photons unbestimmt läßt, und zwar in um so stärkerem Maße, je größer das Auflösungsvermögen des Spektrometers ist. Dies wird deutlich, wenn man eine realistische Anordnung zur Frequenzmessung ins Auge faßt. Sie besteht aus einem Spektralapparat (z. B. einem FABRY-PEROT-Etalon, wie es in Abschn. 3.4 beschrieben ist) mit photographischer Registrierung des austretenden Lichts. (Modernere Verfahren benutzen ein Photodiodenarray zum Nachweis.) Licht unterschiedlicher Frequenz wird dann auf unterschiedliche Orte (in der Regel Ringe oder Streifen) abgebildet. Nun kann ein einzelnes Photon aber bestenfalls einen einzigen Schwärzungspunkt erzeugen bzw. *einen* lokalisierten Detektor zum Ansprechen bringen. Damit ist zunächst klar, daß sich über das Frequenzspektrum eines einzelnen Photons keine Aussage machen läßt. Man muß vielmehr die Messung an vielen Photonen wiederholen und erhält so aus der Zahl der registrierten Photonen – in Abhängigkeit von dem Ort, an dem das jeweilige Photon nachgewiesen wurde – ein Frequenzspektrum, das somit auch nur als Charakteristikum des betreffenden Ensembles gelten kann. Physikalisch wesentlich ist dabei der Umstand, daß sich aus der Zeit, zu der ein Photon tatsächlich registriert wird, keineswegs auf den Zeit„punkt" seines Eintritts in die Meßapparatur zurückschließen läßt. Wir haben ja in Abschn. 3.4 am Beispiel des FABRY-PEROT-Etalons gesehen, daß die Filterwirkung wesentlich durch Vielfachreflexionen zwischen den beiden Silberschichten bedingt ist. Damit verbunden ist eine Verlängerung des einfallenden Wellenzugs, und da das Photon überall dort vorgefunden werden kann, wo eine endliche Lichtintensität vorliegt, streut der Zeitpunkt der Registrierung über ein der Länge des *austretenden* Wellenzugs entsprechendes Intervall.

Grundsätzlich können wir uns mit dem dualistischen Bild der spontanen Emission, vom experimentellen Standpunkt aus gesehen, in der Weise „abfinden", daß wir uns der prinzipiellen Unmöglichkeit bewußt werden, Mikrosysteme so, wie sie „an sich" sind, zu beobachten. Tatsächlich können wir, um mit P. JORDAN zu sprechen, nur die Spuren sehen, die sie im Makroskopischen hinterlassen, und diese Spuren, das müssen wir als Faktum hinnehmen, deuten in einem Fall auf korpuskulare, im anderen Fall auf wellenhafte Eigenschaften der Strahlung.

Wie es die Quantenmechanik fertigbringt, die komplementären Aspekte auch in der theoretischen Beschreibung „unter einen Hut zu bringen", wollen wir im folgenden Abschnitt erläutern.

6.5 Quantenmechanische Beschreibung

Eine befriedigende Behandlung der (von äußeren Störungen freien) spontanen Emission im Rahmen der Quantentheorie wurde von WEISSKOPF und WIGNER [WEI 30] gegeben (s. Abschn. A.3). Diese beiden Forscher fanden eine Näherungslösung, die, im Gegensatz zu den mit üblichen störungstheoretischen Methoden gewonnenen Resultaten, in ihrer Gültigkeit nicht auf kleine Zeiten beschränkt bleibt. Im folgenden wollen wir uns auf die physikalischen Aussagen konzentrieren, die sich aus der WEISSKOPF-WIGNER-Theorie ergeben.

In quantenmechanischer Beschreibung stellt sich der spontane Ausstrahlungsvorgang dar als ein Übergang von dem Ausgangszustand, der dadurch zu kennzeichnen ist, daß sich das Atom im angeregten Zustand befindet und kein Photon vorhanden ist, in den Endzustand, der die Situation wiedergibt, die vorliegt, nachdem „alles gelaufen ist", d. h. nachdem ein Photon ausgestrahlt wurde und das Atom seine Anregungsenergie (vollständig) verloren hat. Symbolisch drückt sich der genannte Sachverhalt so aus:

$$\Psi_2 \Phi_{\text{Vakuum}} \rightarrow \Psi_1 \Phi_{\text{Photon}} \, . \tag{6.4}$$

Dabei bedeuten Ψ_1 und Ψ_2 die zu dem unteren bzw. oberen atomaren Niveau gehörigen Wellenfunktionen, Φ_{Vakuum} bezeichnet den Vakuumzustand des elektromagnetischen Feldes (vgl. Abschn. 4.2) und Φ_{Photon} einen Zustand, bei dem sich genau ein Photon im freien Raum befindet. Eine wesentliche Leistung der WEISSKOPF-WIGNER-Theorie besteht darin, daß sie einen expliziten Ausdruck für die Wellenfunktion Φ_{Photon} liefert. Damit verfügen wir über die maximale Information hinsichtlich des emittierten Strahlungsfeldes, die uns die Quantenmechanik grundsätzlich zu bieten hat.

Was sagt uns nun diese Wellenfunktion über die physikalischen Eigenschaften des ausgesandten Photons? Sie läßt sich als eine Superposition von Energie-Eigenzuständen des Gesamtfeldes darstellen, die dadurch gekennzeichnet sind, daß sich jeweils genau ein Photon in einer bestimmten Mode des Strahlungsfeldes befindet. Die Moden entsprechen dabei, wie in Abschn. 4.2 erläutert, ebenen Wellen definierter Ausbreitungsrichtung, Frequenz und Polarisation. Ein solches Ergebnis ist in der Tat nicht weiter verwunderlich, da ja grundsätzlich alle Moden des Strahlungsfeldes an das Atom gekoppelt sind. Der Quantentheorie gelingt es auf diese Weise, zwei aus klassischer Sicht einander widersprechende Sachverhalte „unter einen Hut zu bringen": Zum einen erfolgt die Ausstrahlung nicht von vornherein in einer bestimmten Richtung, vielmehr ist die Ausbreitungsrichtung – einer klassischen Dipolwelle entsprechend – unbestimmt, was Interferenzexperimente möglich macht. Zum anderen findet man, wenn man das Atom in größerer Entfernung mit (idealen) Detektoren umgibt, daß nur einer von ihnen anspricht und damit anzeigt, daß er die gesamte Anregungsenergie des Atoms aufgenommen hat. In diesem Experiment erscheint uns also das Photon als eine Art „Lichtpartikel", die vom Atom in einer bestimmten (zufälligen) Richtung ausgeschleudert wurde.

Aus dem Gewicht, mit dem die einzelnen Moden in der Superposition Φ_{Photon} vertreten sind, lassen sich die Richtungsabhängigkeit, die Polarisationseigenschaften und das Frequenzspektrum der Strahlung unmittelbar ablesen (s. Abschn. A.3). Dabei stellt sich heraus, daß die Richtungscharakteristik die einer klassischen Dipolstrahlung ist[6] [s. Gl. (3.15)], und das gleiche gilt für die Polarisationseigenschaften. Weiterhin ergibt sich ein LORENTZ-förmiges Linienprofil

$$w(\nu) = \frac{\text{const}}{(\nu - \nu_{\text{r}})^2 + \left(\frac{1}{4\pi T}\right)^2} \tag{6.5}$$

mit

$$\nu_{\text{r}} = \frac{1}{h}(E_2 - E_1) \tag{6.6}$$

als Resonanzfrequenz, wobei E_1 und E_2 die Energie des unteren bzw. oberen Niveaus bezeichnen. Aus der Frequenzverteilung (6.5) folgt dann für die

---

[6] Dabei ist zu beachten, daß ein Zwei-Niveau-System eine räumliche Orientierung aufweist. Damit nämlich ein Dipolübergang überhaupt möglich ist, müssen sich die (Gesamt-)Drehimpulse der beiden Niveaus um Eins (in Einheiten von $\hbar$) unterscheiden, was bedeutet, daß wenigstens eines von ihnen ein Unterniveau eines entarteten Niveaus ist. Um aber die einzelnen Unterniveaus voneinander zu trennen, so daß man eines von ihnen auswählen kann, bedarf es eines statischen, homogenen Magnetfeldes, das eine ZEEMAN-Aufspaltung der Unterniveaus bewirkt und dessen Richtung zugleich die Dipolachse definiert. Genaugenommen gilt dies für einen Übergang, bei dem sich die magnetische Quantenzahl (die Drehimpulskomponente bezüglich der Richtung des Magnetfeldes) nicht ändert. Tritt dagegen eine solche Änderung (um +1 oder −1) auf, so entspricht die Bewegung des Leuchtelektrons einem Kreisstrom. Auch in diesem Fall besteht hinsichtlich der Richtungscharakteristik wie auch der Polarisationseigenschaften der Strahlung völlige Übereinstimmung zwischen der quantenmechanischen und der klassischen Beschreibung.

Linienbreite $\Delta\nu$ der Wert $(2\pi T)^{-1}$, also die Relation (6.2), die wir in Abschn. 6.2 schon vorweggenommen haben.

Das Vorhandensein einer endlichen Linienbreite $\Delta\nu$ hat zur Folge, daß auch die ausgesandte Energie nicht genau definiert, vielmehr mit einer endlichen Unschärfe $\Delta E = h\Delta\nu$ behaftet ist.

Die Wellenfunktion Φ_{Photon} gibt uns aber auch Aufschluß über die räumliche Ausdehnung des emittierten Wellenzugs und seine Ausbreitung im Raum. Wir erhalten die entsprechende Information, indem wir mit ihrer Hilfe quantenmechanische Erwartungswerte von Feldgrößen berechnen.

Beginnen wir mit dem einfachsten, dem Erwartungswert $\langle \hat{E} \rangle$ des elektrischen Feldstärkeoperators. Er ergibt sich, was überraschend erscheinen mag, zu Null. Nun bedeutet dieses Ergebnis aber *nicht*, daß die elektrische Feldstärke, wie man zunächst meinen könnte, selbst verschwindet, also bei einer geeigneten Messung (die allerdings nur hypothetischer Natur ist, da keine praktikablen Verfahren hierfür bekannt sind) in jedem Einzelfall der Wert Null erhalten wird. Wäre dem nämlich so, so würde auch eine Messung von $\hat{E}^2$ stets den Wert Null liefern, was im Gegensatz zu der sogleich zur Sprache kommenden Tatsache steht, daß der Erwartungswert von $\hat{E}^2$ nicht verschwindet. Da der quantenmechanische Erwartungswert als Mittelwert über sehr viele, unter den gleichen physikalischen Bedingungen ablaufende Einzelmessungen zu verstehen ist, kann die Aussage $\langle \hat{E} \rangle = 0$ im vorliegenden Fall nur so verstanden werden, daß die Phase der elektrischen Feldstärke völlig unbestimmt ist, also bei einer entsprechenden Messung alle Werte zwischen 0 und 2π mit gleicher Häufigkeit gefunden werden. Da es sich dabei um einen *reinen* Zustand, repräsentiert durch eine Wellenfunktion, handelt, trägt diese Unschärfe, wie in Abschn. 4.1 erläutert, typisch quantenmechanischen Charakter, d. h., sie darf nicht im Sinne der klassischen Statistik so aufgefaßt werden, als käme jedem einzelnen Photon „in Wirklichkeit" jeweils eine bestimmte Phase zu, die wir bloß nicht kennen.

Der Erwartungswert $\langle \hat{E}^2 \rangle$ ist im ganzen Raum größer als Null, allerdings nicht überall gleich groß. In einem gewissen Raumzeitgebiet G liegt er nämlich über dem durch die Vakuumfluktuationen verursachten „Rauschpegel" (s. Abschn. 4.3). Das bedeutet nichts anderes, als daß die (mittlere) Intensität $\langle \hat{E}^{(-)} \hat{E}^{(+)} \rangle$, die ja von Vakuumeinflüssen frei ist (vgl. Abschn. 5.2), in G einen von Null verschiedenen (positiven) Wert besitzt. Da diese Intensität gemäß Gl. (5.4) für das Ansprechen eines Photodetektors maßgeblich ist, kann also damit gerechnet werden, daß in einem Raumzeit„punkt", der dem Bereich G angehört, gelegentlich ein Photon registriert wird, wenn man an dem betreffenden Orte einen Photodetektor aufstellt. Das in Rede stehende Raumzeitgebiet zeigt somit die raumzeitliche Struktur des ausgesandten Wellenzugs auf.

Erfreulicherweise entspricht die Abhängigkeit der Größe $\langle \hat{E}^{(-)}(r,t)\hat{E}^{(+)}(r,t)\rangle$ von Ort und Zeit genau dem, was die klassische Elektrodynamik für den raumzeitlichen Verlauf der Intensität eines von einem (einmal „angestoßenen" und dann sich selbst überlassenen) HERTZschen Dipol emittierten Wellenzugs liefert. Betrachten wir die Ausstrahlung in eine bestimmte Richtung (wie sie von einem in einiger Entfernung vom Atom befindlichen Beobachter wahrgenommen wird), so ergibt sich das folgende Bild: Die Intensität ist die einer Stoßwelle mit senkrechter Wellenfront und exponentiell abfallendem Schwanz, die mit Lichtgeschwindigkeit vom Atom wegläuft, wobei der Start, rechnet man zurück, zu dem Zeitpunkt begonnen hat, an dem der oben erwähnte Anfangszustand vorlag. Figur 11 zeigt eine „Momentaufnahme" dieses Vorgangs. Die Intensität ist im Abstand $\Delta R = cT$ von der Wellenfront auf den e-ten Teil abgefallen, wobei c die Lichtgeschwindigkeit und T die mittlere Lebensdauer des oberen Niveaus bezeichnen. Daraus ergibt sich die Dauer des Wellenzugs, gemessen am Intensitätsverlauf, zu T, was genau das ist, was wir nach klassischer Vorstellung erwarten.

Die WEISSKOPF-WIGNER-Lösung wird somit dem Wellenaspekt des emittierten Lichts vollständig gerecht. Zur tatsächlichen Ausmessung der raumzeitlichen Struktur der Welle – wie auch des Frequenzspektrums – stehen uns aber nur Photodetektoren zur Verfügung, die das Photon als Ganzes zum Verschwinden bringen.

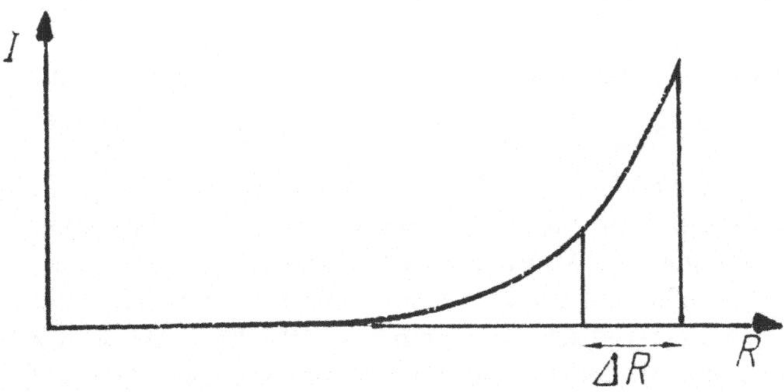

Fig. 11 Intensität I eines spontan ausgestrahlten Wellenzugs, als Funktion des Abstands R vom Emitter, zu einer festen Zeit

Das bedeutet, wir können die räumliche Ausdehnung der emittierten Elementarwellen nur an einem Ensemble feststellen – jede Einzelmessung liefert uns ja nur einen Raumzeit„punkt", an dem wir das Photon „angetroffen" haben, und erst sehr viele solcher Messungen fügen sich zu dem raumzeitlichen Bild eines Wellenvorgangs zusammen. Bei der tatsächlichen Beobachtung tritt somit stets die korpuskulare Natur des Lichts zutage. Wir können paradoxerweise auch über die Welleneigenschaften der Photonen nur dadurch experimentell etwas aussagen, daß wir sie als lokalisierte Teilchen nachweisen, denn dies ist die einzige Meßmöglichkeit, die wir haben.

Die Diskrepanz zur klassischen Beschreibung besteht, um es noch einmal deutlich zu sagen, darin, daß es nach klassischer Vorstellung unmöglich ist, die gesamte in dem Wellenzug steckende Energie an einem Ort zu messen, da sie ja, grob gesprochen, über eine immer weiter expandierende Kugelschale verteilt ist.

Die WEISSKOPF-WIGNER-Theorie liefert uns aber auch eine detaillierte Beschreibung des Übergangs (6.4) selbst, indem sie die Wellenfunktion des aus Atom und Strahlungsfeld bestehenden Gesamtsystems als Funktion der Zeit zu berechnen gestattet. Daß es sich hierbei um eine Wellenfunktion und damit einen reinen Zustand handelt, ist zunächst ein ganz allgemeiner Zug des quantenmechanischen Formalismus. Geht man nämlich von einer Wellenfunktion aus – in unserem Falle von $\Psi_2\Phi_{\text{Vakuum}}$ –, so ändert sich diese zwar gemäß der SCHRÖDINGER-Gleichung, sie bleibt aber stets eine Wellenfunktion. Erst durch Wechselwirkung mit makroskopischen Systemen, die in der Art eines Meßapparats wirken, kann der reine Zustand in ein statistisches Gemisch überführt werden. Wir können also sagen, daß bei Aussschaltung äußerer Störungen das Gesamtsystem notwendig in einem reinen Zustand bleibt.

Die in Rede stehende Wellenfunktion hat nun die folgende Gestalt

$$\Psi(t) = e^{-\frac{\Gamma}{2}t}\Psi_2\Phi_{\text{Vakuum}} + (1 - e^{-\Gamma t})^{\frac{1}{2}}\Psi_1\Phi_{\text{Photon}}(t) \tag{6.7}$$

(s. Abschn. A.3), wobei die Wellenfunktion $\Phi_{\text{Photon}}(t)$ nach wie vor ein ganzes Photon beschreibt (die zugehörige Energie ist gleich dem vollen Betrag der Anregungsenergie des Atoms). Es ist aber diese Wellenfunktion, wie durch das angeschriebene Argument t angedeutet werden soll, über die für ein freies Feld charakteristische „ungestörte" zeitliche Entwicklung (die in der Ausbreitung des Wellenzugs im Raum zum Ausdruck kommt) hinaus einer zeitlichen Veränderung unterworfen. Wie nicht anders zu erwarten, ist letztere allerdings nur in dem Zeitbereich, in dem Atom und Strahlungsfeld tatsächlich miteinander wechselwirken ($t \leq \Gamma^{-1}$), von Bedeutung. Es ändern sich also die Eigenschaften des durch die Wellenfunktion $\Phi_{\text{Photon}}(t)$

repräsentierten Photons während des Ausstrahlungsvorgangs, und zwar unterscheidet sich der entsprechende Wellenzug im Einklang mit der klassischen Vorstellung von dem für $t \gg \Gamma^{-1}$ auftretenden dadurch, daß er aus dem Atom noch nicht vollständig „herausgeschlüpft" ist. (Ein Teil seines Schwanzes „steckt noch drin".) Trotzdem enthält er aber die volle Energie $h\nu$ eines Photons! Ein derartiges „verstümmeltes" Photon kann erst dann in Erscheinung treten, wenn der Ausstrahlungsvorgang von außen gestört wird. Eine solche Störung ist eine Energiemessung am Atom. Nach den Regeln der Quantenmechanik findet dann eine sog. Ausreduktion der Wellenfunktion statt, d. h., je nach dem Ausgang der genannten Messung reduziert sich die Wellenfunktion (6.7) auf den ersten oder den zweiten Summanden (der dann wieder richtig normiert werden muß). Physikalisch bedeutet dies, es ist mit Sicherheit kein Photon vorhanden, wenn das Atom im oberen Zustand angetroffen wird – das ist nichts anderes als eine Folge der Gültigkeit des Energiesatzes auch im Einzelprozeß –, andererseits wurde das „verstümmelte" Photon ausgesandt, wenn das Atom im unteren Niveau vorgefunden wird. Dieses Bild des gestörten Ausstrahlungsvorgangs haben wir uns schon in Abschn. 6.3 gemacht, um die Stoßverbreiterung der Spektrallinien zu verstehen. Dort haben wir unelastische Stöße als einen Mechanismus zur Energiemessung am Atom interpretiert.

Wir stoßen hier zum ersten Mal auf den bedeutsamen quantenmechanischen Sachverhalt, daß uns die Messung an einem Teilsystem detaillierte Information über den Zustand des anderen Teilsystems vermittelt, wenn sich das Gesamtsystem zuvor in einem „verschränkten" (engl. entangled) quantenmechanischen Zustand befunden hat, wie er durch eine Superposition der Form (6.7) repräsentiert wird. Mit diesem interessanten Zug der Quantenmechanik werden wir uns in Abschn. 11.1 noch eingehender beschäftigen.

Die physikalisch wesentlichste Information über den Zeitverlauf des Ausstrahlungsvorgangs ist jedoch in der Zeitabhängigkeit der Koeffizienten in Gl. (6.7) enthalten, die offenbar das exponentielle „Zerfallsgesetz" zum Ausdruck bringt. Allerdings muß man bei dessen Formulierung vorsichtig sein. Nach den Regeln der Quantenmechanik muß man nämlich so sagen: Wird zu einer Zeit t eine geeignete Messung durchgeführt, bei der „nachgesehen" wird, ob sich das Atom im oberen oder im unteren Niveau aufhält, so findet man es mit der (relativen) Häufigkeit $\exp\{-\Gamma t\}$ im oberen und mit der Häufigkeit $1 - \exp\{-\Gamma t\}$ im unteren Niveau. Als ein solcher Meßprozeß kann, wie schon öfter erwähnt, ein unelastischer Stoß fungieren, bei dem das Atom seine Anregungsenergie auf den Stoßpartner überträgt, der damit seine kinetische Energie vergrößert. Man wird aus einem solchen Ereignis schließen, daß das Atom unmittelbar vorher seine Energie noch „beisammen hatte", also bei der Messung im oberen Niveau „angetroffen" wurde. Andererseits sahen wir uns, um mit der beobachteten Stoßverbreiterung der Spektrallinien im Einklang zu bleiben, dazu veranlaßt, das Fehlen einer Energieübertragung beim unelastischen Stoß als ein Anzeichen dafür zu interpretieren, daß sich das Atom im tieferen Niveau befindet.

Die moderne Lasertechnologie erlaubt die Erzeugung sehr intensiver ultrakurzer Lichtimpulse und eröffnet so neue Möglichkeiten, ein Atom „abzufragen", in welchem Niveau es sich gerade aufhält. So kann man in gewissen Fällen einen Pikosekunden-Lichtimpuls einer solchen Frequenz einstrahlen, daß das Atom, falls es sich im oberen Niveau befindet, ionisiert wird. Die (momentane) Besetzung des unteren Niveaus wiederum kann man dadurch ermitteln, daß man das Atom von dort mit einem ähnlichen Impuls in ein anderes, sehr kurzlebiges Niveau „pumpt", dessen spontaner Zerfall dann – über die Registrierung des dabei emittierten Lichtquants – den positiven Ausgang der Messung anzeigt.

An Stelle der spontanen Emission kann auch, wie in Abschn. 6.1 erläutert, parametrische Fluoreszenz die Rolle des Indikators spielen. Weiß man überdies, daß das Atom nur in einem von zwei definierten Niveaus vorgefunden werden kann, so genügt es, nach der Besetzung des einen Niveaus zu fragen. Liefert die Messung eine „Fehlmeldung", so schließt man daraus, daß sich das Atom im anderen Niveau befindet.

Andererseits ist das Ansprechen eines Photodetektors – unter solchen Bedingungen, bei denen der Detektor nur von der Strahlung eines einzigen Atoms getroffen werden kann – eine Art „selbsttätiger" Meßprozeß: Wir können uns den Zeitpunkt der Messung nicht aussuchen, vielmehr müssen wir es dem Atom überlassen, wann es sich zur Abgabe der Energie $h\nu$ an den Detektor „entschließt". Wesentlich ist, daß wir dem Atom auf diese Weise die Gelegenheit bieten, seine gesamte Anregungsenergie „mit einem Schlag" loszuwerden. Wir betonen an dieser Stelle, daß im Normalfall bereits die Umgebung des Atoms die Rolle einer Meßapparatur spielt. Eine jede Absorption, bei der die aufgenommene Energie anschließend dissipiert wird, stellt ja einen Meßprozeß dar, auch wenn keine „Ablesung" erfolgt.

Denkt man sich das Atom von einem Detektor in Form einer Kugelschale vollständig umgeben, der überdies eine hundertprozentige Nachweisempfindlichkeit aufweist, so würde man aus dessen Nichtansprechen den Schluß ziehen, daß sich das Atom – zurückgerechnet auf den früheren (retardierten) Zeit„punkt", zu dem eine zur Beobachtungszeit auf der Detektoroberfläche eintreffende Wellenfront gestartet sein müßte – noch im oberen Niveau befindet. Wir halten also das Atom mit dieser Meßanordnung unter ständiger

Beobachtung. Es muß uns gewissermaßen laufend – genau gesprochen, alle Δt Sekunden, wobei Δt die Zeitauflösung des Detektors bezeichnet – „mitteilen", in welchem Energiezustand es sich gerade befindet. Obwohl die formale Beschreibung nunmehr deutlich verschieden ist von der für die ungestörte Ausstrahlung zutreffenden (auf die WEISSKOPF-WIGNER-Lösung führenden) – es muß nun alle Δt Sekunden eine Ausreduktion der Wellenfunktion vorgenommen werden –, ergibt sich doch wieder das gleiche exponentielle Zerfallsgesetz. Über das ausgesandte Photon kann jetzt natürlich nichts mehr ausgesagt werden, aber es können ja mit der verwendeten Meßapparatur dessen Eigenschaften auch gar nicht beobachtet werden.

Wir wollen nun die Wellenfunktion (6.7) nach den bekannten Regeln der Quantenmechanik interpretieren. Da es sich dabei um einen Superpositionszustand handelt, gelangen wir zu der paradox anmutenden Aussage: Das Atom befindet sich (für $t \leq \Gamma^{-1}$) *weder* in dem oberen *noch* in dem unteren Niveau, und es ist ein Photon *weder* vorhanden, *noch* ist das Gegenteil der Fall. Vielmehr sind die den beiden Summanden in dem Ausdruck (6.7) entsprechenden Sachverhalte *simultan* als Möglichkeiten angelegt, aber keine von ihnen ist „faktisch". Diese „Verschwommenheit" der Beschreibung gibt der Quantentheorie die Möglichkeit, „sich aus der Affäre zu ziehen", wenn der klassische Realitätsbegriff in ein Dilemma führt, wie wir bei der Diskussion der Stoßverbreiterung die Spektrallinien in Abschn. 6.3 gesehen haben. Wenn das Atom bei einem Stoß seine gesamte Anregungsenergie an den Stoßpartner abgibt, so daß für das Strahlungsfeld nichts mehr übrigbleibt, so braucht das Atom eben kein Feld „zurückzuspulen", weil es bis dato noch gar nicht zu einer *realen* Ausstrahlung gekommen ist. Letztere hat nur „virtuell" stattgefunden – was auch immer das sein mag!

Interessant ist, daß sich das nur virtuell vorhandene Feld im Lauf der Zeit schließlich in ein reales verwandelt. Nach Gl. (6.7) geht ja das System, wenn man es nur in Ruhe läßt, für $t \gg \Gamma^{-1}$ von ganz allein in den Endzustand $\Psi_2 \Phi_{\text{Photon}}$ über. Wir haben hier einen der seltenen Fälle vor uns, wo die SCHRÖDINGER-Gleichung, ohne daß man sich noch Meßprozesse hinzudenken muß, einen irreversiblen Prozeß beschreibt. (Das Photon läuft dem Atom auf Nimmerwiedersehen davon.) Formal gesehen, hängt das damit zusammen, daß das an das Atom gekoppelte Strahlungsfeld ein System von unendlich vielen (den unterschiedlichen Frequenzen, Ausbreitungs- und Polarisationsrichtungen entsprechenden) Freiheitsgraden darstellt. Die Dinge liegen ganz anders, wenn man das strahlende Atom, wie in Abschn. 6.2 am Beispiel der Mikrowellenemission geschildert, in einen Resonator bringt, dessen Dimensionen von der Größenordnung der Wellenlänge der emittierten Strahlung sind. Dann steht das Atom mit nur wenigen Resonatoreigenschwingungen (im günstigsten Fall einer einzigen) in Wechselwirkung, und der Ausstrahlungsvorgang trägt keineswegs irreversiblen Charakter, weil die ausgesandte Welle ja von den Resonatorwänden reflektiert wird, dadurch erneut auf das Atom trifft und so eine Reabsorption der Strahlung möglich wird, an die sich eine erneute Emission anschließen kann usf.

Wenn wir uns abschließend fragen, welches physikalische Bild uns die Quantenmechanik von einem realistischen Photon vermittelt, wie es von einem angeregten Atom oder Molekül spontan emittiert wird, so gelangen wir zu folgender Feststellung: Ein Photon ist ein räumlich ausgedehntes Gebilde, ähnlich einer klassischen Dipolwelle, das sich in der jeweiligen Ausbreitungsrichtung über eine Länge der Größe $c\Gamma$ erstreckt. Erst diese räumliche Ausdehnung macht die bekannten Interferenzerscheinungen verständlich. Sie darf aber nicht so interpretiert werden, daß die Energie des Photons über den genannten Raumbereich verteilt ist, da man bei einer Messung (mittels eines Photodetektors) stets die gesamte Energie an einem bestimmten Ort, in lokalisierter Form also, vorfindet. Formal wird die raumzeitliche Ausdehnung des Photons durch die mittlere Intensität $< \hat{E}^{(-)}(r,t)\hat{E}^{(+)}(r,t) >$ beschrieben, zu der die betreffende Detektoransprechwahrscheinlichkeit proportional ist. Um es noch einmal deutlich zu sagen, das Photon erscheint uns als lokalisiertes Teilchen – im Sinne des EINSTEINschen Photonenkonzepts – erst beim Nachweis, und die naive Vorstellung, es sei vorher schon so beschaffen, steht in eklatantem Widerspruch zum Experiment.

6.6 Quantenhafte Schwebungen

Wir wollen schließlich noch eine Besonderheit der spontanen Emission zur Sprache bringen, die dazu angetan ist, unser Bild vom Photon zu bereichern. Sie ist dann zu beobachten, wenn – anders als bisher immer angenommen – durch den „Pumpmechanismus" *simultan* zwei (oder noch mehr) nahe beieinanderliegende Niveaus des gleichen Atoms angeregt werden. Präziser ausgedrückt, der Anregungszustand des Atoms wird durch eine Superposition von Wellenfunktionen beschrieben, die zu unterschiedlichen Unterniveaus gehören. Dieser Superpositionszustand – ein reiner Zustand – bezieht sich auf alle vorhandenen Atome, weshalb man von einer kohärenten Anregung des Ensembles der Atome spricht.

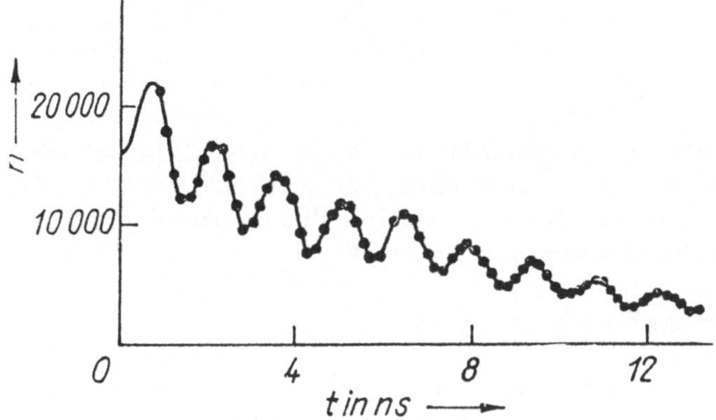

Fig. 12 Experimenteller Nachweis von „quantum beats" (n Zahl der registrierten Photonen, t die seit der Anregung verstrichene Zeit). Nach [ALG 73]

Eine experimentelle Realisierung eines solchen spezifisch quantenmechanischen Zustands gelingt mit Hilfe der in Abschn. 6.1 geschilderten „beam-foil-Technik" oder durch Pumpen mit einem kurzen, intensiven Laserimpuls. Die gleichzeitige Anregung zweier unterschiedlicher atomarer Energieniveaus hat nun zur Folge, daß auch die beiden möglichen Übergänge in das *gleiche* untere Niveau simultan ablaufen. Das wiederum führt dazu, daß dem emittierten Photon – nach wie vor ist es nur eines! – die energetische Struktur des atomaren Anregungszustands aufgeprägt wird: Sein Frequenzspektrum setzt sich aus zwei getrennten Linien endlicher Breite zusammen. Wir müssen also unsere bisherige Vorstellung revidieren, die den Photonen nur *eine*, allerdings mit einer gewissen Unschärfe behaftete Frequenz zubilligt. Offenbar gibt es auch Photonen, die mit zwei – oder noch mehr – unterschiedlichen Frequenzen gleichzeitig „oszillieren".

Experimentell bedeutsam ist die Auswirkung der in Rede stehenden kohärenten Anregung der Atome auf den „Zerfall" des atomaren Ausgangszustands. Mißt man nämlich, wie in Abschn. 6.1 geschildert, die Zahl der von einem Detektor registrierten Photonen als Funktion der Zeit, die seit der Anregung verstrichen ist, so findet man – in Übereinstimmung mit der Theorie – einen merkwürdigen Schwebungseffekt (in der englischen Literatur spricht man von „quantum beats"): Dem exponentiellen Abfall ist eine sinusförmige Oszillation überlagert, deren Frequenz gerade durch den Abstand der beiden simultan angeregten Niveaus (in Einheiten von h) gegeben ist. Damit hat man eine durchaus praktikable Methode zur Ausmessung gerade von sehr geringen Niveauaufspaltungen in der Hand. Figur 12 zeigt ein Beispiel für eine mit der beam-foil-Technik gewonnene Meßkurve.

Nicht unerwähnt soll bleiben, daß die geschilderte Schwebungserscheinung klassisch ohne weiteres verständlich wird, wenn man annimmt, daß zwei Wellenzüge unterschiedlicher Frequenz gleichzeitig ausgesandt werden. Die Intensität der Gesamtstrahlung weist dann ja als Folge der Interferenz eine mit der Differenzfrequenz erfolgende Modulation auf [s. Gl. (3.14)], und diese läßt sich mit Photodetektoren nachweisen. Der springende Punkt ist aber, daß es sich tatsächlich jeweils um ein einziges Photon handelt, bestehend aus zwei miteinander interferierenden Anteilen.

6.7 Parametrische Fluoreszenz

Wenn bisher von spontaner Emission die Rede war, so meinten wir immer die Ausstrahlung von Atomen oder Molekülen. Tatsächlich konnte in letzter Zeit auch ein völlig anderer, ebenfalls spontaner Ausstrahlungsmechanismus beobachtet werden. Er gehört in das Gebiet der nichtlinearen Optik, das seinen bemerkenswerten Aufschwung der Entwicklung leistungsstarker Laser verdankt, und zwar handelt es sich um die sogenannte parametrische Fluoreszenz, die von einer intensiven (monochromatischen) Welle bei Durchlaufen eines geeigneten optisch nichtlinearen Mediums (eines Kristalls) erregt wird.

Um diesen Prozeß zu erläutern, müssen wir etwas weiter ausholen. Die Nichtlinearität – darunter ist, genau gesagt, eine nichtlineare Abhängigkeit der Polarisation des Mediums von der elektrischen Feldstärke zu verstehen – ist so beschaffen, daß sie eine Wechselwirkung zwischen drei Wellen unterschiedlicher Frequenz ermöglicht. Im besonderen kann dann der nachfolgend geschilderte Prozeß ablaufen. (Wir bleiben dabei durchaus im Rahmen der – durch phänomenologische Einführung nichtlinearer Polarisationsterme erweiterten – klassischen Elektrodynamik.) Durch geeignete Verfügung über die Phasen der drei (monochromatischen und näherungsweise ebenen) Wellen läßt sich erreichen, daß beim Durchlauf durch den Kristall die Welle mit der größten Frequenz, die sogenannte Pumpwelle, geschwächt wird, während die beiden anderen, für die sich die Bezeichnung Signal- bzw. Idlerwelle eingebürgert hat, verstärkt werden. Wesentlich ist, daß dieser Prozeß an die Erfüllung der folgenden Bedingungen für die Frequenzen und Wellenzahlvektoren geknüpft ist (s. z. B. [PAU 73a]):

$$\nu_p = \nu_s + \nu_i , \tag{6.8}$$

$$k_p = k_s + k_i \, .\tag{6.9}$$

Hierbei beziehen sich die Indizes p, s und i in dieser Reihenfolge auf die Pump-, die Signal- und die Idlerwelle.

Diese beiden Gleichungen werden physikalisch verständlich, wenn wir den für die Wechselwirkung zwischen den drei Wellen verantwortlichen physikalischen Mechanismus näher ins Auge fassen. Er ist dadurch zu kennzeichnen, daß jeweils zwei der Wellen an den Atomen des Kristalls elektrische Dipolmomente induzieren, die mit der Summe bzw. der Differenz der Frequenzen der beiden Wellen oszillieren. Es bildet sich so im Medium eine makroskopische Polarisation aus (die ja als Summe über die in der Volumeneinheit befindlichen Dipolmomente definiert ist). Im besonderen gibt das Zusammenspiel von Signal- und Idlerwelle Anlaß zu einer mit der Summenfrequenz $\nu_s + \nu_i$ oszillierenden Polarisation, an der wiederum die Pumpwelle (im zeitlichen Mittel) eine Arbeit A zu leisten vermag, vorausgesetzt, daß sie in der Frequenz mit der Polarisation übereinstimmt, was gerade durch das Bestehen von Gl. (6.8) gewährleistet wird. Das Vorzeichen von A hängt von der Phasenlage der Pumpwelle hinsichtlich der Polarisation ab. Wir denken uns im folgenden solche Bedingungen verwirklicht, daß A positiv wird und darüber hinaus seinen maximalen Wert annimmt.

Die Bedingung (6.9) andererseits findet ihre Erklärung darin, daß die obengenannte Polarisation den Charakter einer ebenen Welle mit dem Wellenzahlvektor $k_s + k_i$ besitzt. Sie besagt, daß sich die Pumpwelle und die Polarisationswelle mit gleicher Phasengeschwindigkeit und in derselben Richtung ausbreiten, so daß also die für die Energieumsetzung maßgebliche Phasenbeziehung zwischen diesen beiden Wellen über die gesamte Länge des Kristalls erhalten bleibt. Die Gleichung (6.9) wird daher als Phasenanpassungsbedingung bezeichnet. Ist sie nicht erfüllt, so schließt sich an einen Raumbereich, in dem die Pumpwelle abgebaut wird, ein zweiter an, in dem der rückläufige Prozeß erfolgt, die Pumpwelle also wieder verstärkt wird; im folgenden Raumbereich wird die Pumpwelle wieder geschwächt usf., so daß die Wechselwirkung zwischen den Wellen im Endeffekt nur sehr gering ist.

Allerdings ist die Bedingung (6.9) doch zu scharf. Tatsächlich braucht ja nur gefordert zu werden, daß die relative Phase zwischen der Pump- und der Polarisationswelle innerhalb des Kristallvolumens einigermaßen konstant bleibt. Bezeichnen wir die Ausbreitungsrichtung der Pumpwelle als z-Richtung und sei L die Ausdehnung des Kristalls in dieser Richtung, so lautet die abgeschwächte Bedingung für die z-Komponente der Wellenzahlvektoren

$$|k_p^{(z)} - k_s^{(z)} - k_i^{(z)}| \simeq \frac{\pi}{2L} \, .\tag{6.10}$$

Der bisher betrachtete physikalische Prozeß – man spricht von einer parametrischen Wechselwirkung zwischen Pump-, Signal- und Idlerwelle – hat mit Photonen offenbar wenig zu tun . Das ändert sich jedoch, wenn wir das Experiment in der Weise modifizieren, daß wir nur die Pumpwelle, nicht jedoch die beiden anderen Wellen in den Kristall einstrahlen. Nach der klassischen Theorie würde dann überhaupt nichts geschehen; da immer zwei Wellen benötigt werden, um eine nichtlineare Polarisation hervorzubringen, müßte mindestens noch eine zweite Welle, beispielsweise die Signalwelle, vorhanden sein, deren Intensität im Prinzip allerdings beliebig klein sein könnte. Ein solcher „Keim" würde dann schnell weiter verstärkt werden, wobei sich gleichzeitig – „angefacht" von der im Zusammenspiel von Pump- und Signalwelle erzeugten Polarisation – eine Idlerwelle ausbilden würde.

Tatsächlich läuft der geschilderte Prozeß jedoch spontan, d. h. bei Anwesenheit allein der Pumpwelle, ab. Es werden dabei alle mit den Bedingungen (6.8), (6.9) bzw. (6.10) verträglichen Paare von Signal- und Idlerwellen angeregt (Näheres s. z. B. [PAU 73b]). Unter üblichen Versuchsbedingungen sind verschiedenfarbige Ringe um das durch die Richtung des Pumpstrahls bestimmte Zentrum zu beobachten. Dieses als parametrische Fluoreszenz bezeichnete Phänomen ist somit spezifisch quantenmechanischer Natur. Man kann den entsprechenden Elementarakt als „Zerfall" eines Pump-Photons in je ein Signal- und ein Idler-Photon auffassen. Gleichung (6.8) bringt dann, mit h multipliziert, einfach die Energieerhaltung zum Ausdruck. Wichtig erscheint uns aber im Hinblick auf die Photonenvorstellung, daß schon beim spontanen Einzelprozeß die Beziehung (6.9) bzw. (6.10) voll gewahrt bleibt. Diese ist aber, wie oben erläutert, nur im Wellenbild verständlich – im besonderen nimmt das Photon Notiz von den Kristalldimensionen! –, so daß wir auch jetzt nicht umhin können, das Photon mit einem Wellenvorgang in Verbindung zu bringen. Da die Größe $\hbar k$ andererseits als Impuls des Photons aufzufassen ist (s. Abschn. 6.9), kann Gl. (6.9) – nach Multiplikation mit $\hbar$ – auch als Impulserhaltungssatz interpretiert werden.

Von besonderem physikalischem Interesse ist das Faktum, daß bei jedem Elementarakt zwei Photonen unterschiedlicher Frequenz und Ausbreitungsrichtung *simultan* ausgestrahlt werden. Läßt man daher eine Signalwelle und die zugehörige Idlerwelle auf separate Detektoren fallen und registriert die eintreffenden Photonen, so findet man eine ausgeprägte Korrelation zwischen den beiden Meßreihen. Unter Verwendung idealer Detektoren würde man tatsächlich immer Koinzidenzen finden. Die effektive zeitliche Ausdehnung der Photonen (an einem festen Ort betrachtet) ist dabei – wie immer in der Optik – durch die verfügbare Bandbreite bestimmt [s. Gl. (3.22)], die bei der parametrischen Fluoreszenz normalerweise recht groß ist. In Abschn.

7.6 werden wir ein Experiment beschreiben, in dem die Länge der Signal-
bzw. Idler-Photonen tatsächlich gemessen wurde.

Neben den genannten raumzeitlichen Korrelationen gibt es aber auch fre-
quenzmäßige Korrelationen. Es gilt ja der Energieerhaltungssatz (6.8), und
wenn wir voraussetzen, daß die Pumpfrequenz sehr scharf ist (wie es bei
einem Laser ja der Fall ist), folgt daraus, daß die gemessenen Werte von ν_s
und ν_i, die selbst stark streuen, in ihrer Summe eindeutig festgelegt, also
stark korreliert sind.

Wir haben also mit den durch parametrische Fluoreszenz erzeugten Photonenpaaren ein Musterbild eines Systems in der Hand, das sich in einem
„verschränkten" quantenmechanischen Zustand befindet. Damit können wir
aber durch Messung an dem einen Teilsystem, wie es scheint, den Zustand
des anderen Teilsystems manipulieren, ein Sachverhalt, der den Kern des
berühmten Paradoxons von EINSTEIN, PODOLKSY und ROSEN ausmacht.
(Näheres hierzu s. Abschn. 11.2.) In der Tat, messen wir mit einem Photodetektor den Ort z. B. des Idler-Photons, so können wir mit Sicherheit den
Ort des Signal-Photons vorhersagen, messen wir jedoch mit einem Spektrometer die Idlerfrequenz, so wissen wir, daß dann auch die Signalfrequenz
einen (bei Kenntnis der Pumpfrequenz bekannten) scharfen Wert besitzt.
Begnügt man sich mit einer Begrenzung der Bandbreite, sagen wir, wieder der Idlerwelle – zu diesem Zweck setzt man ein Frequenzfilter vor den
Detektor –, so überträgt sich diese Begrenzung auf die Signalwelle.

Das Gesagte erweckt den Eindruck, als könnten wir willkürlich die Eigenschaften des Signal-Photons verändern. Da der zugrundeliegende quantenmechanische „Mechanismus" die bekannte „Ausreduktion der Wellenfunktion" ist, die *momentan* erfolgt, würde die erwähnte Einwirkung auf das
Signal-Photon sogar mit Überlichtgeschwindigkeit erfolgen und damit dem
Kausalitätsprinzip massiv widersprechen. (Man denke daran, daß sich ja
Idler- und Signal-Photon zum Zeit„punkt" der Messung grundsätzlich beliebig weit voneinander entfernt haben können!) Den in Rede stehenden
„Eingriff" kann es daher sicherlich nicht geben. Was wir im Experiment wirklich tun, ist auch etwas anderes: Wir selektieren nämlich durch die Messung
aus dem ursprünglichen Gesamtensemble von in gleicher Weise präparierten
Einzelsystemen lediglich ein Teilensemble, das sich natürlich vor dem ursprünglichen Ensemble *physikalisch* unterscheidet. Beispielsweise messen wir
die Idlerfrequenz und experimentieren nur mit den Signal-Photonen weiter,
bei denen die genannte Messung an den Idlerphotonen einen vorgegebenen
Wert ergeben hat.

Es scheint uns nicht uninteressant, darauf hinzuweisen, daß man die Erscheinung der parametrischen Fluoreszenz, wenn man so will, als ein Indiz für die

Existenz der in Abschn. 4.3 erwähnten Vakuumschwankungen der elektrischen Feldstärke ansehen kann, das unseres Erachtens noch überzeugender ist als der häufig gemachte Hinweis auf die spontane Emission angeregter Atome oder Moleküle. Die genannten Fluktuationen sind ja offenbar dazu geeignet, die „Keime" zu liefern, die in der klassischen Beschreibung benötigt werden, um den Prozeß der parametrischen Wechselwirkung in Gang zu setzen.

6.8   Photonen „in Reinkultur"

Bei einem Lichtstrahl, wie er beispielsweise von einer konventionellen Lichtquelle ausgesandt wird, haben wir es mit einem Strom von Photonen zu tun. Wir wissen einerseits, daß die Strahlung ihre Ursache in einzelnen, voneinander unabhängigen Elementarakten hat, bei denen jeweils ein Photon, also ein Energiepaket der Größe $h\nu$, emittiert wird. Andererseits sagt uns das Ansprechen eines Photodetektors, daß aus dem Strahlungsfeld ein Energiequant $h\nu$ herausgenommen wurde. In einem naiven Photonenbild würde man sich denken, daß dann halt ein registriertes Photon dasselbe ist, was irgendein Atom zuvor ausgestrahlt hat. Tatsächlich ist aber eine solche Vorstellung nicht zulässig. Wie wir in Abschn. 8.2 noch genauer ausführen werden, sind nämlich (bei thermischem Licht) die von zwei Photodetektoren angezeigten Ereignisse räumlich und zeitlich korreliert, was nur so zu verstehen ist, daß sich die von den einzelnen Atomen ausgesandten Elementarwellen mit statistischen Phasen superponieren und Photonen bevorzugt in den Maxima der Intensität des Gesamtfeldes angetroffen werden. Die Photonen besitzen daher keine Individualität, die es – und sei es nur im Prinzip – erlauben würde, ihren Lebensweg zu verfolgen, sie gehen vielmehr im Kollektiv vollkommen auf.

Zu einer ähnlichen Schlußfolgerung gelangen wir, wenn wir das Frequenzspektrum der Strahlung betrachten. Letzteres ist im Normalfall sehr breit, gemessen an der – für den elementaren Emissionsakt charakteristischen – natürlichen Linienbreite. Man spricht in diesem Zusammenhang von einer inhomogenen Verbreiterung der Atomlinie. Sie kommt dadurch zustande, daß die einzelnen Atome mit unterschiedlicher Mittenfrequenz ausstrahlen, bedingt beispielsweise durch den DOPPLER-Effekt, demzufolge die Bewegung des Emitters eine Frequenzverschiebung bewirkt. Es ist aber grundsätzlich nicht möglich, aus Messungen an der Gesamtstrahlung noch irgendwelche Informationen über die spektrale Beschaffenheit der jeweils emittierten Einzelphotonen, im besonderen über die natürliche Linienbreite, herauszuholen. (Das ist schon bei klassischer Betrachtung so: Die Länge der das Strahlungsfeld konstituierenden elementaren Wellenzüge geht im Fall einer inhomogen verbreiterten Atomlinie in die Beschreibung der Gesamtstrahlung nicht ein.)

Von einem individuellen Photon kann nur dann gesprochen werden, wenn ein einziges Atom als sein „Erzeuger" in Frage kommt. Das bedeutet, man muß experimentell dafür sorgen, daß sich im Beobachtungsvolumen nur *ein* angeregtes Atom befindet. Wenn dann zu einer gewissen Zeit ein Photon beobachtet wird, kann es nur von diesem Atom gekommen sein – wir haben sozusagen ein Photon „in Reinkultur" vor uns.

Wie wir schon in Abschn. 6.1 erwähnten, ist es mit der heutigen Fallentechnik möglich, eine solche Bedingung in geradezu idealer Weise zu erfüllen. Man kommt dem angestrebten Idealfall aber auch schon recht nahe, wenn man mit einem Atomstrahl arbeitet, aber nur die von einem kleinen Raumbereich ausgehende Strahlung mittels einer Linse sammelt und in die Nachweisapparatur schickt. Dies wurde von amerikanischen Forschern [KIM 77, DAG 78] im Zusammenhang mit dem Nachweis des „photon antibunching" demonstriert (s. Abschn. 8.4). Durch geeignete Wahl der Dichte der Atome und der Strahlgeschwindigkeit ließ sich erreichen, daß die Zahl der Atome, die sich *im zeitlichen Mittel* im Beobachtungsvolumen befanden, kleiner als Eins wurde. Allerdings schloß das nicht aus, daß sich zu gewissen Zeiten auch zwei oder sogar noch mehr Atome zugleich dort aufhielten.

In guter Näherung gelangt man auch zu individuellen Photonen durch hinreichend starke Abschwächung (mittels eines Absorbers oder eines schwach reflektierenden oder wenig durchlässigen Spiegels) von Licht einer konventionellen Quelle oder auch von Laserstrahlung. Die Wahrscheinlichkeit, ein Photon in einem vorgegebenen (kurzen) Zeitintervall zu registrieren, ist dann zwar klein, die Wahrscheinlichkeit, zwei (oder mehr) Photonen vorzufinden, ist jedoch im Vergleich dazu vernachlässigbar, wenn auch nicht exakt gleich Null.

Die experimentelle Situation läßt sich noch dadurch verbessern, daß man Erzeugungsprozesse nutzt, bei denen zwei Photonen mehr oder weniger gleichzeitig emittiert werden. Am besten eignet sich hierfür die parametrische Fluoreszenz, weil dann – im Gegensatz zu der nacheinander erfolgenden Emission zweier Photonen in einem atomaren Kaskadenprozeß (s. Abschn. 11.1) – die Ausbreitungsrichtungen der beiden Photonen stark korreliert sind, wie wir in Abschn. 6.7 gesehen haben. Registriert man daher eines der Photonen in einer bestimmten Richtung, so weiß man, daß sich sein „Partner" zur gleichen Zeit und in bekannter Richtung „in Marsch gesetzt hat". Man kann daher die Bewegung des zweiten Photons so genau vorhersagen, als ob es sich um ein klassisches Teilchen handelte. Auf diese Weise hat man dann ein *lokalisiertes* Photon „erzeugt", das für weitere Experimente zur Verfügung steht.

Die Information, die wir über das zweite Photon haben, kann beispielsweise zu einer deutlichen Erhöhung der Nachweisempfindlichkeit einer Absorptionsmessung genutzt werden: Wenn ein Photon, von dem man weiß, daß es zu einer bestimmten Zeit auf einem hinter dem Absorber stehenden Detektor treffen müßte, dort nicht ankommt, muß man folgern, daß es absorbiert wurde. In praxi geht man meist so vor, daß man eine elektronische Torschaltung verwendet [HON 86]. Das die Registrierung des ersten Photons anzeigende Detektorsignal dient dann dazu, einen zweiten Detektor kurzzeitig aufzutasten, mit dessen Hilfe das zweite Photon beobachtet werden soll.

Wie im vorhergehenden Abschnitt erwähnt, kann man die parametrische Fluoreszenz auch zur „Erzeugung" von Einzelphotonen vorgegebener Frequenz nutzen.

6.9 Eigenschaften von Photonen

Wie wir in Abschn. 6.5 gesehen haben, sendet ein Atom im Fall der spontanen Emission die Strahlung nach allen Richtungen (in Form einer Dipolwelle) aus. Im Experiment arbeitet man jedoch meist mit Lichtstrahlen mehr oder weniger gut definierter Ausbreitungsrichtung, die sich, wenn man nicht schon einen Laser verwendet, mittels Blenden – lichtundurchlässige Schirme, in denen sich eine kleine Öffnung befindet – herstellen lassen. Bei dieser Richtungsselektion wird also in klassischer Betrachtung ein Stück aus der Dipolwelle herausgeschnitten.

Bei sehr geringen Intensitäten tritt jedoch wieder der Teilchenaspekt des Lichts zutage: Ein ankommendes Photon wird entweder vom Schirm *vollständig* absorbiert, oder es passiert als (energetisches) Ganzes das Loch. Den austretenden Photonen ist dann neben dem, wesentlich durch die Lebensdauern der atomaren Niveaus bestimmten, Frequenzspektrum eine definierte Ausbreitungsrichtung zuzuschreiben. Damit ist auch ein Impuls verknüpft. Formal findet man dessen Größe in der Weise, daß man nach EINSTEINs berühmter, die Äquivalenz von Energie E und Masse m zum Ausdruck bringender Formel $E = mc^2$ (mit c als Lichtgeschwindigkeit) die Masse des Photons zu $h\nu c^{-2}$ errechnet und diese mit der Ausbreitungsgeschwindigkeit c multipliziert. Der Impuls eines Photons ergibt sich so betragsmäßig zu $h\nu/c$, und da er in die Ausbreitungsrichtung zeigt, können wir schreiben

$$P = \hbar k \,, \tag{6.11}$$

wobei $\boldsymbol{k}$ den Wellenzahlvektor bezeichnet.

Tatsächlich ist schon in der klassischen Elektrodynamik bekannt, daß dem elektromagnetischen Feld neben einer Energie- auch eine Impulsdichte zukommt. Ausgehend von der letzteren kann man Gl. (6.11) auch so herleiten, daß man sich gemäß der Photonenvorstellung eine laufende ebene Welle aus Energiepaketen der Größe $h\nu$ zusammengesetzt denkt, die alle in der gleichen Richtung fliegen.

Der Impuls der Photonen teilt sich bei Absorption oder Reflexion dem betreffenden Medium mit (im zweiten Fall wird sogar der doppelte Wert des Impulses übertragen) und wird so zur Ursache des Lichtdrucks. Dessen Existenz folgerte schon KEPLER im Jahre 1617 mit genialem Scharfsinn aus der Beobachtung, daß die Kometenschweife immer von der Sonne weg weisen, so daß es den Anschein hat, als ob die den Schweif bildenden Teilchen durch die Sonnenstrahlung weggestoßen würden. Messungen des Lichtdrucks auf irdische Objekte wurden schon zu Anfang unseres Jahrhunderts erfolgreich ausgeführt (s. z. B. [LEB 10]). Neuerdings gelang es, mit seiner Hilfe Atomstrahlen stark abzubremsen (s. z. B. [PRO 82]).

Der Photonenimpuls macht sich jedoch nicht nur bei der Absorption, sondern auch schon bei der spontanen Emission bemerkbar. Wegen der Gültigkeit des Impulserhaltungssatzes erleidet das Atom bei der Aussendung eines Photons einen meßbaren Rückstoß, der schon von EINSTEIN [EIN 17] vorhergesagt wurde. Dabei wird offenbar vorausgesetzt, daß das Photon in einer definierten (wenn auch zufälligen) Richtung emittiert wird – EINSTEIN spricht von „Nadelstrahlung" –, aber wie verträgt sich das mit der in Abschn. 6.5 getroffenen Feststellung, daß das Atom wie ein HERTZscher Dipol gleichzeitig nach allen Seiten strahlt, wodurch die Möglichkeit der Interferenz zwischen in unterschiedlicher Richtung (vom gleichen Atom) ausgesandten Partialwellen gegeben ist? Wie wir in Abschn. 7.5 näher erläutern werden, lautet die Antwort der Quantentheorie: Man kann in einem Experiment nicht beides zugleich beobachten, den atomaren Rückstoß (der auf die Teilchennatur des Lichts hinweist) und eine Interferenz (die nur als Folge der Wellennatur des Lichts verstanden werden kann).

Neben dem Impuls ist den Photonen auch ein Eigendrehimpuls, der sogenannte Spin, zuzuschreiben. Dieser ist eng verknüpft mit den Polarisationseigenschaften des Lichts. Bekanntlich kann ein Lichtstrahl linear, zirkular oder allgemeiner elliptisch polarisiert sein. Grundsätzlich gibt es zwei unabhängige Polarisationszustände, die man zweckmäßig so wählt, daß sie entweder linearer Polarisation in zwei zueinander senkrechten Richtungen oder rechts bzw. links zirkularer Polarisation entsprechen. Die genannten beiden

Zustände definieren eine (orthogonale) Basis, bezüglich deren sich ein beliebiger Polarisationszustand entwickeln läßt. Im besonderen kann man eine zirkular polarisierte Welle als eine Superposition zweier linear polarisierter Wellen auffassen und umgekehrt eine linear polarisierte als eine Überlagerung einer rechts und einer links zirkular polarisierten Welle.

Bekanntlich dreht sich bei den zirkular polarisierten Wellen die Schwingungsrichtung der elektrischen Feldstärke, an einem festen Ort betrachtet, ständig um die Ausbreitungsrichtung. Man erwartet daher schon rein gefühlsmäßig, daß ihnen ein von Null verschiedener Drehimpuls zukommt. Genauere Überlegungen führen zu der Aussage, daß der als Spin bezeichnete Eigendrehimpuls (in Ausbreitungsrichtung) von Photonen, die den genannten (klassischen) Wellen entsprechen, der Werte

$$s = \pm \hbar \tag{6.12}$$

fähig ist.

Die Quantentheoretiker sprechen im ersten Fall von rechts, im zweiten Fall von links zirkularer Polarisation. (Dabei ist zu beachten, daß diese Konvention der klassischen genau entgegengesetzt ist, weil dort der Drehsinn von einem Beobachter beurteilt wird, der das Licht auf sich zukommen sieht.)

Wie der Impuls des Photons überträgt sich auch sein Spin bei Absorption auf das Medium. Dieser Effekt wird noch vergrößert, wenn man zirkular polarisiertes Licht durch ein $\lambda/2$-Plättchen (eine Scheibe aus einem anisotropen, durchsichtigen Material, dessen Dicke so gewählt wurde, daß zwischen dem ordentlichen und dem außerordentlichen Strahl beim Austritt ein Gangunterschied von einer halben Wellenlänge besteht) schickt. Dabei verwandelt sich rechts zirkular polarisiertes Licht in links zirkular polarisiertes und umgekehrt, so daß jedes Photon dem Plättchen den Drehimpuls $2\hbar$ mitteilt. Der dem Plättchen auf diese Weise bei Einfall vieler Photonen erteilte Gesamtdrehimpuls konnte mit einem Torsionsmesser tatsächlich nachgewiesen werden [BET 36].

Wir betonen, daß in quantenmechanischer Beschreibung die Zustände zirkularer Polarisation Eigenzustände des Operators des Photonenspins (genauer gesagt, der Spinkomponente in Ausbreitungsrichtung) sind. Die Spinwerte $\pm \hbar$ sind die zugehörigen Eigenwerte, die demnach als scharf anzusehen sind. Dies gilt aber nicht für lineare Polarisation. In diesem Fall ist der Spin (in Ausbreitungsrichtung) nur *im Mittel* gleich Null. Da man – in Analogie zu der Zerlegung einer linear polarisierten Welle in einen rechts und einen links zirkular polarisierten Anteil – den quantenmechanischen Zustandsvektor für ein linear polarisiertes Photon als Summe zweier Zustandsvektoren schreiben kann, die ein rechts bzw. ein links zirkular polarisiertes Photon repräsentieren, liefert eine Messung der Spinkomponente entweder den Wert $+\hbar$ oder, mit gleicher Häufigkeit, den Wert $-\hbar$, aber niemals den Wert Null. Wir bemerken schließlich noch, daß bei der spontanen Emission der Drehimpulserhaltungssatz eine wichtige Rolle spielt. Dieser hat, da den atomaren Niveaus definierte Drehimpulsquantenzahlen zukommen, bestimmte Auswahlregeln für den Gesamtdrehimpuls des ausgesandten Photons zur Folge (das betrifft sowohl den Betrag des Drehimpulses als auch seine Komponente in der „Quantisierungsrichtung"). Dabei muß aber beachtet werden, daß sich der Gesamtdrehimpuls des Photons aus einem Bahndrehimpuls und dem (bisher nur betrachteten) Eigendrehimpuls (Spin) zusammensetzt. Der Gesamtdrehimpuls kann aber auch größere Werte als Eins (in Einheiten von $\hbar$) annehmen, es handelt sich dann um elektrische oder magnetische Multipolfelder, wie sie bei der Ausstrahlung von γ-Quanten aus Atomkernen zu beobachten sind. In der Optik hat man es jedoch nur mit (elektrischer) Dipolstrahlung zu tun. In diesem Fall hat der Gesamtdrehimpuls den Wert Eins.

7 Interferenz

7.1 Strahlteilung

Zu den reizvollsten physikalischen Erscheinungen gehören sicherlich die Interferenzphänomene. Mit ihnen wollen wir uns im folgenden mit Blickrichtung auf den Fall, daß die Lichtintensität sehr klein ist, also nur wenige Photonen im Spiel sind, näher befassen.

Das Prinzip der klassischen Interferenzversuche ist das folgende: Ein einfallender Lichtstrahl wird durch ein optisches Element, beispielsweise einen halbdurchlässigen Spiegel oder einen Schirm mit mehreren kleinen Öffnungen, in zwei (oder mehr) Teilstrahlen zerlegt. Diese werden, nachdem sie unterschiedliche Lichtwege zurückgelegt haben, wieder zusammengeführt, wobei dann die Interferenzerscheinungen entstehen. Der erste Schritt – die Aufspaltung des Primärstrahls in Partialwellen – spielt dabei eine entscheidende Rolle; Lichtstrahlen, die von unterschiedlichen Quellen (oder verschiedenen Raumbereichen derselben Quelle) kommen, interferieren nämlich nicht miteinander!

Wir beginnen daher unsere Ausführungen zur Interferenz mit einer Analyse der Wirkungsweise eines Strahlteilers. Wir denken dabei, um etwas Bestimmtes vor Augen zu haben, an einen halbdurchlässigen Spiegel. Unsere Betrachtungen gelten jedoch gleichermaßen für einen Schirm mit zwei gleich großen Löchern u. ä. Sie lassen sich überdies leicht auf den Fall eines vom Wert 1/2 verschiedenen Reflexionsvermögens des Spiegels (bzw. unterschiedlich großer Löcher im Schirm) verallgemeinern (s. u.).

Im klassischen Wellenbild bereitet die Beschreibung der Strahlteilung keine besonderen Schwierigkeiten: Die einfallende Welle wird in zwei Teilwellen, die reflektierte und durchgehende, aufgespalten, wobei jede von ihnen genau die Hälfte der einfallenden Energie erhält. Problematisch wird der Vorgang der Strahlteilung erst, wenn wir uns das einfallende Licht aus räumlich lokalisierten Energieklümpchen, sprich Photonen, bestehend denken. Dann taucht die grundsätzliche Frage auf: Was geschieht mit einem einzelnen Photon bei seinem Auftreffen auf den Spiegel? Teilt es sich ebenfalls, oder bleibt es „ganz"?

Tatsächlich gibt es kaum einen Zweifel daran, daß die Photonen – im Sinne von Energiequanten – unteilbar sind. Um dies einzusehen, braucht man eigentlich gar keine Experimente auszuführen, es genügt, sich die Folgen vor Augen zu führen, die sich aus einer möglichen Teilung von Photonen ergäben. Da wir davon ausgehen können, daß sich die Lichtfrequenz bei Reflexion oder Brechung nicht ändert, kämen in einem solchen Fall „halbe Photonen" (Energieklümpchen mit dem Energieinhalt $\frac{1}{2}h\nu$) in der Natur vor. Diese könnten aber – wollten wir nicht die im zweiten BOHRschen Postulat (5.1) zum Ausdruck kommende fundamentale Einsicht in das mikroskopische Geschehen in Frage stellen – auf keine Weise mehr absorbiert werden, da ja die Energie eines halben Photons dem Atom nicht reicht, um einen Übergang ausführen zu können. Sie würden damit – unter Mitnahme ihrer Energie! – aus der beobachteten Welt verschwinden. Angesichts der Energiekrise, auf die die Menschheit zusteuert, wahrlich kein erfreulicher Gedanke! Schlimmer noch, einer der Grundpfeiler der Physik, die Thermodynamik, käme so ins Wanken. Betrachten wir nämlich die Hohlraumstrahlung, so würde das bloße Einbringen eines Spiegelchens in den Hohlraum verhindern, daß sich jemals thermodynamisches Gleichgewicht ausbildet, da die halben Photonen ja die Wandung ungestört durchdringen könnten. Dem System ginge damit ständig auf irreversible Weise Energie verloren. Wir bemerken an dieser Stelle, daß diese thermodynamische „Katastrophe" bereits einträte, wenn auch nur ein (im Prinzip beliebig kleiner, aber endlicher) Bruchteil der auf den Spiegel fallenden Photonen geteilt würde.

Die angeführte thermodynamische Überlegung kann noch verfeinert werden. Tatsächlich gilt ja in der Thermodynamik das Prinzip des detaillierten Gleichgewichts, das im Fall der Hohlraumstrahlung folgendes bedeutet: Im thermodynamischen Gleichgewicht wird von den Wandatomen bei jeder Frequenz genauso viel Lichtenergie absorbiert wie (spontan *und* induziert) emittiert. Dieses Prinzip wäre aber im Fall einer Teilung von Photonen verletzt, weil die halben Photonen nicht mehr zur Absorptionsrate beitragen könnten. Selbst eine gewagte Hypothese der Art, daß das Atom, wenn es ein halbes Photon nicht zu absorbieren vermag, dann eben zwei auf einmal „schlucken" muß, könnte uns hier nicht weiterhelfen. Ein solcher Absorptionsakt könnte ja nur stattfinden, wenn mindestens zwei halbe Quanten mehr oder weniger gleichzeitig am Ort des Atoms einträfen, was bei kleinen Intensitäten extrem unwahrscheinlich wird. In der Tat müßte die entsprechende Übergangswahrscheinlichkeit proportional zum Quadrat der Lichtintensität sein. Die in Rede stehenden Absorptionsakte wären daher zu selten, um die durch eine Halbierung von Photonen (und den damit verbundenen Verlust an Photonen) verursachte Verminderung der normalen (Ein-Photonen-) Absorptionsrate, bei der die Absorptionswahrscheinlichkeit ja proportional zur Intensität ist, kompensieren zu können.

Erwähnt sei schließlich noch, daß die Teilung von Photonen, falls es sie gäbe, natürlich nicht auf eine „Halbierung" beschränkt bliebe. Erstens gibt es auf der Welt reflektierende Oberflächen mit ganz unterschiedlichem Reflexionsvermögen, was dann wohl Teilungen in allen möglichen Verhältnissen zur Folge hätte, und zweitens schließt sich an eine Reflexion (oder Transmission) häufig eine zweite, dritte usf. an, so daß die elektromagnetische Energie immer weiter „zerfasert" würde. Die Vorstellung einer Teilung von Photonen scheint uns damit durch allgemeine Argumente hinreichend widerlegt zu sein.

Die für den direkten Beweis der Unteilbarkeit einzelner Photonen idealen experimentellen Bedingungen wären die, daß man einzelne Photonen, immer eines nach dem anderen, auf einen halbdurchlässigen Spiegel fallen läßt und sowohl den reflektierten als auch den durchgegangenen Teilstrahl auf einen Detektor schickt. Das Ansprechen eines der beiden Detektoren würde dann zweifelsfrei anzeigen, daß das registrierte Photon als (energetisches) Ganzes den einen Weg gegangen ist. Offenbar würde ein solches ideales Experiment einen sehr großen Aufwand erfordern. Tatsächlich erlauben jedoch Messungen an intensitätsschwachem Licht konventioneller Quellen bereits eine Entscheidung für oder wider die klassische Konzeption der Teilung von Photonen bei Reflexion an einem halbdurchlässigen Spiegel. In einem solchen Fall muß man allerdings damit rechnen, daß gelegentlich auch einmal zwei Photonen (noch seltener drei usf.) mehr oder weniger gleichzeitig auf den Spiegel treffen. Klassisch würde dem ein Wellenpaket mit der Energie $2h\nu$ entsprechen, das der Spiegel in zwei gleiche Teile spalten würde. Beide könnten dann (mit der durch die Nachweisempfindlichkeit bestimmten Wahrscheinlichkeit), jeweils für sich, einen Photodetektor zum Ansprechen bringen. In der überwiegenden Zahl der Fälle trifft jedoch in einem Zeitintervall von der Größenordnung der Integrationszeit des Detektors entweder gar kein Photon oder ein einziges auf den Spiegel. Diese Einzelphotonen würden jedoch – bei vorausgesetzter Halbierung durch den Spiegel – den Detektoren, da diese nur mit ganzen Quanten etwas anzufangen wissen, „durch die Lappen gehen". Andererseits würden sie bei einer Messung am einfallenden Strahl (nach Maßgabe der Zählerempfindlichkeit) erfaßt werden. Das bedeutet, es träte eine drastische Verletzung der Energiebilanz

$$\text{einfallende Intensität} =$$
$$\text{reflektierte Intensität} + \text{durchgehende Intensität}$$

auf, wenn zur Messung Photodetektoren verwendet werden. Experimentell wird aber die vorstehende Gleichung vollauf bestätigt [JÁN 73], was nur so verstanden werden kann, daß die einzelnen Photonen *als Ganzes* entweder reflektiert oder transmittiert werden.

Bei allen experimentellen Beweisen für die Unteilbarkeit des Photons sollte man jedoch nicht vergessen, daß auf Grund der stets nur endlichen Meßgenauigkeit die Möglichkeit nicht auszuschließen ist, daß eine Teilung von Photonen grundsätzlich doch stattfindet, wenn auch mit einer sehr geringen Wahrscheinlichkeit. In der Tat kann ein Experiment für deren Wert immer nur eine endliche obere Grenze, aber niemals den genauen Wert Null liefern. Wir geben daher den oben angeführten thermodynamischen Argumenten den Vorzug, die von experimentellen „Unzulänglichkeiten" frei sind – oder sehen sie zumindest als eine nicht unwesentliche Ergänzung der experimentell gewonnenen Aussagen an.

Wir benutzen die Gelegenheit, die Problematik der Strahlteilung noch ein kleines Stück weiterzuverfolgen. Bei größeren Intensitäten des einfallenden Lichts erhebt sich offenbar die Frage: Wie teilen sich $n\,(>1)$ ankommende Photonen, die in einem kurzen Impuls[1] „stecken", auf die beiden Teilstrahlen auf?

In naiver Betrachtungsweise wird man die Wechselwirkung des Lichts mit dem Strahlteiler – gedanklich jedenfalls – in eine Reihe von unabhängigen Einzelprozessen auflösen, an denen jeweils nur ein Photon beteiligt ist. Nimmt man weiterhin an, daß die einzelnen Photonen wie klassische Teilchen unterscheidbar seien, so kann man auf die klassische Wahrscheinlichkeitsrechnung zurückgreifen und folgendermaßen argumentieren: Falls der Spiegel das Reflexionsvermögen r und demzufolge (bei vorausgesetztem Fehlen von Spiegelverlusten) das Transmissionsvermögen $t = 1 - r$ besitzt, ist die Reflexionswahrscheinlichkeit für ein Photon r und die Transmissionswahrscheinlichkeit t. Daraus berechnet sich die Wahrscheinlichkeit, daß $k\,(\leq n)$ der n einfallenden Photonen hindurchgehen und entsprechend $n - k$ reflektiert werden, zu

$$w_k^{(n)} = \binom{n}{k} t^k r^{n-k} \quad (k = 0, 1, 2, \ldots, n). \tag{7.1}$$

Der Vorfaktor trägt dabei der Tatsache Rechnung, daß das betrachtete Ereignis – dank der vorausgesetzten Unterscheidbarkeit der Photonen – auf

---

[1] Grundsätzlich ließe sich ein solcher Licht„blitz" scharfer Photonenzahl in der Weise erzeugen, daß man eine bestimmte Zahl angeregter Atome in ein kleines Volumen bringt und durch Verwendung von Hohlspiegeln u. ä. dafür sorgt, daß die austretende Strahlung gerichtet ist [MAN 76].

unterschiedliche Weise realisiert sein kann. (Während eine Vertauschung der reflektierten bzw. transmittierten Photonen untereinander nichts Neues bringt, führt eine Vertauschung eines reflektierten mit einem transmittierten Photon zu einem neuen Fall.)

Gemäß Gl. (7.1) liegt also eine Binomialverteilung der Photonen vor. Wegen der großen Schwierigkeiten, n-Photonen-Zustände mit $n > 1$ zu realisieren, ist die experimentelle Bestätigung bisher auf den Fall von Photonenpaaren ($n = 2$) beschränkt geblieben [BRE 88], für deren Erzeugung man ja mit der parametrischen Fluoreszenz tatsächlich ein einfaches Verfahren in der Hand hat. Nun sind aber die bei der Herleitung der Formel (7.1) gemachten Annahmen in Wahrheit unhaltbar: Da die Photonen voraussetzungsgemäß mehr oder weniger gleichzeitig auf den Spiegel auftreffen, „fühlt" der Spiegel – dank des in der klassischen Elektrodynamik gültigen Superpositionsprinzips – die elektrische Gesamtfeldstärke, die Photonen wirken somit im Kollektiv. Weiterhin gehorchen sie, als Teilchen mit ganzzahligem Spin, der BOSE-Statistik und sind deshalb als ununterscheidbar anzusehen. Erstaunlicherweise führen aber quantenmechanische Rechnungen ebenfalls genau auf die Relation (7.1) (s. Abschn. A.4), die demnach als gesichert anzusehen ist.

Die obige Herleitung der Formel (7.1) erlaubt uns daher zu sagen, beim Prozeß der Strahlteilung verhalten sich die Photonen so, *als ob* sie unterscheidbar wären und jedes für sich mit dem Spiegel wechselwirken würde. Es wäre aber verfehlt, die genannten Eigenschaften objektivieren zu wollen.

Ist die Zahl der einfallenden Photonen nicht, wie bisher vorausgesetzt, scharf, sondern selbst schon gemäß einer Häufigkeitsverteilung p_n verteilt, so ergibt sich nach Gl. (7.1) für die durchgegangenen Photonen eine Verteilung der Form

$$p'_k = \sum_n \binom{n}{k} t^k (1 - t)^{n-k} p_n \, . \tag{7.2}$$

(Eine analoge Beziehung gilt natürlich auch für die reflektierten Photonen.) Die Relation (7.2) ist als BERNOULLI-Transformation bekannt. Sie hat die wichtige Eigenschaft, daß sich die faktoriellen Momente einfach mit der entsprechenden Potenz von t multiplizieren, d. h., es gilt [s. Gl. (A4.14)]

$$\overline{k(k-1)\ldots(k-l)} = t^{l+1} \langle n(n-1)\ldots(n-l) \rangle \quad (l = 0, 1, 2, \ldots) \, . \tag{7.3}$$

Wendet man die Transformation (7.2) speziell auf eine POISSON-Verteilung der einfallenden Photonen auf das Modenvolumen an (das wir, wie in Abschn. 4.2 ausgeführt, mit dem Volumen eines Impulses bzw. dem Kohärenzvolumen identifizieren), so findet man, daß die reflektierten wie auch die durchgegangenen Photonen ebenfalls einer POISSON-Verteilung gehorchen.

Dieses Ergebnis ist insofern von großer physikalischer Bedeutung, als die POISSON-Verteilung der Photonen für die in Abschn. 4.4 beschriebenen (quantenmechanischen) kohärenten Zustände des elektromagnetischen Feldes charakteristisch ist. Es läßt daher darauf schließen, daß bei der Strahlteilung ein kohärenter Zustand wieder in kohärente Zustände übergeht,[2] und dies ist genau das, was man aus Gründen der korrespondenzmäßigen Übereinstimmung von quantenmechanischer und klassischer Beschreibung erwartet. Die kohärenten Zustände korrespondieren ja den klassischen Wellen scharfer Phase und Amplitude, und nach der klassischen Optik besitzen sowohl die reflektierte als auch die durchgehende Welle jeweils definierte Phase und Amplitude, wenn dies für die einfallende Welle zutrifft.

Erwähnt sei noch, daß die Aufspaltung eines polarisierten Lichtstrahls in zwei Strahlen unterschiedlicher Polarisation (beispielsweise die Zerlegung von linear polarisiertem Licht mittels eines doppelbrechenden Kristalls in zwei Wellen, die in anderen Richtungen – senkrecht zueinander – polarisiert sind) physikalisch von der gleichen Art ist wie die Strahlteilung durch einen teildurchlässigen Spiegel. Die Formeln (7.1) und (7.2) gelten daher auch für diesen Fall. Weiterhin folgt aus Gl. (7.2), daß auch thermisches Licht bei der Strahlteilung thermisches Licht bleibt. Auch dies entspricht genau unserer Erwartung. Schließlich sei darauf hingewiesen, daß der teildurchlässige Spiegel auch ein einfaches Modell für einen (Ein-Photonen-)Absorber abgibt. (Tatsächlich ist die quantenmechanische Beschreibung in beiden Fällen formal genau die gleiche.) Wir werden von diesem Sachverhalt im Kapitel 8 und 10 noch Gebrauch machen.

7.2 Interferenz des Photons mit sich selbst

Die bekannten Interferenzphänomene finden, wie in Abschn. 3.2 näher erläutert, ihre natürliche Erklärung in der Wellenvorstellung vom Licht. Verdeutlichen wir uns die Interferenzerscheinung am Beispiel eines MICHELSON-Interferometers (Fig. 13): Ein einfallender Lichtstrahl wird vermöge eines halbdurchlässigen Spiegels in zwei Teilstrahlen gespalten. Diese durchlaufen jeweils einen der beiden Interferometerarme, werden von einem Spiegel zur Umkehr gebracht und schließlich durch den halbdurchlässigen Spiegel

---

[2]Da die kohärenten Zustände durch eine Wellenfunktion repräsentiert werden [s. Gl. (4.5)], genügt es nicht, wie wir es bisher getan haben, nur die Absolutquadrate der Entwicklungskoeffizienten (bezüglich der Basis der Zustände scharfer Photonenzahl) zu betrachten, die ja die Photonenverteilung kennzeichnen. Erst mit Hilfe der die Strahlteilung beschreibenden Transformation der Entwicklungskoeffizienten selbst kann dann der obige Schluß in Strenge gezogen werden (s. Abschn. A.4).

wieder vereinigt, worauf sie in das Beobachtungsteleskop eintreten. Da die Spiegel an den Enden der Interferometerarme normalerweise nicht genau senkrecht zu den Lichtstrahlen stehen, beobachtet man – ähnlich wie bei einem Keil – Interferenzstreifen gleicher Dicke.

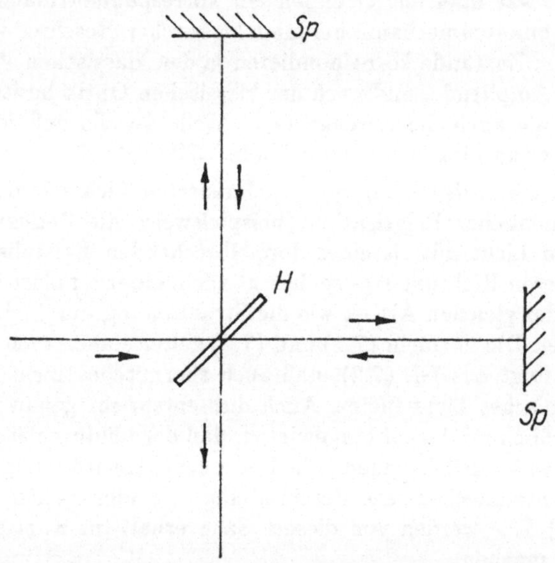

Fig. 13 Strahlengang beim MICHELSON-Interferometer (*H* halbdurchlässiger Spiegel, *Sp* vollständig reflektierender Spiegel)

Wie hat man sich nun das Zustandekommen einer Interferenzfigur im Photonenbild zu denken? Nach den in Abschn. 7.1 gemachten Ausführungen müssen wir von der Tatsache ausgehen, daß die Photonen (im Sinne von Energieklümpchen) an einem halbdurchlässigen Spiegel jedenfalls nicht geteilt werden – ganz im Gegensatz zu einem Wellenpaket! Es kann also, so hat es den Anschein, ein Photon nur den einen oder den anderen Weg gehen und daher stets nur die Länge des einen Interferometerarms „kennen". Andererseits wird aber die Lage der Interferenzstreifen durch den *Unterschied* der beiden Armlängen bestimmt. Man könnte daher auf die Vermutung kommen, es müßten bei der Interferenz notwendigerweise mehrere Photonen zusammenwirken. Diese Vorstellung hätte aber eine drastische Intensitätsabhängigkeit der Interferenzerscheinung zur Folge: Mit abnehmender Intensität müßte das Interferenzmuster immer verwaschener werden, da ein Photon, das im MICHELSON-Interferometer den einen Arm durchlaufen hat, immer seltener ein zweites Photon findet, das den anderen Weg genommen hat. Im Idealfall schließlich, wie wir ihn in Abschn. 7.1 betrachtet haben, daß jeweils ein Photon nach dem anderen einfällt, dürfte es überhaupt keine Interferenz mehr geben, das bedeutet, die Schwärzungspunkte auf der photographischen Platte (die jeweils von einem Photon herrühren) müßten statistisch regellos verteilt sein.

Im Gegensatz dazu findet im klassischen Wellenbild die Aufteilung einer Welle in Partialwellen vollständig unabhängig von der Intensität stets in derselben Weise statt, d. h., nach der klassischen Optik ist die Sichtbarkeit eines Interferenzmusters

$$s = \frac{I_{\max} - I_{\min}}{I_{\max} + I_{\min}}, \qquad (7.4)$$

wobei $I_{\max}$ und $I_{\min}$ den maximalen bzw. minimalen Wert in der Intensitätsverteilung des Interferenzbildes bezeichnen, bei allen Intensitäten stets die gleiche.

Was sagt nun das Experiment dazu? Tatsächlich wurden schon sehr frühzeitig Interferenzversuche bei außerordentlich kleinen Intensitäten ausgeführt TAYLOR [TAY 09, DEM 27]. Um unter solchen Bedingungen auf der photographischen Platte überhaupt etwas sehen zu können, mußte extrem lange belichtet werden. In dem klassischen Experiment von TAYLOR [TAY 09] erstreckten sich die längsten Messungen über einen Zeitraum von drei Monaten! Dabei konnte keine nennenswerte Verschlechterung der Sichtbarkeit des Interferenzmusters festgestellt werden, die Wellentheorie des Lichts erwies sich somit als richtig. Neuere Experimente [JÁN 57,58; REY 69, GRI 72, SIL 72], bei denen photoelektrische Nachweismethoden benutzt wurden, bestätigen dieses Ergebnis.

Dabei wurde von JÁNOSSY und NÁRY [JÁN 58] (vgl. auch [JÁN 73]) überdies sehr sorgfältig die Frage geprüft, ob die Länge des von den Teilstrahlen vor der Wiedervereinigung jeweils durchlaufenen Lichtwegs einen Einfluß auf die Sichtbarkeit des Interferenzbildes hat. So arbeiteten die Autoren mit einem MICHELSON-Interferometer, dessen Armlänge 14,5 m betrug und damit die Kohärenzlänge des untersuchten Lichts deutlich übertraf. Um die erforderliche Stabilität des experimentellen Aufbaus zu gewährleisten, wurde die Apparatur in einem in das Gestein getriebenen Stollen, 30 m unter der Erde, installiert. Da Temperaturschwankungen von 0,001K bereits eine Verschiebung des Interferenzbildes bewirkten, wurde vollautomatisch gearbeitet, um Störungen des Temperaturgleichgewichts durch menschliche Anwesenheit auszuschließen. Zur Enttäuschung der Forscher konnte selbst bei starker Verringerung der Intensität des einfallenden Lichts keine Verschlechterung der Sichtbarkeit des Interferenzmusters beobachtet werden. (Um die experimentelle Leistung voll zu würdigen, muß man daran denken, daß unter den genannten extremen experimentellen Bedingungen nichts einfacher ist, als das Interferenzbild zum Verschwinden zu bringen. Man braucht es ja nur an der erforderlichen Sorgfalt fehlen zu lassen!)

Recht originell ist auch das Experiment von GRISHAEV und Mitarbeitern [GRI 72], bei dem die Synchrotronstrahlung von in einem Speicherring umlaufenden Elektronen auf ihre Interferenzfähigkeit hin untersucht wurde. Durch Messung der Intensität des ausgesandten Lichts konnte die Zahl der auf der Umlaufbahn befindlichen Elektronen festgestellt werden, was die Registrierung des Interferenzmusters bei einer festen Anzahl N von Elektronen erlaubte. Dabei zeigte sich, daß die Sichtbarkeit des Interferenzbildes die gleiche blieb, wenn N zwischen 16 und 1 variierte. Im Fall eines einzigen Elektrons traten pro Sekunde etwa $1,3 \cdot 10^5$ Photonen in das Interferometer ein, sie hatten also im Mittel einen zeitlichen Abstand von ca. $0,8 \cdot 10^{-5}$ s, der die Durchlaufszeit durch das Interferometer, nämlich 10^{-9}s, um mehrere Größenordnungen übertraf.

Erwähnt sei schließlich noch, daß kürzlich auch zeitliche Interferenzen (die in Abschn. 3.2 erläuterten Schwebungen) noch bei ähnlich niedrigen Intensitäten wie in dem zuvor geschilderten Experiment beobachtet werden konnten [DAV 79].

Es läßt sich somit sagen, daß die von DIRAC behauptete „Interferenz des Photons mit sich selbst" [DIR 58] als experimentell erwiesen gelten kann. Dieser Sachverhalt ist aber völlig unverständlich, wenn wir die Photonenvorstellung – in Gestalt räumlich lokalisierter Energieklümpchen – im Sinne des klassischen Realitätsbegriffs objektivieren. Aber gerade dies verbietet uns ja die Quantenmechanik! Sie erklärt den Schluß von einem Meßergebnis auf das Vorliegen der betreffenden physikalischen Eigenschaft schon *vor* der Messung grundsätzlich für unzulässig. Im Fall der Strahlteilung bedeutet dies, wenn mittels eines Zählers ein Photon als „Teilchen" in einem der beiden Teilstrahlen nachgewiesen wurde, so kann man daraus zwar folgern, daß es den entsprechenden Weg durchlaufen hat, nicht aber, daß dies genauso gewesen wäre, wenn man keinen Zähler hingestellt hätte. In der Tat muß dann sein Verhalten wesentlich unterschiedlich sein, wie seine „Interferenz mit sich selbst" beweist, die zu beobachten ist, wenn man den Strahlteiler zu einem MICHELSON-Interferometer „ergänzt". Dann ist die experimentelle „Fragestellung" offenbar eine ganz andere: Man verzichtet auf jede Information über den von einem Photon „in Wirklichkeit" durchlaufenen Weg, statt dessen interessiert man sich für den genauen Ort seines Eintreffens in der Brennebene des Teleskops. Unter solchen Umständen ist dann (bis zum Akt der Registrierung des Photons) das Wellenbild zuständig.

Wir müssen uns also auch hier mit dem Welle-Korpuskel-Dualismus des Lichts als einem unbestreitbaren Faktum abfinden: Je nach den Versuchsbedingungen tritt die Teilchen- oder die Wellennatur des Lichts zutage. Licht ist weder Teilchen noch Welle, sondern etwas Komplizierteres, das uns einmal eine korpuskulare und einmal eine wellenhafte „Seite" zeigt.

Der Quantenmechanik ist auf formalem Wege die „Synthese" der beiden widersprüchlichen Aspekte gelungen, allerdings eben auf Kosten der klassischen Realitätsauffassung. So beschreibt sie den Zustand des aus durchgehender und reflektierter Welle (im folgenden denken wir uns diese beiden Wellen mit 1 bzw. 2 numeriert) bestehenden Gesamtfeldes durch eine Wellenfunktion, die im Fall eines einzigen einfallenden Photons eine Superposition

$$|\psi\rangle = 2^{\frac{1}{2}} \left(|1\rangle_1 |0\rangle_2 - |0\rangle_1 |1\rangle_2 \right) \tag{7.5}$$

aus den Zuständen „das Photon befindet sich im Strahl 1 und nicht im Strahl 2" und „das Photon befindet sich im Strahl 2 und nicht im Strahl 1" ist (s. Abschn. A.4). Dies bedeutet im besonderen, die Annahme, das Photon sei *entweder* in dem einen *oder* in dem anderen Strahl, ist falsch (in der Tat könnte es dann zu keiner Interferenz kommen), vielmehr muß eine prinzipielle (über bloße Unkenntnis wesentlich hinausgehende und somit klassisch nicht interpretierbare) Unbestimmtheit über den Weg des Photons vorliegen. Das Minuszeichen in Gl. (7.5) berücksichtigt dabei einen bei der Reflexion auftretenden Phasensprung um π. Die Sprechweise, das Photon befindet sich *sowohl* in dem einen *als auch* in dem anderen Teilstrahl, kommt wohl der Realität am nächsten; tatsächlich muß es ja, wenn es mit sich interferieren will, auf irgendeine Weise „in Erfahrung bringen" – denken wir an das MICHELSON-Interferometer –, in welchen Abständen vom Strahlteiler sich *beide* Spiegel befinden.

Allerdings darf man sich die gleichzeitige „Anwesenheit" des Photons in beiden Strahlen nicht so vorstellen, als ob die Energie des Photons auf die Strahlen aufgeteilt und dort objektiv (im Sinne der klassischen Naturbeschreibung) lokalisiert wäre. Man kommt sonst in Verlegenheit bei der Beschreibung des zur Interferenz komplementären Experiments, nämlich der (photoelektrischen) Registrierung des Photons in einem der beiden Teilstrahlen. Da ein Photodetektor in einer sehr kurzen Zeit anspricht (s. Abschn. 5.2), bliebe ihm wegen der endlichen Ausbreitungsgeschwindigkeit der elektromagnetischen Energie nicht genügend Zeit, die benötigte restliche Energie aus dem anderen Teilstrahl „zurückzuholen", jedenfalls dann, wenn der entsprechende Weg sehr lang wäre. Tatsächlich gibt es aber für den letzteren keine prinzipielle Beschränkung, und auch praktisch lassen sich heutzutage unter Benutzung von Lichtleiterfasern extrem lange Lichtwege realisieren, ohne daß die Lichtbündel (wie im Vakuum) seitlich auseinanderlaufen.

Wir kommen somit wie schon bei der Diskussion der spontanen Emission (s. Abschn. 6.3) zu dem Schluß, daß die klassische Auffassung einer (nach Maßgabe der elektrischen und der magnetischen Feldstärke) kontinuierlich im Raum verteilten elektromagnetischen Energie, im Fall eines einzelnen Photons jedenfalls, aufgegeben werden muß.

Es erscheint angebracht, darauf hinzuweisen, daß die Aussage, das Photon interferiert mit sich selbst, nicht wörtlich genommen werden darf in dem Sinne, daß man sie an einer Einzelmessung bestätigen könnte. Tatsächlich liefert ein Photon, denken wir an eine photographische Registrierung einer eventuellen Interferenzfigur, bestenfalls einen einzigen Schwärzungspunkt auf der Photoplatte, der genausogut ein „Element" eines Interferenzmusters wie einer statistisch regellosen Verteilung von geschwärzten Stellen sein kann.

Nur wenn der registrierte Schwärzungspunkt genau in eine vorausberechnete Nullstelle der Intensität fiele, könnte man aus der Einzelmessung einen eindeutigen Schluß bezüglich der Interferenzeigenschaften des Photons ziehen, nämlich den, daß das vorhergesagte Interferenzbild nicht den Tatsachen entspricht. (Zur Falsifizierung einer Behauptung genügt eben ein einziges, damit im Widerspruch stehendes Experiment!) In Wahrheit ist aber ein solcher Fall nur von akademischer Bedeutung, da in praxi vorhandene Unvollkommenheiten (wie die endliche Linienbreite der Strahlung, eine Abweichung des Reflexionsvermögens des halbdurchlässigen Spiegels vom genauen Wert 1/2 u. ä.) verhindern, daß die Minima der Intensität tatsächlich bis zu Null heruntergehen.

Wie stets, wenn es darum geht, quantenmechanische Aussagen nachzuprüfen, müssen viele Einzelexperimente (unter den gleichen physikalischen Bedingungen) ausgeführt werden. Die im Fall der Interferenz auf diese Weise erhaltenen einzelnen Schwärzungspunkte ergeben dann in ihrer Gesamtheit (aufeinanderphotographiert) ein Interferenzmuster. Wichtig ist, daß der zeitliche Abstand zwischen den einzelnen Messungen beliebig groß gewählt werden kann, so daß in jedem Einzelexperiment selbst nur ein Photon zugegen ist. Das Auftreten einer Interferenzfigur ist also stets nur an einem Ensemble von (unabhängigen) Einzelsystemen beobachtbar.

Andererseits muß, soll ein Interferenzmuster tatsächlich zustande kommen, offensichtlich jedes einzelne Photon bereits gewisse „Spielregeln" befolgen. Diese bestehen darin, daß es bestimmte Orte (die Stellen, an denen sich die Intensitätsmaxima ausbilden) bevorzugt „ansteuert", während es hingegen andere (den Intensitätsminima entsprechende) Orte zu meiden sucht. So gesehen interferiert dann tatsächlich ein jedes Photon mit sich selbst, nur erkennt man diese spezifische Eigenschaft eines individuellen Photons erst an dem Verhalten eines Kollektivs!

Erwähnt sei noch, daß die quantisierte Theorie des elektromagnetischen Feldes dem Teilchen- wie dem Wellenaspekt der Strahlung gleichermaßen Rechnung trägt. Der Vorgang der Strahlteilung speziell kann dann auch (in völliger Korrespondenz zur klassischen Theorie) so beschrieben werden, daß die elektrische Feldstärke der einfallenden Welle – nunmehr als ein Operator aufgefaßt – in einen der reflektierten und einen der durchgehenden Welle entsprechenden Anteil zerlegt wird (s. Abschn. A.4). Man findet dann das – auf den ersten Blick jedenfalls – verblüffende Ergebnis, daß das klassische Interferenzmuster quantenmechanisch exakt reproduziert wird, völlig unabhängig davon, in welchem (evtl. auch nichtklassischen!) Zustand sich das einfallende Licht befindet (s. Abschn. A.5).

Wir weisen darauf hin, daß die Gültigkeit der klassischen Beschreibung der Interferenz auch im Bereich mikroskopisch kleiner Intensitäten bedeutet, daß die konventionellen Spektrometer, die ja sämtlich das Interferenzprinzip ausnutzen, auch dann noch funktionieren, wenn nur ein einziges Photon einfällt. Es wird dann also auch dieses spektral zerlegt, d. h., es wird – als Welle – in unterschiedliche, verschiedenen Frequenzen entsprechende Teilwellen aufgespalten. Die Messung kann aber erst dann als vollzogen gelten, wenn ein Meßresultat angezeigt wird. Zu diesem Zweck muß das austretende Licht registriert werden. Dabei findet man das Photon in einem der Teilstrahlen, man mißt also *einen* definierten Wert der Frequenz (mit einer durch das Auflösungsvermögen des Spektrometers gegebenen Genauigkeit). Erst eine häufige Wiederholung des Experiments unter den gleichen Bedingungen liefert dann ein Frequenzspektrum.

Schließlich scheint es angebracht, noch ein paar Worte über die (wesentlich auf LOUIS DE BROGLIE und ALBERT EINSTEIN zurückgehende) Konzeption einer „Führungswelle" für das – als lokalisiertes Energiepaket gedachte – Photon zu sagen. Damit hoffen manche Autoren, das Verhalten des Photons bei der Interferenz verständlich zu machen. Nach ihrer Vorstellung würde das Photon dann „in Wirklichkeit", denken wir beispielsweise an ein MICHELSON-Interferometer, den einen Weg gehen, und nur die „Führungswelle" würde sich am halbdurchlässigen Spiegel in zwei Teile spalten, von denen einer mit dem Photon zusammen, der andere wohl oder übel allein den jeweiligen Arm durchliefe. Nach Wiedervereinigung der beiden Teile der „Führungswelle" besäße diese dann genügend Information, um das Photon im Einklang mit der klassischen Beschreibung der Interferenz an eine erlaubte Stelle zu dirigieren.

Offenbar tut die „Führungswelle" in diesem Bild genau das gleiche wie das elektromagnetische Feld in der klassischen Theorie. Da dessen Existenz außer Frage steht – jedenfalls dann, wenn viele Photonen gleichzeitig vorhanden sind –, besteht nach unserer Auffassung kein Grund, mit der „Führungswelle" zusätzlich eine neue physikalische Qualität einzuführen. Man gewinnt mit der Postulierung einer Führungswelle im Grunde genommen nichts, da man zwar auf diese Weise das Bedürfnis nach Objektivierung der Bewegung eines Photons im Raum befriedigen kann, dafür aber die Welt, um mit EINSTEIN zu sprechen, mit „Gespensterfeldern" bevölkern muß. Eine jede Strahlteilung ohne spätere Wiedervereinigung würde ja im Fall eines einzigen einfallenden Photons eine Führungswelle erzeugen, die „gar nichts zu tun hätte". Sie würde sich, träfe sie auf einen zweiten Spiegel, weiter teilen usf., und all diese „arbeitslosen" Führungswellen würden solange „herumgeistern", bis sie schließlich die Nachricht vom „Tod" ihres längst verlorenen „Schützlings" erreichen und dem Spuk ein Ende bereiten würde.

7.3 Verzögerte Entscheidung

Wie wir im vorangehenden Abschnitt schon erwähnten, kann man einen Strahlteiler durch zusätzliche Spiegel zu einem Interferometer ergänzen. Tut man dies, so verhält sich das Photon wie eine Welle und wird entsprechend in zwei gleiche Teile aufgespalten, während es bei direkter Beobachtung der Strahlteilung wie ein Teilchen ungeteilt bleibt. Man kann daher sagen, die jeweilige experimentelle Anordnung legt fest, ob uns das Photon als Welle oder als Teilchen erscheint.

Nun könnte man auf den Gedanken kommen, das Photon „hinters Licht zu führen", indem man die Entscheidung über den Charakter der Versuchsanordnung so lange aufschiebt, bis es den Strahlteiler passiert hat. Findet es bei seiner Ankunft am Strahlteiler beispielsweise eine Situation vor, bei der es den Teilchencharakter zu „offenbaren" hat, so wird es „sich in gutem Glauben anschicken", einen der beiden Wege zu gehen (den es sich immerhin „aussuchen" darf). Doch was tun, wenn eine Zeit später von ihm verlangt wird, es solle an der Entstehung eines Interferenzmusters mitwirken und demzufolge beide Wege gleichzeitig durchlaufen?

Zugegebenermaßen ist diese Betrachtungsweise reichlich naiv – damit das Photon bereits bei Erreichen des (ersten) Strahlteilers die erforderliche Information über den *gesamten* Versuchsaufbau erlangen könnte, müßte es ja mit „hellseherischen Fähigkeiten" ausgestattet sein, da seine Feldverteilung zu diesem Zeitpunkt die (im Prinzip) beliebig weit entfernten zusätzlichen Spiegel unmöglich „ertasten" kann, nichtsdestoweniger hat die Fragestellung verschiedene Experimentatoren zu entsprechenden Untersuchungen – sog. Experimenten mit verzögerter Entscheidung (engl. delayed choice experiments) – angeregt. Eines von ihnen [HEL 87] wollen wir im folgenden kurz schildern.

Ihm lag eine MACH-ZEHNDER-Anordnung (Fig. 14) zugrunde. Daß Interferenz stattfindet, erkennt man dann daran, daß die Intensität des Lichts in den beiden Ausgängen unterschiedlich ist. Welchen Wert das Intensitätsverhältnis hat, hängt von der Einstellung des Interferometers (der Differenz der Armlängen) ab. Im besonderen kann man erreichen, daß alles Licht das Interferometer im gleichen Ausgang verläßt. Arbeitet man daher mit einzelnen, nacheinander eingestrahlten Photonen, so weist man die Photonen einmal in dem einen und einmal in dem anderen Ausgang nach, und die unterschiedlichen Häufigkeiten der beiden Arten von Ereignissen zeigen dann die „Interferenz des Photons mit sich selbst" an.

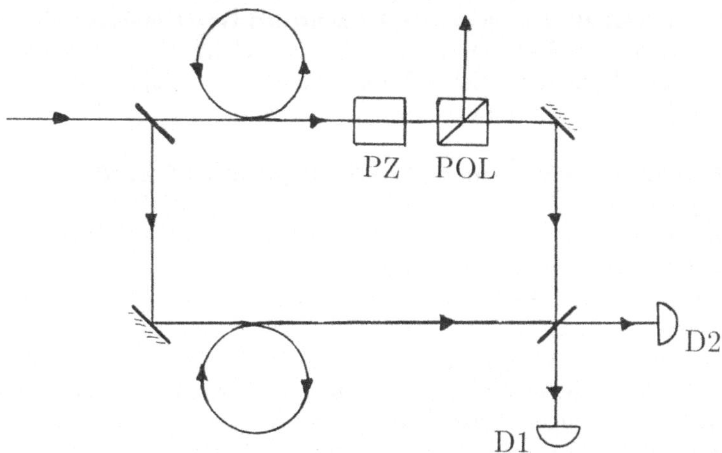

Fig. 14 Experiment mit verzögerter Entscheidung (*PZ* POCKELS-Zelle, *POL* Polarisator, *D*1 und *D*2 Detektoren)

Im einzelnen verlief das Experiment folgendermaßen (Fig. 14): Zunächst gelangte man zu individuellen einfallenden Photonen in guter Näherung dadurch, daß man Laserimpulse von 150 ps Dauer so stark abschwächte, daß die Photonenzahl pro Impuls im Mittel nur 0,2 betrug. In den oberen Interferometerarm wurde eine POCKELS-Zelle eingebracht, die zusammen mit einem Polarisationsprisma einen elektrooptischen Schalter bildete: Bei an die POCKELS-Zelle angelegter elektrischer Spannung wurde, dank der dadurch hervorgerufenen Doppelbrechung, die Polarisationsrichtung des ankommenden (linear polarisierten) Lichts um 90° gedreht und dieses daher von dem Polarisationsprisma aus dem Interferometer herausgelenkt, der Interferometerarm war also blockiert. Bei fehlender Spannung fand die erwähnte Drehung der Polarisationsrichtung nicht statt, und das Licht passierte demzufolge den Polarisator ohne Richtungsänderung. Die POCKELS-Zelle wurde nun in der Weise betrieben, daß der obere Interferometerarm zunächst blockiert war und erst freigegeben wurde, nachdem das Photon den Eintrittsspiegel bereits passiert hatte. Genau gesprochen, befand es sich zu der Zeit in der Lichtleitfaser zwischen Eintrittsspiegel und POCKELS-Zelle. Man hatte nämlich in die beiden Lichtwege innerhalb des Interferometers jeweils eine Verzögerungsleitung in Gestalt einer 5 m langen Ein-Moden-Faser eingefügt, um genügend Zeit zum Umschalten (Abschalten der an der POCKELS-Zelle liegenden Spannung) zu gewinnen. Damit befand sich das Photon in dem eingangs geschilderten Dilemma, aber das Experiment zeigte ganz deutlich, daß es sich davon nicht beeindrucken ließ. Wie nicht anders zu erwarten, richtete sich sein Verhalten nach den experimentellen Gegebenheiten, die es bei seinem Eintreffen an dem betreffenden Ort tatsächlich vorfand, das bedeutet, man beobachtete die gleichen Interferenzen, unabhängig davon, ob der obere Interferometerarm immer oder nur zur rechten Zeit geöffnet war.

7.4 Interferenz zwischen unabhängigen Photonen

In der Optik ist von jeher bekannt, daß Lichtwellen, die von verschiedenen Lichtquellen (oder von unterschiedlichen Stellen derselben Quelle) ausgesandt werden, nicht zur Interferenz gebracht werden können. Die Ursache hierfür ist in den Fluktuationen zu suchen, denen die Phase der elektrischen Feldstärke in einem Strahlungsfeld unterworfen ist. (Das emittierte Licht setzt sich ja aus den Beiträgen einzelner unabhängig voneinander – und daher mit statistisch zufälliger Phase – emittierender Atome zusammen, und da der elementare Ausstrahlungsvorgang, wie in Abschn. 6.2 geschildert, nur kurze Zeit dauert, ändert sich die Phase – wie auch die Amplitude – im Gesamtfeld ständig in unkontrollierbarer Weise.)

Diese Phasenschwankungen stören zunächst bei den üblichen Interferenzexperimenten, bei denen Partialwellen miteinander interferieren, die sämtlich von ein und demselben Primärstrahl herrühren, nicht wesentlich, da nämlich die Phasenänderungen in den einzelnen Teilstrahlen genaue Kopien der Phasenfluktuationen im Primärstrahl sind. Demzufolge bleibt die *relative Phase* zwischen unterschiedlichen Teilstrahlen, die ja gemäß Gl. (3.14) die Lage des Interferenzmusters festlegt, von den Phasenschwankungen unberührt, vielmehr wird sie allein durch die Geometrie der Anordnung bestimmt. Erst wenn der Gangunterschied zwischen den Partialwellen die Kohärenzlänge des Lichts überschreitet, „passen" deren Phasen i. allg. nicht mehr „zusammen", da die (individuelle) Phase – in einem festen Zeitpunkt – im Mittel nur über eine Strecke von der Größe der Kohärenzlänge einen (näherungsweise) konstanten Wert besitzt, während sie sich über größere räumliche Abstände hinweg in zufälliger Weise ändert. So kommt es beim MICHELSON-Interferometer zum Verschwinden des Interferenzbildes, wenn der Unterschied in den Armlängen größer wird als die Kohärenzlänge.

Bei unabhängig voneinander erzeugten Lichtstrahlen dagegen fluktuieren die jeweiligen Phasen völlig unabhängig voneinander, so daß sich das Interferenzmuster ständig um zufällige Beträge verschiebt und daher vollkommen „verwaschen" wird.

Also findet man im Experiment nur deshalb kein Interferenzbild, weil man zu lange beobachtet? Da die individuellen Phasen, nunmehr an einem festen Ort beobachtet, sich in Zeiten von der Größe der Kohärenzzeit (darunter verstehen wir die durch die Lichtgeschwindigkeit dividierte Kohärenzlänge) im Mittel nur wenig ändern, müßte eigentlich ein Interferenzmuster festzustellen sein, wenn die Beobachtungsdauer nicht länger ist als die Kohärenzzeit.

Tatsächlich ist es beim heutigen Stand der Experimentierkunst ein leichtes, dieser Forderung zu genügen. Man kann dazu einen elektrooptischen Verschluß benutzen oder auch mit einem Bildwandler arbeiten, der durch einen elektrischen Steuerimpuls kurzzeitig „aufgetastet" wird.

Damit ist es aber nicht getan! Die Zahl der registrierten Photonen muß ja hinreichend groß sein, damit aus den einzelnen Schwärzungspunkten (oder photoelektrisch gewonnenen Meßdaten) auf das Vorliegen eines Interferenzmusters geschlossen werden kann. Es zeigt sich aber, daß diese Bedingung mit thermischen Lichtquellen (Gasentladungslampen u. ä.) in praxi nicht zu erfüllen ist. Wir betonen, daß es sich hierbei um keine prinzipielle Unmöglichkeit handelt. Nach der PLANCKschen Strahlungsformel wächst ja die spektrale Energiedichte und damit die Zahl der während der Kohärenzzeit auf den Detektor fallenden Photonen immer mehr an, je höher man die Temperatur macht. Nur wären die für das in Rede stehende Interferenzexperiment benötigten Temperaturen utopisch hoch!

Damit ist aber noch nicht das letzte Wort gesprochen, denn wir haben ja inzwischen neuartige Lichtquellen zur Hand – die Laser –, die Licht mit phantastisch hoher spektraler Energiedichte zu liefern vermögen. Tatsächlich wurden schon im Jahre 1963 räumliche Interferenzen zwischen – in ihrer Ausbreitungsrichtung etwas unterschiedlichen – Lichtimpulsen beobachtet [MAG 63], die von zwei unabhängig voneinander betriebenen Rubin-Lasern in unregelmäßiger Folge (in Form sogenannter „Spikes") ausgesandt wurden (Fig. 15). Da die Phase eines einzelnen Laserimpulses statistisch unbestimmt ist, änderte sich die Lage der Interferenzstreifen von Schuß zu Schuß. Wegen der hohen Intensität des Laserlichts wurden dabei jedesmal genügend viele Photoelektronen ausgelöst – die Forscher arbeiteten mit einem Bildwandler, der nur dann kurzzeitig elektronisch aufgetastet wurde, wenn beide Laser gleichzeitig einen Impuls ausstrahlten –, so daß ein Interferenzbild zustande kam.

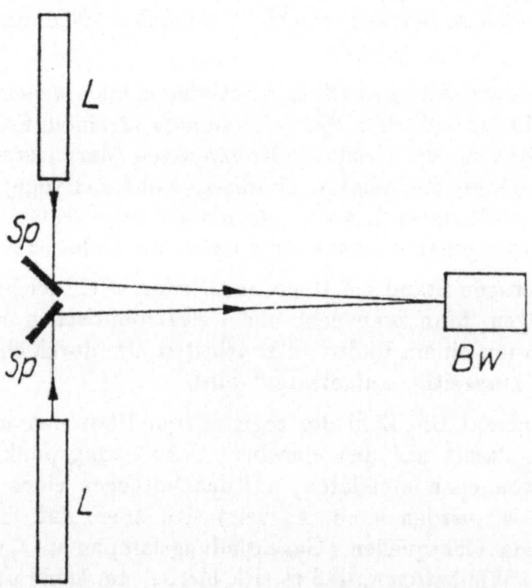

Fig. 15 Interferenz zwischen zwei Laserstrahlen (*Bw* Bildwandler, *L* Laser, *Sp* Spiegel). Nach [MAG 63]

Ein Jahr zuvor waren übrigens schon Schwebungen zwischen zwei frequenzmäßig ein wenig verschiedenen Laserwellen (erzeugt von zwei He-Ne-Lasern) nachgewiesen worden [JAV 62]. Hier ist das meßtechnische Problem insofern einfacher, als man durchaus im kontinuierlichen Betrieb arbeiten kann. Da der Photostrom eines Photomultipliers dem zeitlichen Verlauf der

Gesamtintensität des Lichts folgt, enthält er nach Gl. (3.14) einen mit der Differenzfrequenz oszillierenden Anteil, und dieser stellt das Schwebungssignal dar.

Schwebungen lassen sich mit Gaslasern besonders gut beobachten, weil deren Frequenz – in jeder angeregten Eigenschwingung oder „Mode" – extrem scharf ist (die Linienbreite ist von der Größenordnung 10^{-3} Hz). Bedingt vornehmlich durch mechanische Instabilitäten des Resonatoraufbaus finden jedoch – unter normalen Arbeitsbedingungen – in größeren Zeiträumen beachtliche Frequenzverschiebungen statt. (Sie liegen, um eine Zahl zu nennen, bei etwa 100 kHz/s.) Gerade diese Frequenz„drift" läßt sich durch Schwebungsmessungen sehr genau verfolgen, was in der Tat das eigentliche Ziel des erwähnten Experiments war.

Bemerkenswerterweise wurde ein solches optisches Schwebungsexperiment schon vor der Laser-Ära ausgeführt [FOR 55]. Wir möchten an dieser Stelle nicht versäumen, auf diese Pionierleistung etwas näher einzugehen. Dabei waren es nicht nur enorme meßtechnische Probleme, die die Autoren zu überwinden hatten, sie mußten sich überdies mit – von theoretischer Seite vorgebrachten – Zweifeln an der prinzipiellen Beobachtbarkeit des gesuchten Interferenzeffekts auseinandersetzen.

Als Lichtquelle verwendeten sie ein mit dem Quecksilberisotop Hg^{202} gefülltes Rohr, in dem mittels Mikrowellen eine elektrodenlose Gasentladung erregt wurde. Für die Messung wurde die grüne Quecksilberlinie der Wellenlänge 546,1 nm ausgewählt, die durch ein äußeres Magnetfeld – vermöge des ZEEMAN-Effekts – in unterschiedliche Komponenten aufgespalten war. Diese sind, beobachtet man in einer zum Magnetfeld senkrechten Richtung, linear polarisiert, und zwar entweder parallel zum Magnetfeld (π-Komponenten) oder senkrecht dazu (σ-Komponenten). Die Autoren beabsichtigten, eine Schwebung zwischen zwei (natürlich in gleicher Weise polarisierten) Komponenten nachzuweisen.

Bei den doch recht bescheidenen Intensitäten erwies sich das Schrotrauschen im Detektor als das größte Hindernis für die Beobachtung. (Da es sich hierbei um „weißes" Rauschen handelt, gibt es auch einen mit der Schwebungsfrequenz oszillierenden Rauschanteil.) Zwar fielen während einer Schwebungsperiode noch genügend viele Photonen (etwa $2 \cdot 10^4$) auf die Katode, um ein Schwebungssignal zustande kommen zu lassen. Die experimentellen Bedingungen waren jedoch derart, daß die Phasen der Lichtwellen (zu jedem Zeitpunkt) nur in sehr kleinen Bereichen der beleuchteten Katodenoberfläche, den sogenannten Kohärenzgebieten, jeweils konstant waren, sich aber von Kohärenzgebiet zu Kohärenzgebiet in regelloser Weise änderten. Die

Beiträge von den einzelnen Kohärenzgebieten zum Wechselstrom der gesamten Photokatode, i. e. zum Schwebungssignal, addierten sich daher mit zufälligen Phasen, was das Signal nahezu verschwindend klein im Vergleich zu dem (vom Gleichstromanteil des Photostroms herrührenden) Schrotrauschen machte.

Tatsächlich lieferte eine Abschätzung für das Signal-Rausch-Verhältnis einen Wert von etwa 10^{-4}! Hier konnte nur eine geeignete „Markierung" des Signals weiterhelfen. Die Autoren benutzten dazu eine bekannte Technik, die darin besteht, das Signal – bei ungeändertem Rauschpegel – in seiner Intensität zu modulieren, um es dann mit Hilfe eines phasenempfindlichen Schmalbandverstärkers selektiv verstärken und so aus dem Rauschen herausheben zu können. Die gewünschte Modulation wurde durch ein rotierendes $\lambda/2$-Plättchen mit einer nachgeschalteten Polarisationsfolie bewirkt. Durch ersteres wurde die Polarisationsrichtung der beiden σ-Komponenten, deren Interferenz nachgewiesen werden sollte, ebenfalls gedreht, und zwar mit der doppelten Geschwindigkeit wie das $\lambda/2$-Plättchen. Die Polarisationsfolie, die ja nur Licht einer bestimmten Polarisationsrichtung hindurchläßt, verwandelte dann die Drehung der Polarisationsrichtung in eine periodische Intensitätsänderung. Davon betroffen waren natürlich auch die restlichen σ-Komponenten, aber auch die π-Komponenten, mit dem Unterschied allerdings, daß die Intensität der letzteren gerade minimal war, wenn die der σ-Komponenten den maximalen Wert erreichte. Wenn das Licht der Linie *insgesamt* unpolarisiert ist (um dies zu erreichen, mußte eine realiter vorhandene Polarisation noch kompensiert werden), bleibt dann die auf die Photokatode fallende Gesamtintensität der Linie, und damit das Empfängerrauschen, wie zu verlangen, zeitlich konstant.

Mit der geschilderten Modulationstechnik gelang es den Autoren, das Signal-Rausch-Verhältnis von 10^{-4} auf den Wert 2 zu bringen. Doch auch unter diesen Bedingungen war, wie die Autoren schreiben, „ein großes Maß an Geduld erforderlich, um Daten zu erhalten". Die zu beobachtende Schwebungsfrequenz mußte relativ hoch gewählt werden, da ja die DOPPLER-verbreiterten ZEEMAN-Komponenten jedenfalls deutlich getrennt werden mußten. Sie lag im Experiment bei 10^{10} Hz, also im Mikrowellenbereich. Demzufolge fand bei der Messung des Schwebungssignals ein Mikrowellenresonator Verwendung, der durch die von der Photokatode kommenden Elektronen erregt wurde. Aus der Übereinstimmung ihrer Meßwerte mit den Ergebnissen ebenfalls von ihnen durchgeführter Rechnungen schlossen die Forscher, daß ihnen der Nachweis der Interferenz tatsächlich geglückt sei.

Doch kehren wir nun zu den räumlichen Interferenzen zurück, die das Interferenzphänomen so unmittelbar vor Augen führen! Wie oben erläutert, ist die Interferenz zwischen intensiven unabhängigen Lichtstrahlen eine experimentelle Tatsache. Dies dürfte jedenfalls für die Hochfrequenztechniker keine besondere Überraschung bedeuten, hatte man doch schon in den Anfängen der Rundfunktechnik zur Kenntnis nehmen müssen, daß von verschiedenen Sendern ausgestrahlte Radiowellen die – für den Rundfunkhörer unerfreuliche – Eigenschaft haben, miteinander zu interferieren. Was den Optikern „nur" fehlte, war eine dem Rundfunksender ähnliche kohärente Strahlungsquelle, und diesem Mangel wurde mit der Erfindung des Lasers abgeholfen!

Wie steht es nun aber mit der Interferenzfähigkeit bei sehr geringen Intensitäten? Interferieren Laserstrahlen auch dann noch, wenn man sie zuvor sehr stark schwächt? Zunächst scheint es so, als müsse man diese Frage aus prinzipiellen Gründen verneinen. Auch Laserstrahlen (wir denken jetzt nur an kontinuierlichen Laserbetrieb) haben ja eine endliche Linienbreite und damit eine bestimmte Kohärenzlänge. Wenn man die Intensität so weit verringert, daß in das Kohärenzvolumen (darunter verstehen wir einen Zylinder mit dem Strahlquerschnitt als Grundfläche und der Kohärenzlänge als Höhe) nur noch einige wenige Photonen fallen, stoßen wir offenbar auf genau die gleichen Schwierigkeiten wie beim thermischen Licht. Doch im Gegensatz zu dem letzteren Fall gibt es jetzt einen Ausweg aus dem Dilemma. Wir können nämlich das intensive Laserlicht, von dem ein winziger Teil für den Interferenzversuch „abgezweigt" wurde, dazu benutzen, um uns Informationen über die im *geschwächten* Strahl jeweils vorliegende Phase zu verschaffen. Mit dieser Kenntnis läßt sich ein Verschluß so steuern, daß nur dann Photoelektronen registriert werden, wenn die relative Phase zwischen den beiden interferierenden Strahlen einen vorgegebenen Wert hat. Der prinzipielle Versuchsaufbau wäre dann also der folgende [PAU 65, 66]:

Die von zwei gleichartigen Lasern ausgesandten Lichtwellen fallen jeweils auf einen Spiegel, der nur einen sehr kleinen Bruchteil der auftreffenden Strahlung reflektiert (Fig. 16). Die reflektierten Strahlen (die sich in ihrer Ausbreitungsrichtung geringfügig unterscheiden) werden – nachdem sie nötigenfalls durch zusätzliche Absorber noch weiter geschwächt wurden – auf dem Beobachtungsschirm S_1 zur Interferenz gebracht. Zuvor passieren sie jedoch eine Blende, die vermittels einer elektronischen Steuerung nur dann geöffnet wird, wenn das von den durchgehenden (intensiven!) Laserstrahlen auf dem Schirm S_2 „momentan" erzeugte Interferenzmuster eine vorgeschriebene Lage hat. Auf diese Weise ist es dann möglich, auch bei sehr kleinen Intensitäten Interferenzen nachzuweisen – man muß nur wieder entsprechend lange belichten.

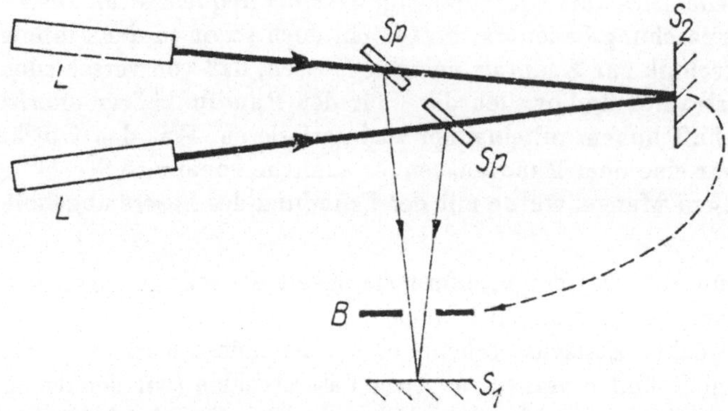

Fig. 16 Versuchsaufbau zum Nachweis von Interferenzen zwischen wenigen unabhängigen Photonen (B steuerbare Blende, L Laser, S_1, S_2 Schirme, Sp schwach reflektierender Spiegel)

Im Jahre 1971 wurde das geschilderte Experiment von RADLOFF [RAD 71] erfolgreich ausgeführt. (Zuvor hatte dieser Autor schon Schwebungen zwischen zwei unabhängigen, stark geschwächten Laserstrahlen nachgewiesen [RAD 68].) Dabei wurden die Strahlen von zwei jeweils im Ein-Moden-Betrieb oszillierenden He-Ne-Lasern zur Interferenz gebracht. Eine große mechanische Stabilität des Aufbaus wurde durch Verwendung eines zylindrischen Quarzblocks mit zwei Längsbohrungen erreicht, an dessen eine Stirnfläche zwei Keramikhohlzylinder (zur piezoelektrischen Längenänderung) angesetzt waren. Auf deren Enden sowie auf die andere Stirnfläche des Quarzblocks wurden die Laserspiegel fest aufgekittet. Die beiden Laserrohre wurden in seitliche Schlitze des Quarzblocks eingeführt. Zur Gewinnung des Steuersignals für die – als elektrooptischer Verschluß ausgebildete – Blende wurde die Schwebung zwischen den beiden (intensiven) Laserstrahlen registriert.[3] Im einzelnen wurde so vorgegangen, daß immer dann, wenn die Schwebungsfrequenz in den Bereich zwischen 3 und 70 kHz fiel,

---

[3] Wie oben schon bemerkt, ist die endliche Linienbreite der Laserstrahlung (bei Gaslasern) vornehmlich durch langzeitige Frequenzverschiebungen bedingt, deren Ursache in mechanischen Instabilitäten des Resonatoraufbaus zu suchen ist. Aufgrund dieser Frequenz„drift" kommt es zu Frequenzunterschieden zwischen den beiden Lasern, und darin liegt die Hauptursache für das Weglaufen der Interferenzfigur. Beobachtet man die Interferenz an einem festen Ort in ihrer zeitlichen Entwicklung, so erscheint sie also als eine Schwebung, und offenbar ist es so, daß das Interferenzmuster immer dann die gleiche Lage hat, wenn die Schwebungsamplitude denselben Wert annimmt (beispielsweise ihr Maximum).

die Schwebungsmaxima phasenrein verstärkt und dabei in rechteckförmige Impulse umgewandelt wurden. Letztere öffneten dann den elektrooptischen Verschluß. Der mittlere Photonenstrom in den geschwächten Laserstrahlen betrug jeweils 10^5 Photonen pro s. Die Öffnungszeit des Verschlusses variierte zwischen 10^{-4} und 10^{-5} s, so daß also jedesmal nur einige wenige Photonen auf die Photoplatte gelangten. Nichtsdestoweniger konnte auch in diesem Fall – bei einer Meßdauer von 30 min – ein sehr gut sichtbares Interferenzmuster beobachtet werden.

Tatsächlich läßt die quantenmechanische Beschreibung dieser Interferenzerscheinung (s. Abschn. A.5) keinen Zweifel daran, daß die Sichtbarkeit des Interferenzmusters unabhängig von der Intensität ist. Interferenzen treten also auch noch bei (im Prinzip) *beliebig kleinen* Intensitäten auf. Es kann ja die Zahl der Photonen, die während der Kohärenzzeit *im Mittel* den Schirm S_1 erreichen, durchaus sehr klein im Vergleich zu Eins sein! In den einzelnen Zeitintervallen, in denen die Blende geöffnet ist, passiert dann zwar auf dem Schirm S_1 meistens gar nichts, aber ab und zu wird eben doch ein Photon registriert, das – wie ein Mosaikstein – zum Interferenzbild beiträgt.

Statt die Interferenzfigur in der geschilderten Weise direkt sichtbar zu machen, könnte man sie aber auch erst im Nachhinein „rekonstruieren". Damit meinen wir folgendes: Man verzichte ganz auf die Blende, was natürlich zur Folge hat, daß die Schwärzungspunkte auf dem Schirm S_1 statistisch regellos verteilt sind, also keine Interferenz erkennen lassen. Ein erster Beobachter[4] notiere aber bei jedem einzelnen Schwärzungspunkt die Zeit, zu der er aufgenommen wurde, während ein zweiter Beobachter an Hand des von den intensiven Laserstrahlen gelieferten Interferenzbildes den Wert der relativen Phase zwischen den beiden Lichtwellen – als Funktion der Zeit – registriere. Nach Abschluß der Messungen kann offenbar der erste Beobachter aus seinem Beobachtungsmaterial die Interferenzfigur nachträglich noch „herausholen", wenn ihm die Meßergebnisse des zweiten Beobachters zur Verfügung stehen. Er muß dazu nur diejenigen Schwärzungspunkte aussortieren, die solchen Zeiten entsprechen, bei denen die relative Phase immer den gleichen (vorgegebenen) Wert hatte.

Dabei ist es übrigens gar nicht erforderlich, daß die beiden Beobachter gleichzeitig messen. So könnte der zweite Beobachter, im Prinzip jedenfalls, mit Hilfe einer hinreichend langen Verzögerungsleitung für das Licht (in Gestalt beispielsweise einer Glasfaser) erreichen, daß er seine Messungen erst dann ausführt, wenn der erste Beobachter schon fertig ist. Auch dann ist

---

[4] Den Begriff des Beobachters fassen wir generell so weit, daß auch automatisierte Meßgeräte, die ihre Daten speichern (beispielsweise auf ein Magnetband), darunter fallen.

eine Rekonstruktion des Interferenzbildes nach Abschluß beider Messungen möglich, man muß nur den genauen Wert der Laufzeit des Lichts in der Verzögerungsleitung kennen, um zuverlässig zurückrechnen zu können. Das alles ist nicht weiter verwunderlich, da ja die Interferenz zwischen intensiven Laserstrahlen einen makroskopischen Vorgang darstellt, weshalb die klassische Realitätsauffassung auf ihn zutrifft. Das bedeutet, dem in Rede stehenden Interferenzbild ist eine definierte Lage – im Sinne eines objektiven Tatbestands – zuzuschreiben, gleichgültig ob (und wann) wir sie messen oder nicht. Eine eventuelle Messung ist dann nichts weiter als eine Kenntnisnahme eines bereits feststehenden Sachverhalts. Man kann daher auch genausogut die zeitliche Reihenfolge der von den beiden Beobachtern vorgenommenen Messungen umkehren.

Welches physikalische Bild soll man sich nun von der Interferenz zwischen unabhängigen Photonen machen? Offenbar läßt uns hier die Photonenvorstellung vollkommen im Stich. Da die Lage des Interferenzmusters durch die physikalischen Parameter (Ausbreitungsrichtung und Phase bei vorausgesetzter Übereinstimmung in der Frequenz und Polarisationsrichtung) *beider* Strahlen bestimmt wird, müßte man ja annehmen, daß immer (wenigstens) ein Photon aus dem einen Strahl mit (wenigstens) einem Photon aus dem anderen Strahl in irgendeiner Weise zusammenwirkt. Dies ist aber, wenn es sich wirklich um räumlich lokalisierte Lichtteilchen handeln soll, selbst bei größeren Intensitäten kaum vorstellbar. Bei sehr kleinen Intensitäten vollends ist so etwas schon deswegen gar nicht möglich, weil nur noch äußerst selten sowohl ein Photon von dem einen Laser als auch ein Photon von dem anderen Laser den Verschluß während der Öffnungszeit passieren. Nehmen wir, um ein drastisches Beispiel vor Augen zu haben, an, daß jeder Laser in einem solchen Zeitintervall im Mittel jeweils 1/1000 Photon durch die Blende hindurchschickt, so erreicht also in 2 Fällen von 1000 *ein* (entweder aus dem einen oder dem anderen Strahl stammendes) Photon die Photoplatte, wohingegen es nur einmal in 10^6 Fällen zu der gewünschten Koinzidenz kommt.

Wir müssen also unsere Zuflucht wieder zum Wellenbild nehmen! Die in Rede stehende Interferenz ist dann, wie in Abschn. 3.2 ausgeführt, im Rahmen der klassischen Elektrodynamik sofort verständlich, wobei es auch hier auf die Intensität überhaupt nicht ankommt. Problematisch wird die Sache erst, wenn wir – bei den betrachteten kleinen Intensitäten – versuchen, das Wellenbild mit der Quantisierung des Strahlungsenergie in Einklang zu bringen. Tatsächlich rühren die Verständnisschwierigkeiten, denen wir hier begegnen, wieder von der unzulässigen „Objektivierung" des Photonenbegriffs her. Die Vorstellung, in einem Wellenzug sei die Photonenzahl *in jedem*

Fall wohl definiert (und nehme demzufolge einen der Werte 0,1,2 usf. an), ist nach den Einsichten, wie sie uns die Quantentheorie vermittelt, unhaltbar. Beschränken wir uns auf den Fall, daß die Photonenzahl Null oder Eins sein kann, so kennt die Quantenmechanik neben den beiden Zuständen „es ist mit Sicherheit kein Photon vorhanden" (symbolisiert als $|0\rangle$) und „es liegt genau ein Photon vor" (mit $|1\rangle$ bezeichnet) eine ganze Skala von weiteren Möglichkeiten, nämlich (beliebige) Superpositionen $a|0\rangle + b|1\rangle$ der beiden Zustände (mit a und b als komplexen Zahlen, die der Normierungsbedingung $|a|^2 + |b|^2 = 1$ genügen). Diese können durchaus so beschaffen sein, daß die Wahrscheinlichkeit $|b|^2$, bei einer Messung ein Photon zu finden, (im Prinzip beliebig) klein ist. Nichtsdestoweniger unterscheiden sich diese Zustände in fundamentaler Weise von dem der klassischen Auffassung entsprechenden „Gemisch", das ein Ensemble beschreibt, dessen Elemente sich *entweder* im Zustand $|0\rangle$ *oder* – mit entsprechend geringerer Wahrscheinlichkeit – im Zustand $|1\rangle$ befinden. Es ist nämlich die Phase der elektrischen Feldstärke nur in den Superpositionszuständen mehr oder weniger gut definiert, während sie in den Zuständen scharfer Photonenzahl – und damit auch in jedem Gemisch solcher Zustände – völlig unbestimmt ist (vgl. Abschn. 4.3).

In der Tat basiert die quantenmechanische Beschreibung der Interferenz zwischen unabhängigen Photonen auf der Voraussetzung, daß sich die beiden Lichtstrahlen in Superpositionszuständen der erwähnten Art befinden. Im besonderen konnte gezeigt werden [PAU 63], daß die in Abschn. 4.4 erwähnten kohärenten Zustände des elektromagnetischen Feldes[5] Anlaß zu einem Interferenzmuster geben, das – unabhängig von der Intensität – *exakt* mit dem von der klassischen Theorie, unter Zugrundelegung von Wellen definierter Phase und Amplitude, vorhergesagten übereinstimmt (s. Abschn. A.5). Und tatsächlich befindet sich Laserlicht, wie bereits in Abschn. 4.4 erwähnt, auch dann noch in guter Näherung in einem kohärenten Zustand, wenn es (im Prinzip beliebig) stark abgeschwächt wurde!

Betrachten wir speziell den Fall extrem kleiner Intensitäten, so daß wir die kohärenten Zustände (4.5) durch $|\alpha\rangle \approx |0\rangle + \alpha|1\rangle$ approximieren können, so können wir für das direkte Produkt der – den beiden interferierenden Strahlen entsprechenden – kohärenten Zustände schreiben

$$|\alpha_1\rangle_1|\alpha_2\rangle_2 \approx |0\rangle_1|0\rangle_2 + \alpha_1|1\rangle_1|0\rangle_2 + \alpha_2|0\rangle_1|1\rangle_2 \,. \tag{7.6}$$

Für das Ansprechen eines Photodetektors ist der erste Term bedeutungslos – der Detektor reagiert nicht auf den Vakuumzustand des Feldes. Der

---

[5] Bei sehr kleiner mittlerer Photonenzahl ($|\alpha|^2 \ll 1$) spielt, wie man an Gl. (4.3) erkennt, die „Beimischung" der Mehrphotonenzustände $|2\rangle, |3\rangle$ usf. praktisch keine Rolle mehr.

relevante Anteil der Wellenfunktion ist dann von genau der gleichen Struktur wie im Falle der Interferenz des Photons mit sich selbst [s. Gl. (7.5)]. Die Lage des Interferenzmusters wird durch die relative Phase der beiden komplexen Amplituden α_1 und α_2 bestimmt. (Gl. (7.6) ist insofern noch etwas allgemeiner als Gl. (7.5), als die Intensität der beiden Teilstrahlen auch unterschiedlich sein kann.) In der formalen Beschreibung besteht somit gar kein Unterschied zwischen der Interferenz des Photons mit sich selbst und der Interferenz zwischen unabhängig erzeugten Photonen! Dazu muß man allerdings sagen, daß die zur Interferenz „zugelassenen" Photonen halt doch nicht statistisch unabhängig voneinander sind. Sie sind vielmehr in ihrer Phase korreliert – genauer gesprochen gilt das für die betreffenden Felder –, und da doch nur ein einziges Photon jeweils registriert wird, sind die physikalischen Verhältnisse in der Tat denen recht ähnlich, die bei der Interferenz des Photons mit sich selbst vorliegen. Der Unterschied besteht eigentlich nur in der Art und Weise der Erzeugung der erforderlichen Phasenkorrelation: Bei konventionellen Interferenzexperimenten wird sie durch Strahlteilung bewirkt, während sie bei der Interferenz unabhängig erzeugter Laserstrahlen durch die oben geschilderte meßtechnische „Präparation" – durch Auswahl geeigneter „Stücke" aus dem Gesamtstrahlungsfeld – bewerkstelligt wird.

Die erwähnte geradezu ideale Korrespondenz zwischen quantenmechanischer und klassischer Beschreibung zeigt, daß die klassische Elektrodynamik der Quantenmechanik viel näher steht als die klassische Mechanik, welche die quantenmechanischen Aussagen bestenfalls näherungsweise zu reproduzieren vermag. Das liegt daran, daß die klassische Elektrodynamik ja schon eine *Wellentheorie* ist und damit in ihrem Zuständigkeitsbereich – dazu gehören vor allem die Interferenzerscheinungen – das gleiche zu leisten vermag wie die Wellenmechanik, sprich Quantentheorie. Dieser Sachverhalt hat in der Tat etwas Verblüffendes an sich, jedenfalls für einen quantenmechanisch „vorbelasteten" Physiker. Ein solcher kann nämlich leicht (der Autor spricht hier aus eigener Erfahrung) durch die schon von DIRAC [DIR 27] aufgestellte quantenmechanische Unschärfebeziehung für die Phase φ und die Photonenzahl n (vgl. [HEI 54])

$$\Delta n \cdot \Delta \varphi \geq \frac{1}{2} \tag{7.7}$$

in die Irre geführt werden. Da es für das Auftreten einer gut sichtbaren Interferenzfigur erforderlich ist, daß die Phasen der beiden (unabhängigen) Teilstrahlen scharf sind, ist man versucht, aus der Relation (7.7) den Schluß zu ziehen, daß mit abnehmender mittlerer Photonenzahl, und damit auch kleiner werdender Streuung Δn, die Phasen der beiden Wellen immer stärker fluktuieren, wodurch das Interferenzbild immer mehr verwaschen wird. Tatsächlich handelt es sich hier um einen Trugschluß, der darin gegründet ist, daß die quantenmechanisch (durch einen entsprechenden Operator) definierte Phase einen Anteil enthält, der von den in Abschn. 4.3 erwähnten Vakuumschwankungen des elektromagnetischen Feldes herrührt, ein Photodetektor aber von letzteren keine Notiz nimmt. So kommt es, daß das Interferenzmuster auch in der korrekten quantenmechanischen Beschreibung nichts an Sichtbarkeit einbüßt, wenn die mittlere Photonenzahl erniedrigt wird.

Doch kehren wir nach dieser kleinen Abschweifung zu der Frage zurück, wie man sich denn nun die Interferenz zwischen unabhängigen Photonen eigentlich vorstellen soll. Nach dem oben Gesagten müssen wir davon ausgehen, daß es *grundsätzlich* ungewiß ist, wieviele Photonen (und ob überhaupt eines) sich in jedem der beiden Strahlen befinden. (In dieser Hinsicht unterscheidet sich die physikalische Situation grundlegend von der, die bei der Interferenz des Photons mit sich selbst vorliegt. Dort konnten wir ja durchaus annehmen, daß wir es mit genau einem Photon zu tun haben.) Wird nun ein Photon auf dem Beobachtungsschirm nachgewiesen, so stammt es offensichtlich aus dem Gesamtfeld, das durch Superposition der beiden Lichtwellen entstanden ist. Demzufolge richtet sich seine „Aufenthaltswahrscheinlichkeit" nach den Maxima und Minima der Intensität in dem Überlagerungsfeld. Man kann dem Photon daher nicht mehr „ansehen", von welchem der beiden Laser es gekommen ist, und zwar ist dies prinzipiell so! Photonen sind eben keine Individuen, deren „Lebensweg" sich zurückverfolgen ließe! Was experimentell tatsächlich geschieht, ist doch nichts anderes, als daß der Detektor die Energie $h\nu$ dem Gesamtfeld entnimmt, und die Frage, woher diese Energie stammt, ist schon in der klassischen Theorie (in der man es allerdings nur mit Wellen zu tun hat) physikalisch sinnlos.

In der Photonensprache müßte man den Sachverhalt so ausdrücken: Es wird ein Photon registriert, dieses ist jedoch mit Sicherheit etwas anderes als die Photonen in den Einzelstrahlen, da es in seinem Verhalten von den physikalischen Eigenschaften *beider* Strahlen bestimmt wird. Würde man andererseits durch eine geeignete Messung die „Identität" der Photonen (im Sinne einer Zugehörigkeit zu einem der beiden Strahlen, die sich ja durch ihre Ausbreitungsrichtung unterscheiden) feststellen, so kann man sicher sein, daß man damit das Interferenzmuster zerstört. Etwas lax läßt sich daher auch so sagen: Die *prinzipielle* Ungewißheit, aus welchem der beiden Strahlen das nachgewiesene Photon stammt, ist ein wesentliches Element des Interferenzvorgangs, wenn es sich um unabhängige Photonen handelt, ähnlich wie die Interferenz des Photons mit sich selbst untrennbar mit einer grundsätzlichen Unkenntnis des Weges verbunden ist, den das (eine!) Photon genommen hat.

Schließlich soll nicht verschwiegen werden, daß in der Diskussion um die Interferenz zwischen unabhängigen Photonen eine vielzitierte Äußerung von DIRAC [DIR 58] für zusätzliche Verwirrung gesorgt hat. DIRAC behauptete nämlich nicht nur die Interferenz des Photons mit sich selbst, sondern er bezeichnete diese Art von Interferenz zugleich als die einzig mögliche. (Seine Formulierung lautet: „Jedes Photon interferiert nur mit sich selbst. Interferenz zwischen zwei verschiedenen Photonen tritt niemals auf.") Nun geht allerdings aus dem Zusammenhang klar hervor, daß DIRAC nur an konventionelle Interferenzexperimente dachte.

Es fiel jedoch manchem Forscher schwer, sich über diese apodiktische Feststellung einer Autorität vom Range DIRACs hinwegzusetzen. So gab es beispielsweise Versuche, die DIRACsche Behauptung dadurch zu „retten", daß man postulierte, schon beim Prozeß der Ausstrahlung aus den beiden Lasern sei in Wahrheit keine Unabhängigkeit gewährleistet, vielmehr würde jedes einzelne Photon in beiden Lasern *gleichzeitig* erzeugt und interferiere dann doch nur wieder mit sich selbst. Daß solche Auffassungen unhaltbar sind, ersieht man schon daran, daß man durch Verwendung einer Verzögerungsleitung unschwer erreichen kann, daß zu unterschiedlichen Zeiten emittierte Photonen miteinander interferieren.

7.5   Welcher Weg?

Wie im letzten Abschnitt bereits erläutert, kann man die experimentellen Bedingungen, unter denen sich an einzelnen Photonen Interferenzerscheinungen beobachten lassen, quantenmechanisch durch die Unmöglichkeit charakterisieren, etwas über den Weg des Photons auszusagen. Aber warum geht das eigentlich nicht? Betrachten wir zunächst die Interferenz des Photons mit sich selbst! Man könnte dann doch beispielsweise beim YOUNGschen Doppelspaltversuch, wenn die Lichtquelle ein einziges angeregtes Atom ist, das ausgesandte Photon zunächst mit sich interferieren lassen und *anschließend* „in aller Ruhe" den Rückstoß messen, den das Atom bei der Emission erlitten hat. Da die Ausbreitungsrichtung des Photons aus Impulserhaltungsgründen der Richtung des Rückstoßes entgegengesetzt ist, könnte man dann im Nachhinein in Erfahrung bringen, durch welchen Spalt das Photon „in Wirklichkeit" gegangen ist. Der wunde Punkt dieser Überlegung besteht darin, daß man die HEISENBERGsche Unschärferelation für Ort und Impuls des Atoms außer acht gelassen hat, wie PAULI bereits gezeigt hat [PAU 33]. Wir wollen dies etwas näher erläutern.

Zunächst muß das Atom, damit man Interferenzen beobachten kann, gut lokalisiert sein. Dazu überlegen wir uns ganz klassisch, wie sich das Interferenzmuster verändert, wenn wir eine punktförmig gedachte Lichtquelle parallel zum Interferenzschirm um eine Strecke δx verschieben (Fig. 17a). Der Einfachheit halber betrachten wir einen Interferenzschirm mit zwei nahezu punktförmigen Löchern und setzen voraus, daß diese zusammen mit dem Emitter und dem Beobachtungsort (Aufpunkt) in einer Ebene liegen. Schließlich nehmen wir noch aus Bequemlichkeit an, daß der Emitter anfänglich symmetrisch zu den beiden Löchern angeordnet ist. Für die Intensität am Beobachtungsort ist dann der Unterschied der beiden Lichtwege vom Emitter zum Beobachtuntsort maßgeblich, wobei zum einen das Loch $L1$ und zum anderen das Loch $L2$ passiert wird. Verschiebt man den Emitter, so ändern sich offenbar nur die Lichtwege s_1 und s_2 vom Emitter zum jeweiligen Loch, und deren Differenz wächst, wie man unter der Voraussetzung $|\delta x| \ll d$ – mit d als dem halben Abstand der beiden Löcher – leicht ausrechnet, von Null auf den Wert

$$s_2 - s_1 \approx 2 \frac{d}{\sqrt{l^2 + d^2}} \delta x \tag{7.8}$$

an, wobei l den Abstand des Emitters vom Schirm bezeichnet. Aus der Figur 17a lesen wir die Beziehung $d/\sqrt{l^2 + d^2} = \sin \alpha$ ab. Dividieren wir Gl. (7.8) schließlich noch durch die Wellenlänge λ, so erhalten wir folgenden Ausdruck für die Änderung des Gangunterschieds am Beobachtungsort

$$\delta g = \frac{s_2 - s_1}{\lambda} = \frac{2}{\lambda} \sin \alpha \, \delta x \,. \tag{7.9}$$

Wenn die Verschiebung des Emitters nur einen geringen Einfluß auf die Lage des Interferenzmusters haben soll, muß δg offenbar klein gegen Eins sein. Wir schließen daraus, daß ein Atom mit einer Genauigkeit

$$\Delta x \ll \frac{\lambda}{2 \sin \alpha} \tag{7.10}$$

(in x-Richtung) lokalisiert sein muß, wenn das Interferenzbild nicht verwaschen sein soll.

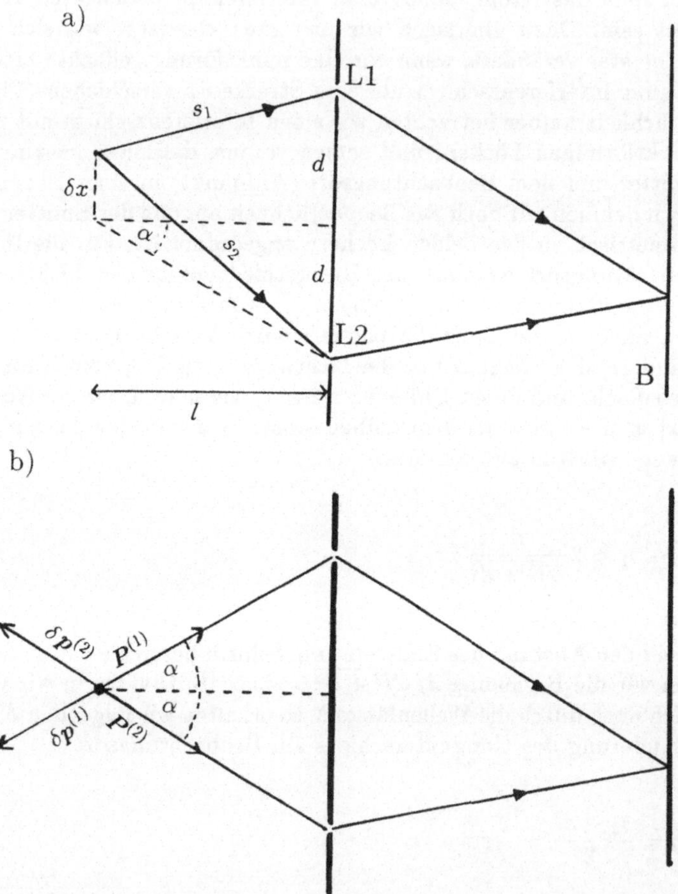

Fig. 17 Youngscher Interferenzversuch. a) Verschiebung der punktförmigen Lichtquelle um δx ($L1$ und $L2$ punktförmige Öffnungen im Interferenzschirm, B Beobachtungsschirm); b) Photonenimpuls $P^{(1)}$ bzw. $P^{(2)}$ und zugehörige atomare
Impulsänderung $\delta p^{(1)}$ bzw. $\delta p^{(2)}$

Fragen wir nun nach den experimentellen Bedingungen, die eine Messung
des atomaren Rückstoßes erlauben! Die gewünschte Information über die
Richtung des emittierten Photons liefert uns die x-Komponente des Photonenimpulses (Fig. 17b). Aus Impulserhaltungsgründen erfährt das Atom
eine Impulsänderung, die mit dem Photonenimpuls dem Betrage nach über-

einstimmt, jedoch entgegengesetzt gerichtet ist. Da der Betrag des Photonenimpulses durch $h\nu/c$ gegeben ist (s. Abschn. 6.9), findet man an Hand von Fig. 17b für die Impulsänderung des Atoms in x-Richtung den Wert

$$\delta p_x^{(2,1)} = \pm\frac{h\nu}{c}\sin\alpha\,, \tag{7.11}$$

wobei das Pluszeichen für den unteren und das Minuszeichen für den oberen Lichtweg gilt.

Der Unterschied der beiden Werte beträgt somit

$$\delta p_x^{(2)} - \delta p_x^{(1)} = 2\frac{h\nu}{c}\sin\alpha\,. \tag{7.12}$$

Mit einer im Vergleich dazu höheren Genauigkeit müssen wir offenbar die atomare Impulsänderung δp_x messen, um zwischen den beiden Lichtwegen unterscheiden zu können. Nun können wir uns zwar vorstellen, daß die Messung des atomaren Rückstoßes selbst mit beliebig großer Genauigkeit vorgenommen wird, was wir eigentlich wissen wollen ist jedoch die *Änderung* des atomaren Impulses infolge der spontanen Emission. Das bedeutet, unsere obige Genauigkeitsforderung für die Messung von δp_x geht an die Adresse des *vor* der Emission vorliegenden atomaren Impulses: Seine Unschärfe – nun denken wir wieder quantenmechanisch – muß der Einschränkung

$$\Delta p_x \ll 2\frac{h}{\lambda}\sin\alpha \tag{7.13}$$

unterworfen sein (wobei wir annehmen, daß der Mittelwert des Impulses verschwindet, damit ein ruhendes Interferenzbild entsteht). Wenn wir Interferenzen beobachten und außerdem den atomaren Rückstoß mit ausreichender Genauigkeit bestimmen wollen, geraten wir nun mit der HEISENBERGschen Unschärferelation in Konflikt. Durch Multiplikation der beiden Forderungen (7.10) und (7.13) ergibt sich ja die Ungleichung

$$\Delta x \cdot \Delta p \ll h\,, \tag{7.14}$$

die in striktem Widerspruch zur HEISENBERGschen Unschärferelation

$$\Delta x \cdot \Delta p \geq h/4\pi \tag{7.15}$$

steht. Man kann also tatsächlich nur eines tun, entweder ein Interferenzmuster beobachten oder die Emissionsrichtung, und damit den Weg des Photons, ermitteln, wie es eingangs behauptet wurde.

In ähnlicher Weise kann man dem Einwand begegnen, der – neben anderen scharfsinnigen Versuchen EINSTEINs, die Quantenmechanik zu widerlegen – Gegenstand der berühmten BOHR-EINSTEIN-Debatte war, die 1927 am Rande der 5. SOLVAY-Konferenz geführt wurde. Das EINSTEINsche Argument bestand darin, daß man grundsätzlich auch den Rückstoß messen könnte, den der Interferenzschirm beim Passieren des Photons erleidet, weil dieses ja dabei seine Ausbreitungsrichtung ändert (Fig. 17). Damit man aus einer solchen Messung auf den Weg des Photons zurückschließen kann, muß man genau wie bei der vorher betrachteten Messung des atomaren Rückstoßes fordern, daß der Anfangsimpuls des Schirms hinreichend genau definiert ist. Nach der HEISENBERGschen Unschärferelation ist dann aber der Ort des Schirms, und damit die Position der beiden Öffnungen, unscharf und zwar, wie eine einfache Rechnung zeigt, in einem solchen Maße, daß das Interferenzmuster vollkommen verwaschen wird.

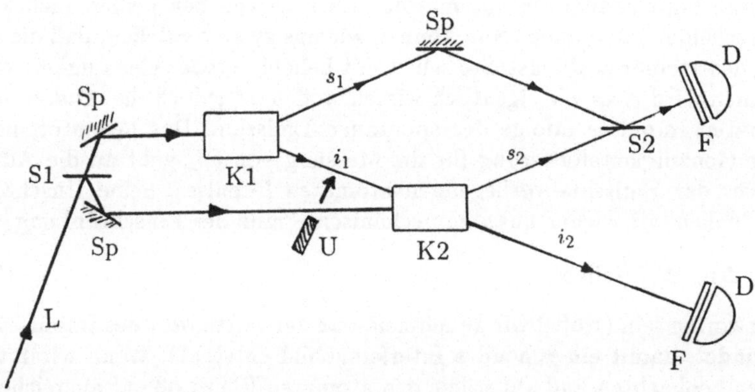

Fig. 18 Interferenz zwischen zwei im Kristall $K1$ bzw. $K2$ durch parametrische Fluoreszenz erzeugten Signalwellen s_1 und s_2. Die Interferenz verschwindet bei Unterbrechung des Strahlenganges für die Idlerwelle i_1 (i_2 zweite Idlerwelle, L Laserstrahl, $S1$ und $S2$ Strahlteiler, Sp Umlenkspiegel, F Frequenzfilter, U Unterbrecher, D Detektor).

Während die bisherige Diskussion auf Gedankenexperimente beschränkt blieb, erweckte das Problem in jüngster Zeit auch das Interesse von Experimentatoren. Ein wunderschönes Experiment wurde kürzlich von amerikanischen Forschern ausgeführt [ZOU 91]. Sie untersuchten die Interferenz von Licht unterschiedlicher Quellen. Dies waren zwei nichtlineare Kristalle, in denen jeweils eine starke kohärente Pumpwelle (Laserstrahlung) die in Abschn. 6.7 geschilderte parametrische Fluoreszenz erregte (Fig. 18). Dabei wird jeweils eine Signalwelle zusammen mit einer Idlerwelle erzeugt. Die Forscher brachten zunächst die beiden Signalwellen zur Interferenz. Das ist schon für sich genommen ein verblüffendes Ergebnis. Tatsächlich mußten, um – bei Registrierung vieler Einzelereignisse – ein Interferenzmuster beobachten zu können, bestimmte Vorkehrungen getroffen werden: Es mußten die beiden Kristalle zum einen mit der gleichen Laserstrahlung gepumpt werden, und zum anderen mußten sie so angeordnet werden, daß die Strahlengänge der beiden Idlerwellen zusammenfielen.

Sprechen wir zunächst über die erste Bedingung! Sie erscheint auf jeden Fall notwendig, da ja andernfalls die Emissionsprozesse in den beiden Kristallen vollkommen unabhängig sind und es daher zu keiner Interferenz kommen kann. Aber, so wird man sich fragen, reicht denn die durch den ersten Strahlteiler erzeugte Phasenkorrelation zwischen den beiden Pumpwellen wirklich aus, um auch die für die Interferenz erforderliche Phasenkorrelation für die Signalphotonen herzustellen? Schließlich ist die parametrische Fluoreszenz ja ein spontaner Prozeß! In der Tat muß auch die zweite der oben genannten Bedingungen erfüllt sein, damit Interferenzen auftreten.

Betrachten wir das Problem zunächst aus klassischer Sicht! Der springende Punkt ist dann, daß beim parametrischen Prozeß die Phasen der beteiligten drei Wellen in bestimmter Weise miteinander verknüpft sind. In der klassischen Beschreibung haben wir uns ja vorzustellen, daß zusammen mit der intensiven Pumpwelle bereits eine schwache Idlerwelle (oder auch eine Signalwelle) mit einer zufälligen Phase in den nichtlinearen Kristall eingestrahlt wird. Im Gegensatz zur Quantenmechanik, wo die Vakuumfluktuationen in der Signal- und der Idlerwelle ausreichen, um die parametrische Fluoreszenz „in Gang zu setzen", benötigt man nämlich in der klassischen Theorie dazu eine reale Welle (deren Intensität im Prinzip beliebig klein sein kann) gewissermaßen als einen „Keim", da erst im Zusammenspiel von letzterem mit der Pumpwelle im Medium eine nichtlineare Polarisation erzeugt werden kann, die mit der Frequenz der Signalwelle oszilliert und daher als eine Quelle für diese fungiert. (Mit der Ausbildung der Signalwelle wird dann auch gleichzeitig die Idlerwelle verstärkt.) Die in Rede stehende Phasenbeziehung kommt nun folgendermaßen zustande: Seien φ_p und φ_i die Phasen der Pump- bzw. Idlerwelle, so schwingt die von diesen beiden Wellen erzeugte Polarisation mit der Phasendifferenz $\varphi_p - \varphi_i$, und da diese Polarisation den Quellterm für die Signalwelle abgibt, überträgt sich ihre Phase, von einem Phasensprung um $\pi/2$ abgesehen, auf die emittierte Signalwelle. Deren Phase φ_s ist daher gegeben durch

$$\varphi_s = \varphi_p - \varphi_i - \frac{\pi}{2}. \tag{7.16}$$

Diese Beziehung gilt für jeden der in den beiden Kristallen sich abspielenden parametrischen Prozesse. Wenn wir nun voraussetzen, daß der Strahlengang der beiden Idlerwellen zusammenfällt, handelt es sich also um eine *einzige Idlerwelle*. Daß deren Phase statistisch zufällig ist, stört jedoch nicht die Herausbildung einer wohldefinierten Phasenbeziehung zwischen den beiden Signalwellen, so daß diese in der Tat zur Interferenz gebracht werden können.

Man sieht das ganz deutlich, wenn man die Relation (7.16) für den Kristall $K1$ zu einer Zeit t_1 aufschreibt. Da sich momentane Phasen mit Lichtgeschwindigkeit ausbreiten, besteht also zwischen den Phasen der Idlerwelle am Ort des Kristalls $K1$ bzw. $K2$ der einfache Zusammenhang $\varphi_i^{(2)}(t) = \varphi_i^{(1)}(t - \tau_{12})$, wobei τ_{12} die Laufzeit des Lichts vom Kristall $K1$ zum Kristall $K2$ bezeichnet. In analoger Weise rechnen wir die Phasen der Pumpwellen, wie sie am Ort des jeweiligen Kristalls vorliegen, auf den Wert $\varphi_p^{(0)}$ zurück, den die primäre Laserwelle bei ihrem Eintritt in den Strahlteiler besitzt, schreiben also $\varphi_p^{(\mu)}(t) = \varphi_p^{(0)}(t - \tau_{0\mu})$ mit $\tau_{0\mu}$ als Laufzeit[6] vom Strahlteiler zum Kristall $K\mu\,(\mu = 1, 2)$. Nach Gl. (7.16) gilt dann

$$
\begin{aligned}
\varphi_s^{(1)}(t_1) &= \varphi_p^{(0)}(t_1 - \tau_{01}) - \varphi_i^{(1)}(t_1) - \tfrac{\pi}{2}\,, \\
\varphi_s^{(2)}(t_2) &= \varphi_p^{(0)}(t_2 - \tau_{02}) - \varphi_i^{(1)}(t_2 - \tau_{12}) - \tfrac{\pi}{2}\,,
\end{aligned}
\tag{7.17}
$$

woraus sich die Phasendifferenz der Signalwellen unmittelbar zu

$$
\begin{aligned}
\varphi_s^{(2)}(t_2) - \varphi_s^{(1)}(t_1) = \; & \varphi_p^{(0)}(t_2 - \tau_{02}) - \varphi_p^{(0)}(t_1 - \tau_{01}) \\
& - \left[\varphi_i^{(1)}(t_2 - \tau_{12}) - \varphi_i^{(1)}(t_1) \right]
\end{aligned}
\tag{7.18}
$$

ergibt. Man ersieht hieraus, daß die Korrelation zwischen den Signalwellen, wie nicht anders zu erwarten, am stärksten ausgeprägt ist, wenn sich die beiden Zeiten gerade um die Laufzeit des Lichts vom Kristall $K1$ zum Kristall $K2$ unterscheiden ($t_2 = t_1 + \tau_{12}$). Die Kohärenzlänge der Idlerwelle gibt uns dann – wie in jedem konventionellen Interferenzexperiment – noch einen zusätzlichen Spielraum für die Beobachtung von Interferenzen. (Die Kohärenzlänge der Pumpwelle ist im Vergleich dazu sehr viel größer, so daß wir uns um sie praktisch nicht zu kümmern brauchen.) Im Experiment wurde die erwartete periodische Abhängigkeit der Intensität vom Gangunterschied der beiden Signalwellen tatsächlich beobachtet. (Zu diesem Zweck wurde der Strahlteiler $S2$ verschoben.)

Nun ist natürlich unbestritten, daß für die Beschreibung des in Rede stehenden Experiments die Quantenmechanik zuständig ist. Wie stellen sich nun die Dinge aus quantenmechanischer Sicht dar? Wir beschreiben zunächst

---

[6] Irgendwelche im Prozeß der Strahlteilung auftretende Phasensprünge denken wir uns in den Laufzeiten berücksichtigt.

die Pumpstrahlung, die ja eine sehr intensive Laserwelle ist, klassisch, fassen sie also nach wie vor als eine amplitudenstabilisierte ebene Welle auf. Wegen der sehr großen Kohärenzlänge der Laserstrahlung ist die idealisierende Annahme erlaubt, daß die Phasen der beiden Pumpwellen am Ort des jeweiligen Kristalls gleich und überdies zeitlich konstant sind. Die Wellenfunktion für das von einem nichtlinearen Kristall ausgesandte (aus einer Signal- und einer Idlerwelle sich zusammensetzende) Strahlungsfeld lautet dann in niedrigster Ordnung der Störungstheorie [OU 89]

$$|\psi\rangle = |0\rangle_s |0\rangle_i + \beta A |1\rangle_s |1\rangle_i \,, \tag{7.19}$$

wobei β eine zur nichtlinearen Suszeptibilität des Kristalls proportionale (positive) Konstante und A die komplexe Amplitude der Pumpwelle bezeichnen. Wir haben dabei die Signal- und die Idlerwelle als Ein-Moden-Felder idealisiert, was dadurch gerechtfertigt ist, daß im Experiment ein vor den Detektor gesetztes Frequenzfilter die beobachteten Signalwellen quasimonochromatisch macht. Wegen der Energieerhaltung beim parametrischen Prozeß gemäß Gl. (6.8) und der scharfen Frequenz der Pumpstrahlung gilt dies dann auch für die Idlerwellen. Die Relation (7.19) macht deutlich, daß die Information über die Phase der Pumpwelle in der quantenmechanischen Wellenfunktion tatsächlich „konserviert" ist.

Da bei dem in Rede stehenden Interferenzexperiment die beiden Idler-Moden identisch sind ($i_1 = i_2 = i$), ist die Gesamtwellenfunktion $|\psi_{tot}\rangle$ nicht einfach das direkte Produkt zweier Wellenfunktionen vom Typ (7.19), vielmehr lautet sie (unter der obengenannten Voraussetzung über die Phase der Pumpwelle)

$$|\psi_{tot}\rangle = |0\rangle_{s_1} |0\rangle_{s_2} |0\rangle_i + \beta A \left(|1\rangle_{s_1} |0\rangle_{s_2} |1\rangle_i + |0\rangle_{s_1} |1\rangle_{s_2} |1\rangle_i \right) . \tag{7.20}$$

Nun ist, wie früher schon erläutert, der Vakuumterm in dieser Gleichung für den photoelektrischen Nachweis irrelevant. Maßgeblich für die Beschreibung des Experiments ist daher allein der zweite Term. Der beiden Summanden in der Klammer gemeinsame Faktor $|1\rangle_i$ ist ebenfalls für die Messung an den Signalwellen ohne Bedeutung, so daß wir zu dem Ergebnis kommen, daß die Superposition

$$|\psi\rangle = |1\rangle_{s_1} |0\rangle_{s_2} + |0\rangle_{s_1} |1\rangle_{s_2} \tag{7.21}$$

für das tatsächliche Auftreten von Interferenzen verantwortlich zu machen ist. Das ist aber genau die Form der Wellenfunktion, der wir sowohl bei der Interferenz des Photons mit sich selbst [s. Gl. (7.5)] als auch der Interferenz unabhängiger Photonen [s. Gl. (7.6)] begegnet sind, was bedeutet, daß das Interferenzprinzip letztlich stets das gleiche ist: Aus der Sicht der

Quantentheorie ist es die prinzipielle Unkenntnis, welchen Weg das tatsächlich registrierte Photon genommen hat bzw. von welcher Quelle es emittiert wurde, die Interferenzen möglich macht. Gelingt es uns andererseits, uns eine solche Information zu verschaffen, so muß das Interferenzbild verschwinden.

Bei dem in Rede stehenden Experiment kann dies nun in überzeugender Weise demonstriert werden. Es läßt sich nämlich der „Geburtsort" des nachgewiesenen Photons (Kristall $K1$ oder Kristall $K2$) dadurch indirekt ermitteln, daß man in Koinzidenz eine Messung des zugehörigen Idler-Photons vornimmt. Stellt man also beispielsweise fest, daß das Idler-Photon aus dem Kristall $K1$ ausgetreten ist, so muß dasselbe für das Signal-Photon gelten. Um eine solche Messung tatsächlich ausführen zu können, müßte man aber den obigen Versuchsaufbau (Fig. 18) tatsächlich verändern. Man müßte entweder einen Detektor in den Idlerstrahlengang zwischen den beiden Kristallen bringen (setzen wir ersteren als ideal voraus, so könnten wir aus seinem Nicht-Ansprechen schließen, daß das Idler-Photon vom Kristall $K2$ emittiert wurde, so daß ein zweiter Detektor im Prinzip überflüssig ist) oder durch Dejustierung der Anordnung dafür sorgen, daß die Strahlengänge der beiden Idlerwellen getrennt sind, so daß man die letzteren auf separate Detektoren fallen lassen kann. Tatsächlich ist es so, daß es im ersten Fall gar nicht erforderlich ist, das Detektorsignal tatsächlich zur Kenntnis zu nehmen, es reicht bereits aus, wenn man den Idlerstrahlengang durch Einbringen eines Absorbers blockiert. Im zweiten Fall kann man ebenfalls auf die Aufstellung von Detektoren verzichten, ja man braucht nicht einmal irgendwelche Hindernisse in die Strahlengänge zu bringen. Vielmehr genügt, wie es einmal überspitzt formuliert wurde, die „Drohung", daß man solche Messungen jederzeit ausführen könnte, wenn man nur wollte, um die Interferenz zum Verschwinden zu bringen.

Theoretisch ist dies leicht einzusehen: Klassisch gesehen wird in beiden Fällen die Phasenkorrelation zwischen den beiden Idlerwellen zerstört – es ist nicht mehr ein- und dieselbe Idlerwelle, statt dessen sind es zwei, deren Phasen unabhängig voneinander statistisch fluktuieren, was nach Gl. (7.18) das gleiche Verhalten für die Phasendifferenz der beiden Signale nach sich zieht. In der quantenmechanischen Beschreibung haben wir es entsprechend mit zwei unterschiedlichen Idler-Moden zu tun, an die Stelle von Gl. (7.20) tritt dann die Relation

$$|\psi_{\mathrm{tot}}\rangle = |0\rangle_{s_1}|0\rangle_{s_2}|0\rangle_{i_1}|0\rangle_{i_2} + \beta A \left(|1\rangle_{s_1}|0\rangle_{s_2}|1\rangle_{i_1}|0\rangle_{i_2} + |0\rangle_{s_1}|1\rangle_{s_2}|0\rangle_{i_1}|1\rangle_{i_2}\right),$$

$$(7.22)$$

aus der ersichtlich ist, daß das Detektorsignal nicht mehr durch den Superpositionszustand (7.21) sondern durch das zugehörige Gemisch bestimmt wird. Dieses enthält keine Phaseninformationen mehr und zeigt damit an, daß keine Interferenzen stattfinden.

Im Experiment [ZOU 91] wurde das Interferenzmuster durch Blockieren des Idlerstrahlenganges zerstört. Tatsächlich gingen die Forscher noch viel raffinierter vor. Statt die aus dem Kristall $K1$ getretene Idlerwelle vollständig zu absorbieren, schwächten sie sie schrittweise immer mehr ab, und sie beobachteten dabei eine immer stärkere Abnahme der Sichtbarkeit des Interferenzmusters.

Der besondere Reiz des in Rede stehenden Experiments besteht darin, daß die Zerstörung der Interferenz durch Eingriffe an einer der Idlerwellen bewerkstelligt wird, während die Signalwellen selbst in keiner Weise gestört werden.

Wir erwähnen zum Schluß noch, daß die Atomoptik, die in jüngster Zeit große experimentelle Fortschritte gemacht hat, ebenfalls ein sehr schönes Beispiel für die Unvereinbarkeit von Interferenz und Kenntnis des Weges zu liefern vermag. Aufgrund des Welle-Teilchen-Dualismus sind ja auch materielle Teilchen wie Elektronen, Neutronen, aber auch Atome, dazu befähigt, mit sich selbst zu interferieren. Inzwischen ist es tatsächlich gelungen, Beugungs- und Interferometeranordnungen nach dem Vorbild der Optik auch für Atomstrahlen aufzubauen (s. z. B. [SIG 92]). An die Stelle der Lichtwellenlänge tritt dann die DE BROGLIE-Wellenlänge $\Lambda = h/p$ mit p als Teilchenimpuls. Monochromasie bedeutet daher jetzt scharfe Geschwindigkeit. Die entsprechende Bedingung läßt sich durch Ausnutzung des Strahlungsdruckes einer intensiven Laserwelle, mit dessen Hilfe man Atome, je nach Wahl der Frequenzverstimmung, abbremsen oder auch beschleunigen kann, mit hoher Genauigkeit erfüllen. Atome haben nun den Vorzug, daß sie eine innere Struktur besitzen, man kann sie daher im besonderen gezielt anregen, so daß es zu spontaner Emission kommt. Die Folge davon wird sein, daß die Interferenzfähigkeit verlorengeht [SLE 92]. In der Tat würde eine (mögliche) Messung an den ausgesandten Photonen unter Verwendung eines Mikroskops den Ort des Emissionszentrums, also des atomaren Schwerpunktes, (mit einer durch die Wellenlänge des emittierten Lichtes beschränkten Genauigkeit) zu bestimmen gestatten, womit der Weg bekannt wäre, den das Atom genommen hat. Auch hier wird also wieder bereits die „Androhung" der betreffenden Messung genügen, um die Interferenz zum Verschwinden zu bringen! (Eine tatsächliche Realisierung des Experiments steht z. Zt. noch aus.)

7.6 Intensitätskorrelationen

Die in Abschn. 7.4 geschilderte experimentelle Technik erlaubt die direkte Beobachtung der Interferenz zwischen stark geschwächten Laserstrahlen. Daneben gibt es auch eine indirekte Methode, auf die wir nun noch kurz eingehen wollen. Ihr liegt die Idee zugrunde, daß zwei, in einem bestimmten Abstand befindliche Zähler auch dann noch das Vorliegen von Interferenzen anzeigen, wenn das Interferenzmuster selbst hin- und herläuft. Stellt man die Zähler zunächst so auf, daß der zweite Zähler – in der zu den (erwarteten) Interferenzstreifen senkrechten Richtung, die wir z-Richtung nennen wollen – gegenüber dem ersten gerade um einen ganzen Streifenabstand Λ (oder ein ganzzahliges Vielfaches davon) verschoben ist, so bestehen zwischen den Zählraten starke Korrelationen. Das ist nicht verwunderlich, auf beide Zähler fällt ja genau die gleiche Intensität, weshalb ihre Ansprechwahrscheinlichkeiten (zu jedem Zeit„punkt") ebenfalls gleich sind. (Es ist so, als ob sich die beiden Zähler am gleichen Ort befänden.) Macht der Abstand $\Delta z = z_2 - z_1$ der Zähler dagegen ein ungeradzahliges Vielfaches des *halben* Streifenabstandes aus, so beobachtet man besonders starke „Antikorrelationen". Immer wenn die Ansprechwahrscheinlichkeit für den einen Zähler groß ist, ist sie für den anderen klein. Der Grund ist sofort einzusehen, befindet sich doch in einem solchen Fall der eine Zähler in der Nähe eines Interferenzmaximums, der andere dagegen nahe einem Interferenzminimum.

Ein Maß für die Stärke der in Rede stehenden Antikorrelationen findet man experimentell in folgender Weise: Es wird die Anzahl n_1 bzw. n_2 der Photonen notiert, die der erste bzw. der zweite Zähler in einem Zeitintervall vorgegebener Länge registriert; bei häufiger Wiederholung dieser Messung ergibt sich so eine Meßreihe, in der die Werte von n_1 und n_2 schwanken. Aus diesen Daten wird nun der sogenannte Korrelationskoeffizient k bestimmt, der folgendermaßen definiert ist:

$$k = \frac{\overline{\Delta n_1 \Delta n_2}}{\sqrt{\overline{\Delta n_1^2}}\,\sqrt{\overline{\Delta n_2^2}}}. \tag{7.23}$$

Hier bezeichnet der Querstrich die Mittelwertbildung über die Meßreihe und $\Delta n_j \equiv n_j - \overline{n}_j\,(j = 1,2)$ die Abweichung der im Einzelfall gemessenen Photonenzahl n_j von ihrem Mittelwert $\overline{n}_j$. Unter $\overline{\Delta n_j^2}$ ist wie üblich die mittlere quadratische Streuung $\overline{\Delta n_j^2} = \overline{(n_j - \overline{n}_j)^2}$ zu verstehen.

Die Größe k nimmt für $\Delta z = n\Lambda\,(n = 1, 2, \ldots)$ ihren Maximalwert, für $\Delta z = (n + \frac{1}{2})\Lambda$ dagegen ihren Minimalwert an. Letzterer ist im Gegensatz zum ersteren negativ (daher die Bezeichnung Antikorrelation).

Daß dies so ist, zeigt schon eine einfache klassische Betrachtung. Wir nehmen an, daß während eines jeden Meßintervalls die beiden interferierenden Strahlen als ebene Wellen definierter Phase und Amplitude angesehen werden können. Zur weiteren Vereinfachung setzen wir noch voraus, daß die Amplituden der beiden Strahlen gleich sind und außerdem konstant bleiben, sich also nur die Phasen von Fall zu Fall (unkontrollierbar) ändern. Da die Ansprechwahrscheinlichkeit eines Photodetektors in klassischer Behandlung proportional zur Intensität ist, können wir mit Intensitäten statt Photonenzahlen rechnen. Nach Gl. (3.14) ist dann (für $\bar{I}_1 = \bar{I}_2 = I_0$) die Intensität an den Orten z_1 und z_2 der beiden Detektoren gegeben durch

$$\begin{aligned} I_1 &= 2I_0[1 + \cos(2\pi z_1/\Lambda + \Delta\varphi)]\,, \\ I_2 &= 2I_0[1 + \cos(2\pi z_2/\Lambda + \Delta\varphi)]\,, \end{aligned} \qquad (7.24)$$

wobei wir die z-Komponente von $\Delta\boldsymbol{k}$ durch $2\pi/\Lambda$ ersetzt haben. Daraus findet man für den Mittelwert von $I_1 I_2$ bezüglich $\Delta\varphi$

$$\overline{I_1 I_2} = 4I_0^2 \left(1 + \frac{1}{2}\cos[2\pi(z_1 - z_2)/\Lambda]\right)\,. \qquad (7.25)$$

Andererseits läßt sich die Größe $\overline{\Delta I_1 \Delta I_2}$ schreiben als

$$\overline{\Delta I_1 \Delta I_2} \equiv \overline{(I_1 - \bar{I}_1)(I_2 - \bar{I}_2)} = \overline{I_1 I_2} - \bar{I}_1 \bar{I}_2\,. \qquad (7.26)$$

Setzt man hier für $\overline{I_1 I_2}$ den Ausdruck (7.25) und für $\bar{I}_1$ sowie $\bar{I}_2$ den aus Gl. (7.24) folgenden Wert $2I_0$ ein, so entsteht

$$\overline{\Delta I_1 \Delta I_2} = 2I_0^2 \cos\left[2\pi(z_1 - z_2)/\Lambda\right]\,, \qquad (7.27)$$

woraus die oben gemachten Aussagen über k unmittelbar folgen.

Messungen der geschilderten Art wurden von PFLEEGOR und MANDEL [PFL 67,68] mit zwei unabhängigen, stark geschwächten Laserstrahlen ausgeführt. Diese Forscher lösten das Problem der gleichzeitigen Photonenzählung an verschiedenen Orten sehr elegant durch Verwendung eines Satzes von Glasplättchen, die so geschnitten und angeordnet waren, daß Licht, das auf die Frontseite des ersten oder dritten oder fünften usf. Plättchens fiel, auf den einen Detektor gelenkt wurde, während andererseits das zweite, vierte, sechste usf. Plättchen das ankommende Licht dem anderen Detektor zuführte. Um die gesuchten Antikorrelationen tatsächlich feststellen zu können, dürfen n_1 und n_2 offenbar nur in solchen Zeitintervallen gemessen werden, in denen sich das Interferenzbild nur wenig verschiebt. Eine Information über die Schnelligkeit, mit der die Interferenzfigur wegläuft, ergibt sich zwanglos aus der Größe der Frequenzdifferenz zwischen den beiden interferierenden Strahlen (vgl. hierzu die Fußnote 3 in Abschn. 7.4). Man ging daher so vor, daß man das von den ungeschwächten Laserstrahlen in einem Photomultiplier erzeugte Schwebungssignal zur Steuerung eines elektronischen Verschlusses benutzte, und zwar wurde letzterer immer dann für eine Dauer von 20 μs geöffnet, wenn die Schwebungsfrequenz unter 50 kHz abfiel. Während eines solchen Zeitintervalls wurden von jedem Detektor im Mittel etwa 5 Photonen registriert. Der gesuchte Antikorrelationseffekt wurde in Übereinstimmung mit der Theorie tatsächlich gefunden, im besonderen erwies er sich als maximal unter der Bedingung, daß die Dicke der Plättchen einen halben Streifenabstand ausmachte. Damit wurde ein weiterer, wenn auch indirekter Beweis für die Interferenz zwischen unabhängigen Photonen erbracht.

Offenbar liegen recht ähnliche Verhältnisse vor, wenn wir die beiden Laser durch jeweils ein (lokalisiertes) angeregtes Atom ersetzen, das spontan ein Photon aussendet. Sicherlich sind auch jetzt die beiden Emissionsprozesse voneinander unabhängig, im besonderen bestehen keine Phasenbeziehungen zwischen den emittierten Wellen. Auch unter diesen Umständen sollten daher Antikorrelationen der Intensität zu beobachten sein, wenn der Abstand Δz zwischen den zwei Zählern die Hälfte eines Streifenabstands Λ ausmacht (in bezug auf das fiktive Interferenzmuster, das sich bei klassischen, mit fester Phasendifferenz strahlenden Sendern ergeben würde). Die Messung würde dann so vor sich gehen, daß Koinzidenzen, d. h. solche Ereignisse, bei denen beide Detektoren gleichzeitig ansprechen, gezählt werden.

Vom Prinzip her ist der genannte Effekt klassisch durchaus verständlich: Fassen wir die beiden Photonen als klassische Wellen mit zufälligen Werten der Phase auf, so gilt im Ensemble-Mittel – bei häufiger Wiederholung des Experiments also – die obige Beziehung (7.25). Das bedeutet, die Koinzidenzzählrate (die Zahl der pro Sekunde registrierten Koinzidenzen) nimmt deutlich ab, wenn wir den Abstand zwischen den beiden Detektoren von Λ auf $\frac{1}{2}\Lambda$ verringern.

Erstaunlicherweise erweist sich dieser Effekt in quantenmechanischer Beschreibung sogar als noch stärker ausgeprägt. Die quantenmechanische Behandlung [MAN 83, PAU 86] führt nämlich zu dem Ergebnis, daß Gl. (7.25) in der Weise zu modifizieren ist, daß der Faktor 1/2 vor dem Kosinus durch Eins ersetzt wird (sowie der Vorfaktor 4 durch 2). Während die klassische Theorie also einen Abfall der Koinzidenzzählrate auf die Hälfte ihres mittleren Werts voraussagt, verschwindet nach der Quantenmechanik die Koinzidenzzählrate für $\Delta z = \left(n + \frac{1}{2}\right)\Lambda$ vollständig ($n = 0, 1, 2, \ldots$). Es ist also niemals möglich, zwei Photonen in einem Abstand $\Lambda/2$ (senkrecht zu den fiktiven Interferenzstreifen) vorzufinden!

Tatsächlich handelt es sich dabei um einen spezifisch quantenmechanischen Effekt, der sich einem klassischen Verständnis entzieht. Das überraschende quantenmechanische Resultat kommt nämlich dadurch zustande, daß der offensichtliche physikalische Sachverhalt „Wenn zwei Photonen simultan registriert werden, müssen *beide* Atome ihre Anregungsenergie dazu beigesteuert haben, da ein Atom eben nur *ein* Photon ausstrahlen kann" korrekt erfaßt wird, während die klassische Beschreibung nicht ausschließt, daß die beiden Zählakte auf das Konto ein und desselben Atoms gehen. Ganz wesentlich ist daher die Voraussetzung, daß man es mit *genau zwei* Atomen zu tun hat. In der Tat geht die quantenmechanische Beschreibung in die klassische über, wenn jede der beiden Lichtquellen aus vielen angeregten Atomen besteht. Der in Rede stehende nichtklassische Effekt verschwindet auch für den Fall, daß die Zahl der Atome in den beiden Quellen gemäß einer POISSON-Verteilung schwankt. Dabei darf dann die mittlere Anzahl der Atome im Prinzip sogar beliebig klein sein.

Das geschilderte Verhalten zweier spontan emittierter Photonen muß in einem naiven Photonenbild vollständig unverständlich bleiben. Stellt man sich nämlich vor, daß das einzelne Photon wie eine Gewehrkugel in eine bestimmte (zufällige) Richtung emittiert wird, so müßten sich die beiden Atome offenbar „absprechen", damit kein „Unglück" passiert und die beiden Photonen sich unter Mißachtung des quantenmechanischen Verbots an zwei Orten mit dem Abstand $\Lambda/2$ einfinden. In der Tat erlaubt es das betrachtete Experiment nicht, die jeweilige Ausstrahlungsrichtung festzustellen, da man grundsätzlich nicht wissen kann, von welchem der beiden Atome ein tatsächlich nachgewiesenes Photon gekommen ist. Wieder ist es die Unkenntnis des Weges – diesmal der beiden Photonen –, die eine Interferenz (im Sinne der erwähnten Korrelation) erst ermöglicht. Eine korrekte Beschreibung des Experiments erfordert das Wellenbild: Die Intensitätskorrelationen kommen dadurch zustande, daß sich die von den beiden Atomen ausgesandten Wellen superponieren. Aus dem so erzeugten Gesamtfeld wird dann von den beiden Detektoren jeweils der Energiebetrag $h\nu$ entnommen (andernfalls wird das Ereignis nicht gezählt), und die Frage, woher diese Energie stammt, hat keinen physikalischen Sinn.

Praktisch gibt es jedoch keine Chance, das geschilderte Experiment tatsächlich auszuführen. Die Emission erfolgt ja in Gestalt von Dipolwellen, die Wahrscheinlichkeit, daß gleich zwei Detektoren ansprechen, ist daher extrem klein. Es läßt sich jedoch diese Schwierigkeit überwinden, indem man zu gerichteter Ausstrahlung übergeht. Tatsächlich gibt uns ja, wie in Abschn. 6.7 erläutert, die parametrische Fluoreszenz diese Möglichkeit in die Hand. Ein derartiges Experiment wurde von GHOSH und MANDEL [GHO

87] erfolgreich ausgeführt. Die Beobachtung erfolgte an den beiden Photonen (dem Signal- und dem Idler-Photon), die durch Einstrahlung intensiver ultravioletter Laserstrahlung in einem nichtlinearen Kristall gleichzeitig erzeugt wurden und diesen in geringfügig unterschiedlicher Richtung verließen (Fig. 19). Sie wurden durch zwei Umlenkspiegel zur Interferenz – im Sinne des Auftretens von Intensitätskorrelationen – gebracht. Das dabei entstehende „Interferenzbild" wurde zwecks einfacheren Nachweises durch optische Abbildung mittels einer Linse vergrößert. Zwei verschiebbare Glasplättchen definierten die Beobachtungsorte z_1 und z_2. Sie lenkten das auf sie fallende Licht jeweils auf einen Detektor. Auf elektronischem Wege wurden dann die Koinzidenzen ermittelt. Deren Zahl zeigte in Abhängigkeit vom effektiven Detektorabstand $z_2 - z_1$ die erwartete Modulation. Tatsächlich befanden sich die (wenigen) Meßdaten – es wurden nur einige Ereignisse pro Stunde registriert – auch in quantitativer Übereinstimmung mit der quantenmechanischen Vorhersage, wenn man berücksichtigte, daß die Beobachtungsorte nur mit begrenzter, durch die Dicke der Glasplättchen gegebener Genauigkeit bestimmt werden.

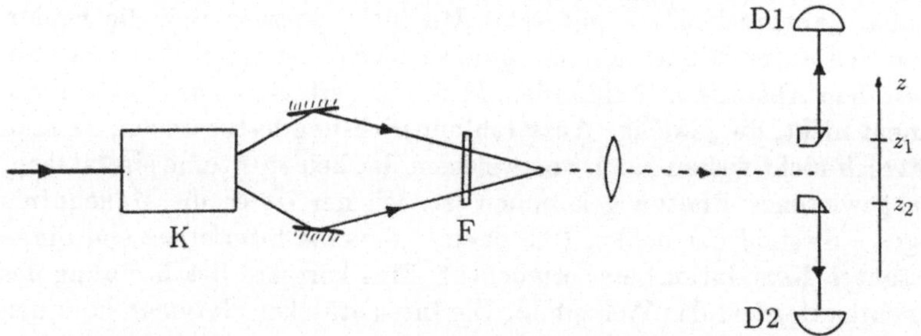

Fig. 19 Messung von Intensitätskorrelationen an zwei durch parametrische Fluoreszenz gleichzeitig erzeugten Photonen (K nichtlinearer Kristall, F Frequenzfilter, $D1$ und $D2$ Detektoren)

Wie oben schon erwähnt, kommen Intensitätskorrelationen dadurch zustande, daß sich auf jedem Detektor die Feldstärken zweier unabhängig erzeugter Wellen überlagern. Eine derartige Superposition läßt sich aber auch mit einem „optischen Mischer" herstellen. Dieser ist nichts anderes als ein Strahlteiler, dessen beide Eingänge genutzt werden (Fig. 20): In den ersten schickt man das eine Feld und in den zweiten das andere. Im besonderen kann man so ein Signal- und ein Idler-Photon mischen. Das austretende Licht läßt man dann auf zwei separate Detektoren fallen. Gemäß der Quantentheorie führt diese Mischung zu dem überraschenden Ergebnis, daß die austretenden Photonen sich wieder zu einem Paar zusammenfinden (s. Abschn. A.4). Sie verlassen den Strahlteiler stets im gleichen Ausgang, wobei es natürlich ihnen überlassen bleibt, für welchen der beiden Ausgänge sie sich im Einzelfall entscheiden. Für den Koinzidenznachweis bedeutet dies aber, man findet *mit Sicherheit* keine Koinzidenzen!

Dabei wurde natürlich stillschweigend eine ideale Justierung vorausgesetzt, die dafür sorgt, daß sich die beiden Photonen auf dem Strahlteiler tatsächlich „begegnen". Andernfalls nimmt natürlich keines von ihnen Notiz vom anderen, und es wird daher jedes mit 50-prozentiger Wahrscheinlichkeit reflektiert oder transmittiert. Folglich gibt es nun genügend viele Ereignisse, bei denen eines der Photonen den ersten und das andere den zweiten Detektor trifft. Es werden also nunmehr Koinzidenzen registriert. Deren Auftreten zeigt somit an, daß sich die beiden Wellenzüge (Impulse), als die man sich die Photonen bei dieser Art von Experiment ja zu denken hat, auf dem Strahlteiler nicht mehr überlappen. Damit ergibt sich eine einfache Möglichkeit, die effektive Länge des Wellenzugs zu messen: Bewirkt man durch Verschieben des Strahlteilers (Fig. 21), daß die beiden Lichtwege unterschiedlich werden, so wächst die Koinzidenzzählrate von ihrem Minimalwert Null stetig bis zu einem endlichen Wert und bleibt dann konstant. Die Halbwertsbreite der Einsattelung dieser Kurve – als Funktion der Lage des Strahlteilers – liefert uns dann ein Maß für die Länge des Wellenzuges, also die räumliche Ausdehnung des Photons. Dieses Experiment wurde von amerikanischen Forschern [HON 87] tatsächlich ausgeführt. Sie fanden für die zeitliche Ausdehnung des Photons einen Wert von etwa 50 ps, der de facto durch die Durchlaßbreite der vor den Detektoren angeordneten Frequenzfilter (gemäß dem allgemeinen Zusammenhang (3.22) zwischen der Frequenzbreite und der zeitlichen Ausdehnung eines Wellenzuges) bestimmt war. Die meßtechnische Grenze für die Messung der Impulslänge liegt tatsächlich noch viel tiefer (etwa bei einer Femtosekunde). Sie wird nur durch die Genauigkeit begrenzt, mit der man die Verschiebung des Strahlteilers messen kann.

Der Clou dieses Experiments besteht darin, daß es erlaubt, extrem kurze Zeiten mit „trägen" Zählern zu messen – deren Integrationszeit braucht ja tatsächlich nur kürzer zu sein als der Abstand *aufeinanderfolgender* Wellenzüge, um sicherzugehen, daß man immer nur ein Photonenpaar erfaßt.

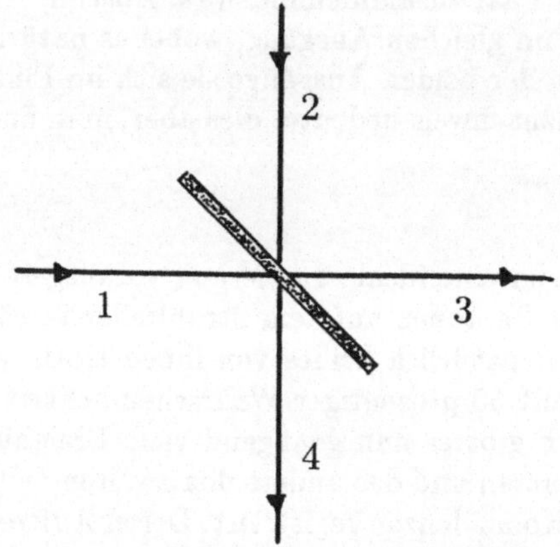

Fig. 20 Ein Strahlteiler als „optischer Mischer" (1 und 2 einfallende, 3 und 4 austretende Strahlen)

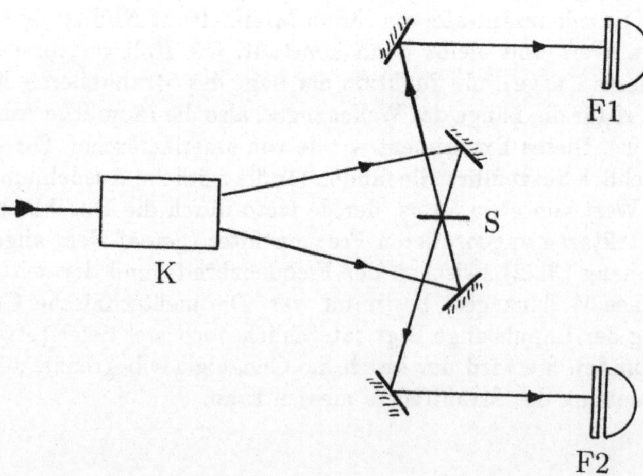

Fig. 21 Versuchsaufbau zur Messung der räumlichen Ausdehnung von Signal- bzw. Idler-Photonen (K nichtlinearer Kristall, S Strahlteiler, $F1$ und $F2$ Frequenzfilter)

7.7 Verformung von Photonen

Wie in Abschn. 7.2 im einzelnen erläutert, zeigen einzelne Photonen ein Interferenzverhalten, das von der klassischen Wellentheorie völlig korrekt beschrieben wird. Demzufolge arbeiten konventionelle Spektrometer auch dann noch einwandfrei, wenn man ein Photon nach dem anderen (im Prinzip in beliebigen Abständen) durch sie hindurchschickt. Nun geht, wie wir in Abschn. 3.4 am Beispiel des FARBY-PEROT-Interferometers deutlich machten, Frequenzeinengung Hand in Hand mit einer Verlängerung des einfallenden Lichtimpulses. Diesem Prozeß ist dann aber auch bereits das einzelne Photon unterworfen. Das bedeutet, daß es – als Welle aufgefaßt – verformbar ist.

Die Formänderung beschränkt sich jedoch – denken wir wieder an ein FABRY-PEROT-Interferometer – nicht auf eine Streckung des Wellenzugs. Es wird ja nur ein frequenzmäßiger Ausschnitt aus der einfallenden Welle hindurchgelassen, während der Rest reflektiert wird. (Von den Fällen, bei denen eine Absorption in einer der Silberschichten erfolgt, können wir absehen, weil dann das Photon vollständig „aus dem Verkehr gezogen" wird.) Obwohl sich diese beiden Teilwellen im Lauf der Zeit beliebig weit voneinander entfernen, müssen sie beide *zusammen* als die dem Photon zugehörige Wellenerscheinung angesehen werden. Erst wenn eine Messung ausgeführt wird, findet man das Photon entweder in dem einen oder in dem anderen Teilstrahl.

Wenn sich Photonen – als Wellen – verlängern lassen, gibt es keinen Zweifel daran, daß auch eine Verkürzung möglich sein muß. Dies läßt sich mit einem schnellen Verschluß erreichen, der Teile der Welle ab- oder herausschneidet. Ein eindrucksvolles Experiment dieser Art wurde von HAUSER et al. [HAU 74] ausgeführt, die γ-Quanten mit Hilfe eines sehr schnell rotierenden Rades mit absorbierenden Speichen „zerhackten" und die daraus resultierende Verbreiterung der spektralen Verteilung in bester Übereinstimmung mit den Vorhersagen der klassischen Wellentheorie [s. Gl. (3.22)] beobachteten.

Einer ähnlichen Situation wie bei der spektralen Zerlegung begegnen wir auch bei der Richtungsselektion von Photonen. Betrachten wir ein Photon in Gestalt einer Kugelwelle, das auf einen reflektierenden Schirm fällt, der ein Loch aufweist! Die zugehörige Welle wird dann in einen reflektierten und einen durchgehenden Anteil aufgespalten. Da diese beiden Teilwellen jederzeit wieder zur Interferenz gebracht werden können, wäre die Vorstellung sicher falsch, daß sich das Photon im Einzelfall „in Wahrheit" nur in dem einen Teilstrahl befinde, während der andere „leer" sei. Wird jedoch an einem der Teilstrahlen (mit einem Photodetektor) gemessen, so findet man das

Photon entweder dort – oder auch nicht. Im letzteren Fall kann man dann
– bei vorausgesetzter idealer Nachweisempfindlichkeit der Meßapparatur –
den Schluß ziehen, daß das Photon im anderen Teilstrahl „steckt".

In diesem Zusammenhang ist es wichtig, darauf hinzuweisen, daß ein Meßprozeß im quantenmechanischen Sinne nicht an ausgeklügelte, komplizierte Ap-
paraturen gebunden ist. Tatsächlich ist bei einem Photodetektor der Elementarprozeß der Ablösung eines Elektrons aus einem Atom schon als der
eigentliche Meßakt anzusehen. Allgemeiner kann jeder Absorptionsvorgang,
wenn er nur irreversibel ist (dadurch, daß die aufgenommene Energie an
die Umgebung abgegeben und so dissipiert wird), als ein Meßprozeß gelten.
Läßt man daher beispielsweise bei der spektralen Zerlegung von Photonen
mit Hilfe eines FABRY-PEROT-Interferometers das reflektierte Licht auf einen absorbierenden Schirm fallen, so findet eine Messung der Art statt, daß
festgestellt wird, ob das Photon reflektiert wurde oder nicht. Es „bleiben"
dabei nur solche Photonen „am Leben", die durch das Interferometer hin-
durchgegangen sind und demzufolge frequenzmäßig schärfer sein müssen als
die ursprünglichen. Ähnliches gilt für die Selektion hinsichtlich der Ausbreitungsrichtung im Fall eines Photons in Gestalt einer Kugelwelle, wenn man
dafür einen absorbierenden Schirm mit einem kleinen Loch verwendet.

Paradox mag es einem dabei vorkommen, daß sich die physikalischen Eigenschaften der austretenden Photonen geändert haben, der Schirm aber mit
diesen Photonen anscheinend überhaupt nicht in Wechselwirkung getreten
ist. Es wäre aber falsch zu sagen, daß unter diesen Umständen gar nichts
passiert. Dann müßte ja – denken wir an die erwähnte Richtungsselektion
– jedes Photon vor seinem Auftreffen auf den Schirm schon eine definierte Ausbreitungsrichtung besessen haben. Dies steht aber im Widerspruch
dazu, daß man mit den ursprünglichen Photonen Interferenzexperimente
ausführen kann, beispielsweise in der Weise, daß man nach dem Vorbild von
YOUNG zwei Löcher im Schirm anbringt und das durchtretende Licht auf
einen Beobachtungsschirm fallen läßt.

Was nun aber der Schirm tatsächlich tut, wenn er das Photon durch das
Loch „entkommen" läßt, darauf bleibt uns auch die Quantenmechanik die
Antwort schuldig. Es gelingt ihr „lediglich", mit Hilfe einfacher Axiome
die Wirkung der Meßapparatur hinsichtlich ihrer *experimentell nachprüfbaren Konsequenzen* genau vorherzusagen – eine Leistung, die angesichts der
Komplexität des Meßvorgangs allerdings ans Wunderbare grenzt! Eine ganz
wesentliche Rolle spielt dabei die „Ausreduktion der Wellenfunktion", die
den Übergang vom Möglichen zum Faktischen beschreibt. Um es am obigen Beispiel der Richtungsselektion zu explizieren: in der Kugelwelle sind

alle Ausbreitungsrichtungen als Möglichkeiten „angelegt", und die Beobachtungsapparatur erzwingt eine „Entscheidung" darüber, welche von ihnen Wirklichkeit werden soll. (Man beachte, daß sich der Ort auf dem Schirm, an dem eine Absorption des Photons erfolgt ist, grundsätzlich feststellen läßt, so daß man im Nachhinein – bei bekannter Lage des Emissionszentrums – die Ausbreitungsrichtung des betreffenden Photons ermitteln kann.) Geradezu frappierend sind die in Abschn. 6.7 geschilderten Manipulationsmöglichkeiten im Falle der parametrischen Fluoreszenz, die darauf beruhen, daß sich das Signal- und das Idler-Photon in einem „verschränkten" quantenmechanischen Zustand befinden. Man kann dann durch Messung beispielsweise am jeweiligen Idler-Photon Signal-Photonen mit einer gewünschten Eigenschaft wie räumliche Lokalisierung oder scharfe Frequenz aussortieren.

Da es keinerlei Anzeichen dafür gibt, daß die Quantenmechanik nur ein „Provisorium" ist – im besonderen lassen die in Abschn. 11.4 geschilderten realen EINSTEIN-PODOLSKY-ROSEN-Experimente alle Versuche einer Verfeinerung der quantenmechanischen Naturbeschreibung durch Einführung „verborgener Parameter" als hoffnungslos erscheinen – müssen wir es, wenn auch mit Bedauern, als ein Faktum hinnehmen, daß sich die Natur im Mikrokosmos nicht so „in die Karten gucken" läßt, wie es im Makroskopischen ja tatsächlich der Fall ist.

8 Photonenstatistik

8.1 Messung von Sterndurchmessern

Wie schon des öfteren erwähnt, äußert sich der korpuskulare Charakter des Lichts am eindrucksvollsten beim photoelektrischen Effekt. Letzterer läßt sich in Photozählern zum Registrieren einzelner Photonen ausnutzen. Die Auswertung solcher Zähldaten gewährt dann, wie wir in diesem Kapitel näher ausführen werden, genauere Einblicke in die Beschaffenheit elektromagnetischer Felder. Es wird so gewissermaßen die „Feinstruktur" von Strahlungsfeldern – in Gestalt von Fluktuationsvorgängen – erkennbar, die der früheren, auf das Auge oder die photographische Platte angewiesenen und daher auf die Messung von zeitlichen Mittelwerten der Intensität beschränkten, Beobachtung notwendig verborgen bleiben mußten.

Es ist das Verdienst der englischen Forscher R. HANBURY BROWN und R. Q. TWISS, die grundlegende Methodik zur Messung von Intensitätsfluktuationen entwickelt zu haben. Sie wurden dadurch zu den Vätern einer neuen optischen Disziplin, in der die statistischen Gesetze aufgespürt werden, denen die Photonenzählakte in unterschiedlichen physikalischen Situationen genügen. Untersuchungen dieser Art sind gemeint, wenn man von einem Studium der „Photonenstatistik" des Lichts spricht.

Interessanterweise war es ein durchaus praktisches Bedürfnis, nämlich die Verbesserung der experimentellen Möglichkeiten zur Messung der (scheinbaren) Durchmesser von Fixsternen, das den Anlaß gab zu der bahnbrechenden Leistung der beiden Forscher. Da diese Problematik physikalisch sehr reizvoll ist, wollen wir etwas näher darauf eingehen.

Bekanntlich ist der Winkeldurchmesser, unter dem Fixsterne – von der Erde aus gesehen – erscheinen, so klein, daß die verfügbaren Teleskope den Stern räumlich nicht aufzulösen vermögen. Das Sternlicht erzeugt in der Brennebene des Teleskops ein Beugungsscheibchen, dessen Gestalt durch die Apertur des Teleskops bestimmt wird, mit der tatsächlichen Ausdehnung des Sterns jedoch nichts zu tun hat. Um hier weiterzukommen, bedurfte es einer guten Idee. Eine solche hatte FIZEAU, und verwirklicht wurde sie von MICHELSON in seinem „Sterninterferometer".

Bei dieser Apparatur (Fig. 22) fällt das Sternlicht auf zwei, in einem Abstand d angebrachte Spiegel Sp_1 und Sp_2, die es über zwei Umlenkspiegel Sp_3 und Sp_4 in ein Teleskop schicken, in dessen Brennebene es fokussiert wird. Zusätzlich in den Strahlengang gebracht sind Filter, die dafür sorgen, daß nur Licht einer bestimmten Wellenlänge beobachtet werden kann.

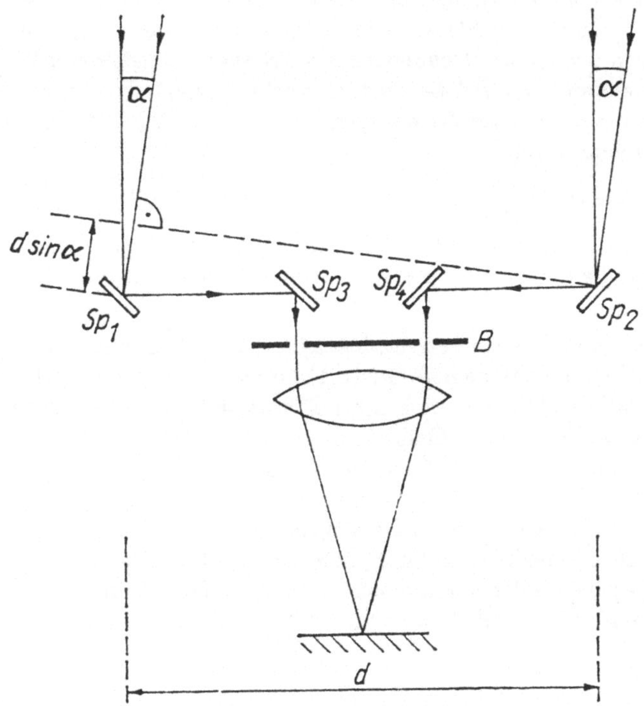

Fig. 22 MICHELSONsches Sterninterferometer (B Blende, Sp_1, Sp_2 verschiebbare Spiegel, Sp_3, Sp_4 feststehende Umlenkspiegel)

Nehmen wir, um die Wirkungsweise des Sterninterferometers zu verstehen, zunächst einmal an, die Lichtquelle sei punktförmig. Wegen ihrer großen Entfernung von der Erde sind dann die auf die Spiegel Sp_1 und Sp_2 fallenden Lichtstrahlen praktisch parallel. Ganz ähnlich wie beim MICHELSON-Interferometer tritt in der Brennebene des Teleskops eine Interferenzfigur in Gestalt geradliniger, äquidistanter Streifen in Erscheinung. Sie ist dadurch bedingt, daß die Spiegel Sp_1 und Sp_2 nicht genau unter 45° gegen die Teleskopachse geneigt sind. Es handelt sich also um Interferenzen gleicher Dicke, wie sie an einem Keil auftreten.

Haben wir es mit einer endlich ausgedehnten Lichtquelle zu tun, so können wir sie uns aus einzelnen Teilen zusammengesetzt denken, von denen jeder für sich ein Interferenzmuster der eben geschilderten Art erzeugt. Wesentlich ist dabei, daß diese Interferenzbilder normalerweise nicht genau aufeinanderfallen, sondern gegeneinander verschoben sind. Das liegt daran, daß zwei, von dem einen Teil L_1 der Lichtquelle kommende, in dem Teleskop miteinander interferierende Strahlen im Vergleich zu zwei entsprechenden (auf den gleichen Punkt der Brennebene des Teleskops abgebildeten) Strahlen, die von einem anderen Teil L_2 der Lichtquelle ausgesandt wurden, einen zusätzlichen Gangunterschied Δs besitzen. Wie man aus Fig. 22 erkennt, ist Δs einfach gegeben durch

$$\Delta s = d \sin \alpha \approx d\alpha, \tag{8.1}$$

wobei α den (sehr kleinen) Winkel zwischen den beiden Richtungen bedeutet, unter denen die von L_1 bzw. L_2 ausgehenden Lichtstrahlen die Erdoberfläche treffen.

Die Überlagerung der von den verschiedenen Teilen der Lichtquelle herrührenden Interferenzmuster hat gemäß Gl. (8.1) so lange keine merkliche Auswirkung, wie das Produkt aus dem Spiegelabstand d und dem maximalen Wert α_0 des Winkels α, der offenbar mit dem (Winkel-)Durchmesser des Sterns gleichzusetzen ist, noch klein im Vergleich zur Wellenlänge λ des beobachteten Sternlichts ist. Entfernt man jedoch die Spiegel Sp_1 und Sp_2 immer weiter voneinander, so wird die Sichtbarkeit des Interferenzbildes zunehmend schlechter – bedingt dadurch, daß sich die erwähnten Einzelmuster immer mehr gegeneinander verschieben –, bis schließlich keine Interferenzstreifen mehr erkennbar sind. Grob abgeschätzt, tritt dieser Fall ein, wenn

$$d\alpha_0 \approx \lambda \tag{8.2}$$

gilt. Es kommen dann nämlich gerade die beiden Einzelbilder zur Deckung, die durch das Licht vom rechten bzw. linken Rand der Sternoberfläche hervorgerufen werden, während im Vergleich dazu die übrigen Einzelmuster, erzeugt von dem von den anderen Teilen der Sternoberfläche ausgesandten Licht, in unterschiedlicher Weise verschoben sind. Folglich ergibt die Superposition aller Einzelbilder eine gleichmäßige Helligkeitsverteilung – die Interferenz ist verschwunden.

Damit bietet sich das folgende Verfahren zur Messung von Sterndurchmessern an: Man vergrößere im MICHELSONschen Sterninterferometer den Spiegelabstand d so lange, bis kein Interferenzbild mehr zu erkennen ist. Gleichung (8.2) liefert dann, setzt man für d den gefundenen kritischen Wert ein, in einfacher Weise die Größe des Sterndurchmessers α_0.

Eine Verfeinerung der durchgeführten, etwas großzügigen Betrachtung erlaubt bei vorgegebener Helligkeitsverteilung auf der Sternoberfläche eine explizite Berechnung der Sichtbarkeit des Interferenzmusters als Funktion des Spiegelabstands d (s. z. B. [MAN 65]). Dabei stellt sich im besonderen heraus, daß Gl. (8.2) für den Fall einer gleichmäßig leuchtenden Kreisscheibe zu

$$d\alpha_0 = 1,22\lambda \tag{8.3}$$

zu präzisieren ist.

Das MICHELSONsche Verfahren erwies sich in der Tat als erfolgreich. Es ließen sich damit Sterndurchmesser bis herab zu ungefähr 0,02 Bogensekunden bestimmen [MIC 21, PEA 31]. Einer weiteren Erhöhung des Auflösungsvermögens, die Spiegelabstände von vielen Metern erfordern würde, stehen aber zwei praktische Hindernisse entgegen.

Erstens stört die (in unserer bisherigen Betrachtung außer acht gelassene) endliche Linienbreite des beobachteten Sternlichts. Diese verschlechtert nämlich dann zusätzlich die Sichtbarkeit des Interferenzbildes, wenn die – zum einen über den Spiegel Sp_1 und zum anderen über den Spiegel Sp_2 verlaufenden – Lichtwege der miteinander interferierenden Strahlen bis zum Ort ihres Zusammentreffens in der Brennebene des Teleskops nicht genau gleich sind. Unter diesen Umständen bewirkt ja eine geringe Veränderung der Wellenlänge bereits eine Verschiebung des zugehörigen Interferenzmusters. Um diesen Störeffekt auszuschalten, müßte im Fall einer typischen Bandbreite von $\Delta\lambda = 5$ nm dafür gesorgt werden, daß der Wegunterschied nicht größer ist als 0,01 mm. Eine solche Forderung an die mechanische Stabilität des Interferometers – sie müßte dazu noch während der gesamten Beobachtungsdauer, die in der Regel eine Mitführung des Instruments erforderlich macht, erfüllt sein! – ist aber bei der gewünschten großen Länge der Interferometerarme utopisch.

Zweitens wird die Beobachtung des Interferenzmusters durch die sog. atmosphärischen Szintillationen erschwert. Hierbei handelt es sich um den Einfluß atmosphärischer Schwankungen, also lokaler Luftbewegungen, die den Druck und damit auch den Brechungsindex der Luft ändern. Da diese atmosphärischen Störungen bei großem Spiegelabstand für die beiden interferierenden Lichtbündel statistisch unabhängig sind, schwankt deren Gangunterschied und damit auch die Lage der Interferenzfigur zeitlich in unkontrollierbarer Weise.

Die geschilderten Schwierigkeiten konnten nun von BROWN und TWISS dadurch überwunden werden, daß sie eine von ihnen wenige Jahre zuvor entwickelte radioastronomische Methode auf den optischen Spektralbereich übertrugen und statt Korrelationen zwischen den an verschiedenen Orten herrschenden elektrischen Feldstärken zu ermitteln (worauf ja Interferenzexperimente stets hinauslaufen), Korrelationen zwischen den an den betreffenden Stellen vorliegenden Intensitäten beobachteten. Damit befreiten sie sich mit einem Schlage von allen mit Phasenänderungen bzw. -fluktuationen zusammenhängenden Störeinflüssen, da die Phase in die Messungen überhaupt nicht mehr einging. Experimentell gingen sie so vor, daß sie die beiden äußeren Planspiegel der MICHELSONschen Apparatur durch Reflektoren (Hohlspiegel) ersetzten (Fig. 23), die das einfallende Sternlicht jeweils auf einen Photomultiplier fokussierten [BRO 56b]. Gemessen wurden die Korrelationen zwischen den Photoströmen in der Weise, daß letztere zunächst (jeder für sich) schmalbandig verstärkt und dann miteinander multipliziert wurden. Der zeitliche Mittelwert ihres Produkts ergab dann das Meßsignal. Da der Photostrom, wie wir in Abschn. 5.2 erwähnten, den zeitlichen Schwankungen des auf die Photokatode fallenden Lichts folgt, ist dieses Signal ein Maß für den zeitlichen Mittelwert des Produkts der an den Orten der beiden Detektoren vorliegenden Lichtintensitäten und spiegelt somit die im Strahlungsfeld bestehenden Intensitätskorrelationen wider. Da die Photoströme durch Drahtverbindungen übertragen werden, entfällt somit auch die Forderung mechanischer Stabilität der Interferometeranordnung.

Nun mag man sich fragen, ja geht denn das überhaupt? Kann man die in der Sichtbarkeit von Interferenzstreifen steckende, wesentlich durch Phasenbeziehungen bestimmte Information in Intensitätskorrelationen wiederfinden? Daß dem tatsächlich so ist, wollen wir im folgenden zeigen.

Kehren wir zunächst noch einmal zur MICHELSONschen Meßmethodik zurück! Da Interferenzfähigkeit in der klassischen Optik synonym mit Kohärenz ist, können wir sagen, mit dem MICHELSONschen Sterninterferometer wird die räumliche Kohärenz des Sternlichts (transversal zu seiner Ausbreitungsrichtung) untersucht, im besonderen wird die transversale Kohärenzlänge gemessen, die ja nichts anderes ist als der kritische Spiegelabstand, bei dem das Interferenzbild verschwindet. Nun bedeutet räumliche Kohärenz in erster Linie, daß sich die (momentane) Phase der elektrischen Feldstärke innerhalb des Kohärenzgebiets nur wenig ändert. Zwar fluktuiert, da die Sterne ja thermische Strahler sind, die Phase an einem herausgegriffenen Ort in unkontrollierbarer Weise, wesentlich ist aber, daß die elektrische Feldstärke in der Umgebung – innerhalb des Kohärenzgebiets – diese Phasenschwankungen getreu mitmacht.

In einem thermischen Strahlungsfeld schwankt aber nicht nur die Phase, sondern in starkem Maße auch die Amplitude. Dabei ist es so, daß sich auch die momentane Amplitudenverteilung erst über endliche Abstände merklich ändert, und es ist – zum Glück für das Verfahren von BROWN und TWISS! – geradezu ein Charakteristikum des thermischen Lichts, daß der Kohärenzbereich, innerhalb dessen die Phase als näherungsweise konstant angesehen werden kann, von Feinheiten abgesehen, mit dem Raumbereich zusammenfällt, in dem die Änderung der Amplitude gering ist. Verfolgt man daher die an zwei verschiedenen, auf einer zur Ausbreitungsrichtung des Lichts (nahezu) senkrechten Fläche liegenden Orten P_1 und P_2 herrschende Intensität in ihrem zeitlichen Verlauf, so findet man, falls der Abstand d zwischen P_1 und P_2 unterhalb der transversalen Kohärenzlänge l_{trans} liegt, daß die momentanen Intensitäten in der Mehrzahl der Fälle übereinstimmen. Wenn also an der Stelle P_1 zufällig eine Intensitätsspitze vorliegt, so ist an der Stelle P_2 mit großer Wahrscheinlichkeit dasselbe zu beobachten, und das gleiche trifft für eine „Delle" der Intensität (einen unter den Mittelwert der Intensität fallenden Wert) zu.

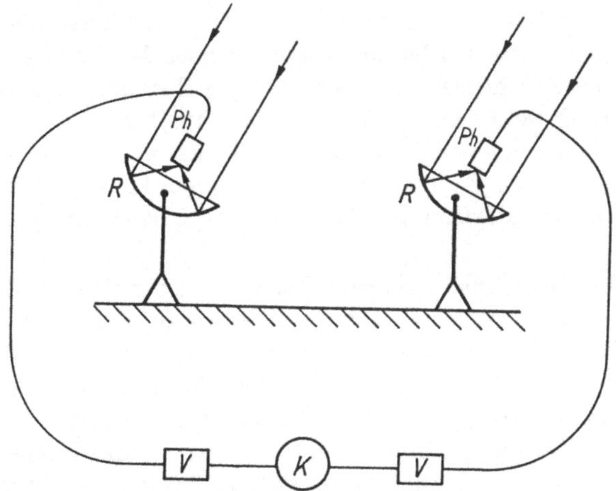

Fig. 23 Sterninterferometer nach BROWN und TWISS (Ph Photomultiplier, K Korrelator, R Reflektor, V schmalbandiger Verstärker). Im Korrelator wird das Produkt der beiden Photoströme gebildet und zeitlich gemittelt.

Grob gesagt gilt also, wenn wir mit $\Delta I(t) \equiv I(t) - \overline{I}$ die Abweichung der momentanen Intensität $I(t)$ von ihrem zeitlichen Mittelwert $\overline{I}$ bezeichnen,

$$\Delta I_1(t) \approx \Delta I_2(t) \quad (\text{für } d \leq l_{\text{trans}}), \tag{8.4}$$

wobei sich der Index auf die Stelle P_1 bzw. P_2 bezieht.

Wie oben bereits erwähnt, registriert der von BROWN und TWISS verwendete „Korrelator" letztlich den zeitlichen Mittelwert des Produktes $I_1(t)I_2(t)$, wofür sich nach Gl. (8.4) (unter Beachtung von $\overline{\Delta I} = 0$) ergibt

$$\overline{I_1(t)I_2(t)} = \overline{I}^2 + \overline{\Delta I_1^2} \quad (\text{für } d \le l_{\text{trans}})\,. \tag{8.5}$$

Überschreitet der Abstand d der Punkte P_1 und P_2 dagegen die transversale Kohärenzlänge l_{trans}, so fluktuieren die Intensitäten an den beiden Orten unabhängig voneinander, d. h., es besteht die Relation

$$\overline{\Delta I_1(t)\Delta I_2(t)} = 0\,, \tag{8.6}$$

woraus folgt

$$\overline{I_1(t)I_2(t)} = \overline{I}^2 \quad (\text{für } d > t_{\text{trans}})\,. \tag{8.7}$$

Damit kann also aus dem Abfall der Intensitätskorrelationen (mit zunehmendem Abstand d) auf die transversale Kohärenzlänge l_{trans} geschlossen werden, die wiederum, in Gl. (8.3) für d eingesetzt, in einfacher Weise den Sterndurchmesser zu berechnen gestattet. Schon im Jahre 1956 bestimmten BROWN und TWISS [BRO 56b] auf diese Weise den Durchmesser des Sirius. Anfang der sechziger Jahre wurden die durch die neue Methode gegebenen Möglichkeiten durch Errichtung einer weiträumigen Beobachtungsstation in Narrabri (Australien) weiter ausgeschöpft [BRO 64]. Dort wurden die Reflektoren auf zwei Eisenbahnwagen montiert, die sich auf einem Schienenkreis mit dem beachtlichen Radius von 188 m bewegen können. Mit diesem Aufbau lassen sich Sterndurchmesser bis herab zu 0,0005 Bogensekunden messen.

Die in Rede stehenden Intensitätskorrelationen können natürlich auch mit Photozählern registriert werden – und damit kommen wir endlich zu der Photonenstatistik. Da die Ansprechwahrscheinlichkeit eines Photodetektors proportional zu der auf seiner empfindlichen Oberfläche herrschenden momentanen Intensität ist, spiegelt die Zahl der in einem endlichen Zeitintervall $t - \frac{T}{2} \cdots t + \frac{T}{2}$ jeweils gezählten Photonen $n(t;T)$ die Intensität des Strahlungsfeldes wider. (Damit sich die Intensitätsfluktuationen nicht zeitlich ausmitteln, ist zu verlangen, daß die Integrationszeit T die Kohärenzzeit des Feldes nicht übersteigt.) Die Intensitätskorrelationen sind dann in der Weise zu ermitteln, daß aus den von zwei Detektoren registrierten Photonenzahlen $n_1(t;T)$ und $n_2(t;T)$ das jeweilige Produkt $n_1(t;T)n_2(t;T)$ gebildet und schließlich über eine längere Meßreihe gemittelt wird.

Die gleiche physikalische Information erhält man durch Zählung von Koinzidenzen, d. h. Registrierung solcher Ereignisse, bei denen beide Zähler zur gleichen Zeit ansprechen. In der Tat ist die Wahrscheinlichkeit für das Eintreten einer derartigen Koinzidenz proportional zu dem zeitlichen Mittelwert von $I_1(t)I_2(t)$. Was man beim Sterninterferometer von BROWN und TWISS mit dieser Meßtechnik beobachtet, ist dann also eine vergrößerte Zahl von Koinzidenzen für den Fall, daß der Abstand der beiden Detektoren kleiner ist als die transversale Kohärenzlänge. Wird letztere dagegen überschritten, so fluktuieren, wie oben erwähnt [s. Gl. (8.7)], die Intensitäten an den Orten der beiden Detektoren völlig unabhängig voneinander, die gemessenen Koinzidenzen sind somit rein zufällig. Man kann daher das Beobachtungsergebnis auch so ausdrücken: Für $d \leq l_{\text{trans}}$ wird ein Überschuß an Koinzidenzen im Vergleich zu den zufälligen festgestellt.

Es besteht also für $d \leq l_{\text{trans}}$ eine Korrelation zwischen den zur gleichen Zeit registrierten Photonen von der Art, daß dann, wenn ein Photon am Ort P_1 eintrifft, am Ort P_2 ein zweites Photon mit größerer Wahrscheinlichkeit ankommt, als dies der Fall wäre, wenn nur der Zufall regieren würde.

Dieser Sachverhalt ist nicht zu verstehen, wenn wir der Betrachtung ein naives Photonenbild zugrunde legen, das den Welleneigenschaften des Lichts keinen Platz einräumt. Zwar können wir davon ausgehen, daß die einzelnen Atome auf der Sternoberfläche unabhängig voneinander strahlen und dabei – in jedem Elementarakt – jeweils ein Photon aussenden. Würde nun aber weiter nichts geschehen, als daß diese Photonen wie „Kügelchen", ohne sich gegenseitig zu beeinflussen, durch den Raum flögen und auf die Erdoberfläche träfen, so wäre nicht einzusehen, wie die geschilderte Korrelation zwischen ihnen zustande kommen sollte. Das einzelne Photon könnte ja gar nicht „wissen", was in seiner Umgebung sonst noch passiert. In Wahrheit richtet sich jedoch das statistische Verhalten der Photonen, so wie wir es registrieren, nach der Größe des Sterndurchmessers!

Dieses Faktum findet nur im Rahmen der Wellenvorstellung des Lichts eine Erklärung. Was auf den Photodetektor tatsächlich einwirkt, ist ja die momentane Intensität der elektromagnetischen Strahlung, wie sie auf seiner empfindlichen Oberfläche herrscht. Die der Intensität zugrunde liegende elektrische Feldstärke ist aber eine Überlagerung ungeheuer vieler Elementarwellen – im Prinzip tragen *alle* Atome auf der Sternoberfläche dazu bei! –, und das ist der tiefere physikalische Grund dafür, daß in den Intensitätskorrelationen die Information über die Ausdehnung der gesamten Sternoberfläche steckt.

In der Tat kommt schon die räumliche Kohärenz (in transversaler Richtung), wie sie mit dem MICHELSONschen Sterninterferometer gemessen wird, auf die gleiche Weise zustande (Fig. 22): Die elektrischen Feldstärken an den Orten P_1 und P_2, an denen sich die Spiegel Sp_1 bzw. Sp_2 befinden, können nur deswegen korreliert sein, weil sie in beiden Fällen von der Ausstrahlung der *gleichen* Atome herrühren. Die von den einzelnen Atomen ausgesandten

Elementarwellen dürfen dabei, wie es ja tatsächlich der Fall ist, hinsichtlich Phase und Amplitude durchaus regellos – unabhängig voneinander – schwanken. Diese Fluktuationen wirken sich (vorausgesetzt, daß der Abstand zwischen P_1 und P_2 die transversale Kohärenzlänge nicht übersteigt) an beiden Orten in gleicher Weise aus, und deswegen fluktuiert die elektrische Gesamtfeldstärke an den beiden Stellen „im gleichen Takt".

Damit wird ein weiteres Mal deutlich, daß den Photonen keine Individualität zugestanden werden darf in dem Sinne, daß einem jeden registrierten Photon ein definierter „Geburtsort" (ein ganz bestimmtes, wenn auch natürlich unbekanntes Atom) zugeschrieben werden könnte. Zu einem ganz ähnlichen Schluß sind wir schon in Abschn. 7.4 bei der Diskussion der Interferenz zwischen unabhängigen Photonen gelangt. Generell können wir sagen, immer dann, wenn Interferenz im Spiel ist, erleidet die naive Photonenvorstellung Schiffbruch.

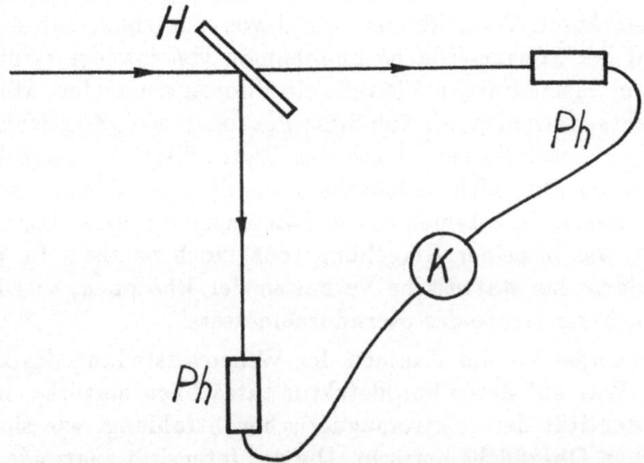

Fig. 24 Versuchsaufbau von BROWN und TWISS zur Messung von Intensitätskorrelationen (Ph Photomultipier, H halbdurchlässiger Spiegel, K Korrelator)

Nachzutragen bleibt noch, daß BROWN und TWISS [BRO 56a], bevor sie ihre astronomischen Beobachtungen durchführten, die von ihnen konzipierte neue Meßtechnik in einem Laborexperiment testeten. Ähnlich wie bei den beabsichtigten astronomischen Messungen untersuchten sie die transversale räumliche Kohärenz eines thermischen Strahlungsfeldes, nur war die Lichtquelle diesmal eine Quecksilberdampflampe mit vorgesetzter Lochblende. Natürlich ist unter solchen Bedingungen die transversale Kohärenzlänge sehr klein, so daß es nicht möglich ist, zwei Empfänger nebeneinander aufzustellen. Die beiden Forscher überwanden diese Schwierigkeit sehr elegant durch Verwendung eines Strahlteilers (Fig. 24). Wie sie erwartet hatten, konnten sie einen Abfall der Intensitätskorrelationen beobachten, wenn der eine der beiden Photomultiplier – von der zum anderen spiegelbildlichen Lage aus – seitlich verschoben wurde. Damit war die Existenz von Intensitätskorrelationen (im thermischen Licht) zweifelsfrei nachgewiesen und zugleich der Prototyp einer Meßanordnung für spätere photonenstatistische Untersuchungen geschaffen. Dieser eignet sich, wie REBKA und POUND [REB 57] unter Verwendung von Photozählern als erste zeigten, auch zur Beobachtung von zeitlichen Intensitätskorrelationen, auf die wir sogleich näher zu sprechen kommen.

8.2   „Anhäufelung" von Photonen

Die bisher betrachteten räumlichen Intensitätskorrelationen sind, was ihre Abhängigkeit vom Abstand der beiden Detektoren angeht, durch die geometrischen Verhältnisse – die Ausdehnung der Lichtquelle und ihren Abstand von den Detektoren – bestimmt. Andererseits ist aber zu erwarten, daß auch zeitliche Intensitätskorrelationen auftreten, die ihre Ursache darin haben, daß die an einem festen Ort herrschende Lichtintensität zeitlich schwankt. Nun ist die mittlere zeitliche Ausdehnung einer Intensitätsspitze oder -delle, thermisches Licht vorausgesetzt, etwa gleich der Dauer des Zeitintervalls, in dem sich die Phase nur wenig ändert. Sie stimmt also mit der Kohärenzzeit t_{koh} überein. (Eine analoge Feststellung machten wir schon bei der Diskussion räumlicher Intensitätskorrelationen.) Da t_{koh} größenordnungsmäßig durch das Reziproke der Linienbreite $\Delta\nu$ gegeben ist, kommen also bei der Untersuchung zeitlicher Intensitätskorrelationen die spektralen Eigenschaften des Lichts zur Geltung.

Beobachtet man zeitlich verzögerte Koinzidenzen an einem festen Ort, was auf eine Messung des zeitlichen Mittelwerts von $I(t)I(t+\tau)$ hinausläuft (τ ist die Verzögerungszeit), so wird die ermittelte Koinzidenzzählrate für $\tau < t_{koh}$ höher sein als für $\tau > t_{koh}$, weil nämlich $\overline{I^2(t)}$ größer ist als $\overline{I(t)I(t+\tau)}$ für $\tau > t_{koh}$. (Die Verhältnisse sind ganz ähnlich wie bei den räumlichen Intensitätskorrelationen. Die zu den Gleichungen (8.5) und (8.7) führenden Überlegungen lassen sich auf den jetzigen Fall direkt übertragen.) Da für $\tau \gg t_{koh}$ die Koinzidenzen nur zufälliger Natur sein können, wird also ein Überschuß an Koinzidenzen, im Vergleich zu den zufälligen, gefunden, solange die Verzögerungszeit unterhalb der Kohärenzzeit liegt. Theoretisch ist für den Fall polarisierter thermischer Strahlung mit einem GAUSS-förmigen spektralen Profil der in Fig. 25 wiedergegebene Verlauf der Koinzidenzzählrate zu erwarten.

Damit eröffnet das Studium von zeitlichen Intensitätskorrelationen eine grundsätzlich neue Möglichkeit zur Messung der Linienbreite thermischer Strahlung. Für ein entsprechendes Experiment bietet sich der von BROWN und TWISS verwendete, in Fig. 24 dargestellte Aufbau an. Nur sind jetzt beide Detektoren fest montiert – ihre Positionen sind bezüglich des Strahlteilers spiegelbildlich zueinander –, und die Messung erfolgt in der Weise, daß aus der Gesamtheit der von den beiden Zählern registrierten Einzelereignisse (elektronisch) die interessierenden Koinzidenzen aussortiert werden, d. h. diejenigen Fälle, bei denen der zweite Zähler gerade τ Sekunden nach dem ersten Zähler angesprochen hat. (Bei Verwendung von Photomultipliern wird vor der Multiplikation der beiden Photoströme im Korrelator einer von ihnen zeitlich verzögert.)

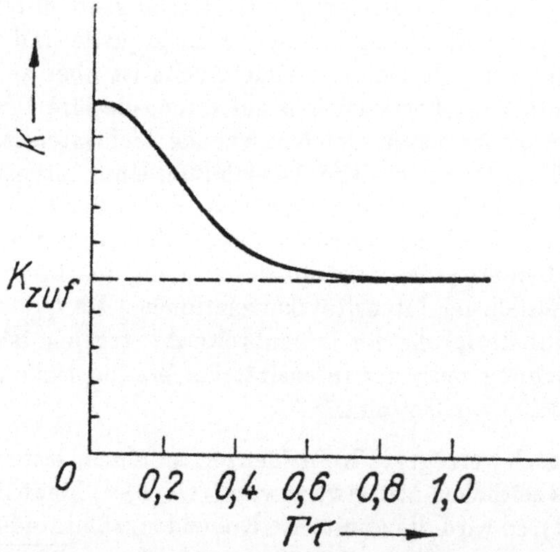

Fig. 25 Theoretischer Verlauf der Koinzidenzzählrate K als Funktion der Verzögerungszeit τ für polarisiertes thermisches Licht mit einem GAUSS-förmigen spektralen Profil $G(\nu) = \mathrm{const}\,\exp\{-(\nu - \nu_0)^2/\Gamma^2\}$ (K_{zuf} zufällige Koinzidenzzählrate). Nach [MAN 63]

Wie wir oben erläuterten, erstrecken sich die zeitlichen Intensitätskorrelationen über ein Intervall von der Größe der Kohährenzzeit t_{koh} (s. dazu Fig. 25). Für ihre Messung sind daher Detektoren erforderlich, deren Ansprechzeit noch kleiner als t_{koh} ist. Es lassen sich somit über eine Messung von Intensitätskorrelationen gerade sehr geringe Linienbreiten gut bestimmen, da t_{koh}

ja dann sehr groß ist. Im Gegensatz dazu eignen sich die konventionellen optischen Spektrometer, wie beispielsweise das FABRY-PEROT-Interferometer, zur Messung von größeren Linienbreiten und -abständen. Die neuen, auf photonenstatistischen Messungen beruhenden Verfahren und die bekannten interferometrischen Techniken ergänzen sich daher auf das glücklichste.

Tatsächlich sind die von thermischen Strahlern ausgesandten Spektrallinien so breit, daß sich Intensitätskorrelationen an ihnen nur mit großer Mühe nachweisen lassen. Es gibt aber ein recht bedeutsames Anwendungsgebiet für die neue Technik, nämlich die Untersuchung von Laserlicht, das an bewegten Zentren gestreut wird. Im Gegensatz zum eingestrahlten (quasimonochromatischen) Laserlicht ist ja das Streulicht von gleicher Beschaffenheit wie thermisches Licht. Das liegt daran, daß sich im Streufeld – ganz ähnlich wie bei der thermischen Strahlung – die von den einzelnen Zentren ausgesandten Partialwellen mit zufälligen Phasen überlagern. (Zwar bestehen feste Phasenbeziehungen zur einfallenden Laserstrahlung, deren Phase ja über den Strahlquerschnitt konstant ist und sich auch zeitlich nur langsam ändert, die regellose räumliche Verteilung der Zentren hat aber zur Folge, daß die Phasen der Streuwellen an einem herausgegriffenen Beobachtungsort zufällige Werte annehmen.) Es bildet sich so – in einem festen Zeitpunkt – im Raum ein „Lichtgebirge" aus. Dank der regellosen Bewegung der Streuzentren (beispielsweise infolge BROWNscher Bewegung) kommt es dann auch zu zeitlichen Fluktuationen der Intensität, wie wir sie vom thermischen Licht her kennen. Da das Streulicht überdies sehr schmalbandig ist, gibt es ein nahezu ideales Objekt für photonenstatistische Untersuchungen ab. Beispielsweise lassen sich aus Messungen von zeitlichen Intensitätskorrelationen im Fall BROWNscher Bewegung von Teilchen, die in einer Flüssigkeit suspendiert sind, Diffusionskoeffizienten ermitteln. Figur 26 zeigt eine typische Meßkurve. (Daß hier ein exponentieller Abfall bei zunehmender Verzögerungszeit zu beobachten ist, hat seine Ursache darin, daß das Linienprofil nicht, wie bei der Kurve in Fig. 25 angenommen, GAUSS-, sondern LORENTZ-förmig ist.) In ähnlicher Weise läßt sich aus der – durch Temperaturfluktuationen bewirkten – RAYLEIGH-Streuung von Laserstrahlung in Flüssigkeiten deren Temperaturleitfähigkeit bestimmen.

Den in Fig. 26 zum Ausdruck kommenden Sachverhalt kann man anschaulich so beschreiben, daß man sagt, es liegt eine „Anhäufelung" von Photonen vor (in der englischsprachigen Literatur wurde dafür der Terminus „photon bunching" geprägt): Die Wahrscheinlichkeit, daß zwei Photonen kurz nacheinander (d. h. mit einer definierten Verzögerung $\tau < t_{\text{koh}}$) am gleichen Ort eintreffen, ist deutlich erhöht im Vergleich zu dem Fall, daß zwei Photonen in einem (vorgegebenen) großen zeitlichen Abstand $\tau > t_{koh}$ ankommen. Man kann auch sagen, die Photonen zeigen eine Tendenz, in Paaren aufzutreten.

Dieses Phänomen mag in einem naiven Photonenbild verwunderlich erscheinen. Es hat den Anschein, als würde sich – wir denken jetzt wieder an eine thermische Lichtquelle –, nachdem ein erstes Atom ein Photon ausgesandt hat, (wenigstens) ein zweites Atom mit der Emission besonders beeilen. Tatsächlich spiegeln die „Photonenklumpen" nur die starken Intensitätsfluktuationen wider, die (ganz ähnlich wie die in Abschn. 8.1 geschilderten räumlichen Intensitätskorrelationen) lediglich eine Folge der Interferenz zwischen den einzelnen, von verschiedenen Atomen *völlig unabhängig voneinander* ausgestrahlten Elementarwellen sind.

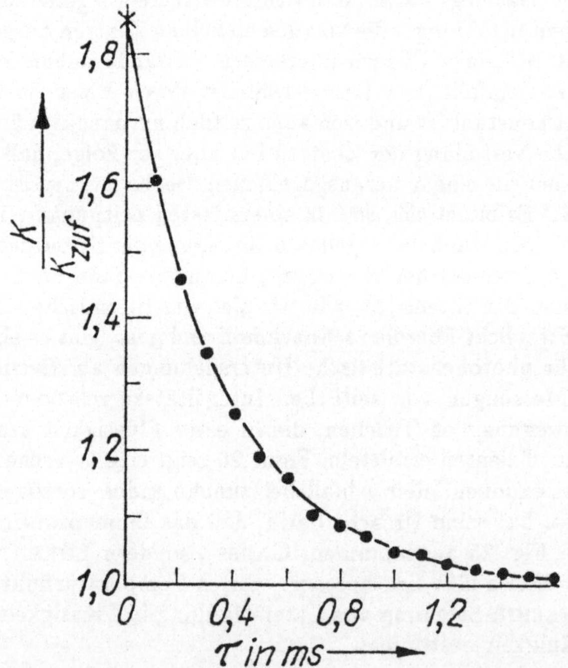

Fig. 26 Verhältnis der Koinzidenzzählrate K zur zufälligen K_{zuf} in Abhängigkeit von der Verzögerungszeit τ, gemessen an einer Suspension von Rinderserum-Albumin. Nach [FOO 69]

Eine andere photonenstatistische Untersuchungsmethode besteht darin, jeweils die Anzahl $n(t; T)$ der in einem Zeitintervall vorgegebener Länge T

registrierten Photonen zu ermitteln und aus einer solchen Meßreihe die Häufigkeiten zu berechnen, mit der gerade $0, 1, 2, \ldots$ Photonen in Erscheinung traten. Theoretisch ist, wie wir unten noch genauer ausführen werden, zu erwarten, daß die Photonenzahlen $n(t; T)$ für polarisiertes thermisches Licht einer BOSE-EINSTEIN-Verteilung gehorchen, d. h., daß die (auf Eins normierte) Wahrscheinlichkeit p_n, gerade $n\,(= 0, 1, 2, \ldots)$ Photonen zu finden, gegeben ist durch

$$p_n = \frac{\overline{n}^n}{(\overline{n} + 1)^{n+1}}, \tag{8.8}$$

wobei $\overline{n}$ den Mittelwert der Photonenzahl bezeichnet. Interessanterweise liegt das Maximum dieser Verteilung an der Stelle $n = 0$ (Fig. 27), d. h. , die Wahrscheinlichkeit, überhaupt kein Photon festzustellen, ist – verglichen mit der Wahrscheinlichkeit, eine *ganz bestimmte* endliche Zahl von Photonen zu registrieren – am größten. Mit der Verteilungsfunktion (8.8) berechnet sich dann die quadratische Streuung der Photonenzahl zu

$$(\Delta n)^2 \equiv \langle n^2 \rangle - \langle n \rangle^2 = \langle n \rangle^2 + \langle n \rangle. \tag{8.9}$$

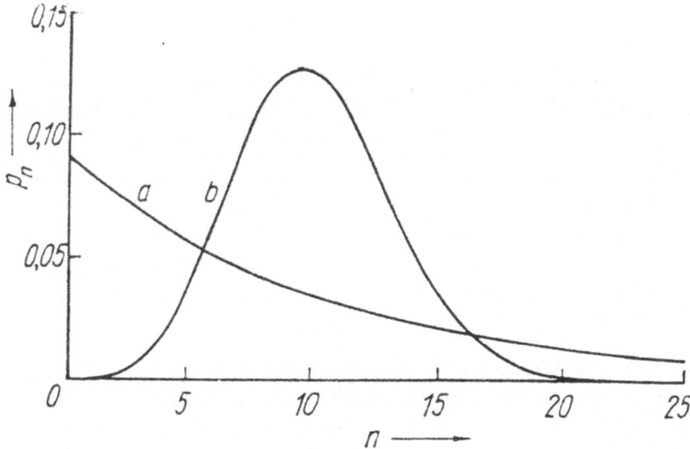

Fig. 27 BOSE-EINSTEIN-Verteilung (a) und POISSON-Verteilung (b) bei einer mittleren Photonenzahl $\overline{n} = 10$ (p_n ist die Wahrscheinlichkeit, n Photonen vorzufinden)

Die Photonenzahl ist somit starken Schwankungen unterworfen. Sie sind für thermisches Licht charakteristisch. In diesem Zusammenhang sei darauf hingewiesen, daß man dabei zwischen polarisiertem und unpolarisiertem Licht unterscheiden muß. Ersteres (worauf wir unsere Betrachtung beschränkt haben) zeigt in der Tat deutlich stärkere Intensitätsfluktuationen als letzteres.

Wir wollen an dieser Stelle noch ein paar Bemerkungen zum Experiment machen. Zunächst ist zu sagen, daß Gl. (8.8) ursprünglich im Rahmen einer Ein-Moden-Rechnung hergeleitet wurde. Diese Formel ist dann nichts anderes als die bekannte BOLTZMANN-Verteilung für die Besetzung der Energieniveaus eines im thermodynamischen Gleichgewicht befindlichen Systems. In unserem Fall sind, wie in Abschn. 4.2 erläutert, die Energieniveaus äquidistant – es gilt $E_n = nh\nu$ ($n = 0, 1, 2\ldots$) –, und daher lautet der BOLTZMANN-Faktor

$$p(E_n) = \text{const} \exp\left\{-nh\nu/k\Theta\right\} \tag{8.10}$$

mit k als BOLTZMANN-Konstante und Θ als Temperatur. Umgeschrieben auf die mittlere Photonenzahl $\langle n\rangle$ (und korrekt normiert), ergibt sich daraus in der Tat Gl. (8.8). Diese Betrachtung macht aber deutlich, daß sich die Photonenzahl primär auf das *Modenvolumen* bezieht, das wir nach den Ausführungen in Abschn. 4.2 mit dem Kohärenzvolumen V_{koh} identifizieren können. Im Experiment muß daher auf jeden Fall dafür gesorgt werden, daß die obige Summation von Einzelereignissen jeweils auf ein Strahlvolumen beschränkt bleibt, das nicht größer als V_{koh} ist. Das bedeutet im besonderen, die obige Integrationszeit T darf die Kohärenzzeit nicht übersteigen. Was geschieht nun, wenn T kleiner ist, also nur ein Teil von V_{koh} erfaßt wird? Offenbar gelangt dann auch nur ein Teil der in V_{koh} befindlichen Photonen zur Beobachtung. Es wäre aber falsch, sich vorzustellen, daß dies ein fester Prozentsatz sei. Vielmehr hat auch hier der Zufall wieder seine Hand im Spiele, und der Auswahlmechanismus ist von der gleichen Art wie die in Abschn. 7.1 behandelte Strahlteilung. (Statt in durchgehende und reflektierte Photonen teilen wir nun in registrierte und nicht registrierte.) Dabei wird, wie am Ende von Abschn. 7.1 bereits erwähnt, im besonderen thermisches Licht wieder in solches umgewandelt. Das bedeutet, die Verteilung (8.8) gilt auch – mit entsprechend verringerter mittlerer Photonenzahl $\langle n\rangle$ – für die vom Detektor getroffene Auswahl von Photonen.

Im Hinblick auf tatsächliche Messungen muß noch beachtet werden, daß die Nachweisempfindlichkeit realer Photodetektoren deutlich unter dem Idealwert 1 liegt, d. h., es wird ein einfallendes Photon nur mit einer gewissen (festen) Wahrscheinlichkeit registriert. Man kann daher einen wenig effizienten Detektor durch einen idealen Detektor mit vorgesetztem Absorber modellieren, und da der Absorptionsvorgang formal der gleiche ist wie der Prozeß der Strahlteilung, hat die Ineffizienz der Photodetektoren den gleichen Effekt wie die zuvor betrachtete Verringerung des Beobachtungsvolumens im Vergleich zum Kohärenzvolumen. Wir gelangen so zu dem Schluß, daß der

Charakter des thermischen Lichts auch durch die Ineffizienz der Detektoren nicht verändert wird. Gleichung (8.8) ist somit auch für die tatsächlich gemessenen Photonen gültig. Eines dürfen wir aber nicht vergessen: Die Integrationsdauer T muß kleiner als die Kohärenzzeit, also das Reziproke der Linienbreite sein. Genau wie eine Beobachtung der „Anhäufelung" von Photonen läßt sich daher auch eine Messung der Photonenverteilung (8.8) nur an thermischem Licht sehr geringer Linienbreite ausführen.

Deshalb wird auch hier mit gestreutem Laserlicht gearbeitet. Dabei verwendeten ARECCHI und Mitarbeiter [ARE 67b] als streuendes Medium eine Suspension von Polysteren-Kügelchen unterschiedlicher Größe in Wasser und konnten am Streulicht das Vorliegen einer BOSE-EINSTEIN-Verteilung für die Photonenzahl $n(t; T)$ nachweisen.

Zu Demonstrationszwecken kann man übrigens auf recht einfachem Wege sehr schmalbandiges, „pseudothermisches" Licht herstellen: Man läßt quasimonochromatisches Laserlicht von einer rotierenden Mattglasscheibe reflektieren [MAR 64]. Das einfallende Licht wird also an einer in unregelmäßiger Weise aufgerauhten Oberfläche gestreut. Die Schnelligkeit der Amplitudenänderung hängt offenbar von der Umdrehungsgeschwindigkeit der Scheibe ab und kann somit willkürlich variiert werden. Die Kohärenzzeit t_{koh} des Streulichts kann daher so eingestellt werden, daß sich photonenstatistische Messungen bequem ausführen lassen. In der Tat erfolgte der erste experimentelle Nachweis einer BOSE-EINSTEIN-Verteilung der Photonen auf diese Weise [ARE 66].

Es ist nun ganz wesentlich, daß die bisher geschilderten photonenstatistischen Eigenschaften des Lichts ein Charakteristikum nur der von thermischen Quellen ausgesandten (und durch einen Polarisator geschickten) Strahlung bzw. der oben erwähnten Streustrahlung sind. Tatsächlich ist mit dem Laser die Möglichkeit gegeben, Licht von ganz anderer Beschaffenheit zu erzeugen. Bevor wir eingehender darauf zu sprechen kommen, wollen wir noch ganz allgemein den Einfluß ineffizienter Detektoren auf den Ausgang von Koinzidenzmessungen untersuchen.

Dazu müssen wir zunächst wissen, wie die simultane Ansprechwahrscheinlichkeit zweier am gleichen Ort befindlicher idealer Detektoren von der – auf das Moden-, sprich Kohärenzvolumen bezogenen – Photonenzahl n abhängt.

Läßt man sich von klassischen Vorstellungen leiten, so wird man sagen, die in Rede stehende Wahrscheinlichkeit ist proportional zum zeitlichen Mittelwert des Quadrats der (momentanen) Intensität, also – da Intensität und Photonenzahl sich nur um einen konstanten Faktor unterscheiden – proportional zum zeitlichen Mittelwert von n^2, den wir dank des zu erwartenden ergodischen Verhaltens des Strahlungsfeldes durch den Ensemble-Mittelwert $\langle n^2 \rangle$ ersetzen können.

Im Gegensatz dazu führt die quantenmechanische Beschreibung zu dem Ergebnis, daß die Größe $\langle n(n-1) \rangle$, an Stelle von $\langle n^2 \rangle$, für Koinzidenzzählungen maßgeblich ist (s. Abschn. A.1). Tatsächlich ist die quantenmechanische Aussage vertrauenswürdiger als die aus klassischer Betrachtung folgende, weil sie dem Energiesatz Rechnung trägt. Das erkennt man am einfachsten, wenn man den Spezialfall ins Auge faßt, daß sich im Kohärenzvolumen genau ein Photon befindet. Nach der Quantenmechanik verschwindet dann die simultane Ansprechwahrscheinlichkeit zweier Detektoren exakt, wie aus energetischen Gründen zu fordern ist, da ja jeder der beiden Detektoren zum Ansprechen ein volles Energiequant $h\nu$ benötigt. Nach klassischer Auffassung würde aber auch für diesen Fall eine endliche Wahrscheinlichkeit existieren, Koinzidenzen zu beobachten.

Wir rechnen daher quantenmechanisch und schreiben die (nichtverzögerte) Koinzidenzzählrate (i. e. die Zahl der pro Sekunde registrierten Koinzidenzen) in der Form

$$K(0) = \beta^2 T_1 \langle n(n-1) \rangle, \qquad (8.11)$$

wobei T_1 die Ansprechzeit des Detektors und die Konstante β den Quotienten aus seiner Nachweisempfindlichkeit und der auf die Zeit umgerechneten Länge des Modenvolumens bezeichnet. (Wenn der Querschnitt des Modenvolumens nur zum Teil auf die empfindliche Detektoroberfläche abgebildet wird, kommt zur Detektorempfindlichkeit noch ein weiterer Verkleinerungsfaktor hinzu.) Der Faktor T_1 auf der rechten Seite dieser Gleichung rührt daher, daß allgemein die Wahrscheinlichkeit für das Ansprechen zweier Detektoren proportional zu dem Produkt der Längen Δt_1 und Δt_2 der Zeitintervalle ist, in denen der erste bzw. der zweite Zähler – jeweils für sich – mißt. Um auf die Koinzidenzzählrate zu kommen, hat man durch eine der Zeiten Δt_1 oder Δt_2 zu dividieren, und die andere ist dann durch T_1 zu ersetzen. Andererseits ist die Zählrate Z eines einzelnen Detektors proportional zur mittleren Intensität (in diesem Punkt stimmen die klassische und die quantenmechanische Beschreibung überein) und damit gegeben durch

$$Z = \beta \langle n \rangle. \qquad (8.12)$$

Hieraus ergibt sich dann die *zufällige* Koinzidenzzählrate zu

$$K_{\text{zuf}} = Z^2 T_1 = \beta^2 T_1 \langle n \rangle^2. \qquad (8.13)$$

Von besonderem Interesse ist der Überschuß der systematischen Koinzidenzzählrate im Vergleich zu der zufälligen. Bezieht man ihn auf die letztere, führt also die relative Überschußkoinzidenzzählrate ein, so findet man dafür nach Gln. (8.11) und (8.13) den Ausdruck

$$R \equiv \frac{K(0) - K_{\text{zuf}}}{K_{\text{zuf}}} = \frac{\langle n(n-1)\rangle - \langle n\rangle^2}{\langle n\rangle^2} = \frac{(\Delta n)^2 - \langle n\rangle}{\langle n\rangle^2}. \tag{8.14}$$

Mit Freude stellen wir fest, daß sich in Gl. (8.14) die Detektorempfindlichkeit herausgehoben hat. Wir können uns also bei der Messung der für die Photonenstatistik charakteristischen relativen Überschußkoinzidenzzählrate schlechte Detektoren leisten und brauchen uns überdies bei der optischen Abbildung des Lichtfeldes auf die Detektoroberfläche keine übermäßige Mühe zu geben. (Wir sollten nur dafür sorgen, daß die Dimension der abgebildeten Fläche die transversale Kohärenzlänge nicht überschreitet.) Wir erwähnen am Rande, daß die genannte Unempfindlichkeit der Meßgröße (8.14) natürlich verlorengeht, wenn wir stattdessen die Größe $[(\Delta n)^2 - \langle n\rangle]/\langle n\rangle = (\Delta n)^2/\langle n\rangle - 1$ betrachten. Dieser sog. MANDELsche Q-Parameter ist zwar ein bequemes theoretisches Maß für photonenstatistische Eigenschaften, er hat jedoch den Nachteil, nicht direkt meßbar zu sein.

Schließlich können wir unter Verwendung von Gl. (8.9) die relative Überschußkoinzidenzzählrate (8.14) für polarisiertes thermisches Licht leicht berechnen, das Ergebnis lautet einfach $R = 1$, in Übereinstimmung mit Fig. 25.

8.3 Zufällige Photonenverteilung

Es erhebt sich nun die Frage nach den photonenstatistischen Eigenschaften von Strahlungsfeldern, die nicht thermischer Natur sind. Man denkt dabei in erster Linie an Laserlicht. In der Tat unterscheidet sich ja der in einem Laser wirksame Ausstrahlungsmechanismus grundlegend von dem einer thermischen Lichtquelle. Die Folge davon ist, daß sich auch die Photonenstatistik in den beiden Fällen als völlig verschieden erweist. Laserlicht zeichnet sich nämlich gegenüber thermischer Strahlung durch einen hohen Grad von Amplitudenstabilisierung aus. Wir wollen diesen Punkt etwas näher erläutern.

Während die Atome in einer thermischen Lichtquelle hauptsächlich spontan strahlen, dominiert in einem Laser dank der in seinem Innern herrschenden außerordentlich hohen elektrischen Feldstärke die induzierte Emission. Letztere bringt „Zucht und Ordnung" in das Emissionsgeschehen. Der physikalische Mechanismus ist dabei der folgende: Das im Laserresonator vorhandene Feld – es hat sich nach einer Anlaufphase von selbst ausgebildet

– induziert an den Atomen des Lasermediums, die durch einen Pumpprozeß angeregt wurden, ein elektrisches Dipolmoment. Zwischen ihm und der treibenden Kraft – in Gestalt der elektrischen Feldstärke – besteht eine wohldefinierte Phasenbeziehung. (Sie ist gerade so beschaffen, daß das Dipolmoment am Feld eine möglichst große Arbeit leistet.) Da das Feld über das gesamte Resonatorvolumen kohärent ist, schwingen so die individuellen Dipolmomente „im gleichen Takt", so daß im Medium eine *makroskopische* Polarisation entsteht. (Letztere ist ja definiert als die Summe der in der Volumeneinheit befindlichen Dipolmomente.) Die Laseremission ist somit ein kollektiver Prozeß.

Weiterhin strahlen die Atome ihre Energie sehr viel schneller aus als im Fall der spontanen Emission; die quantenmechanische Wahrscheinlichkeit für den mit Ausstrahlung verbundenen Übergang eines Atoms aus dem höheren in das tiefere Niveau ist nämlich proportional zu der Intensität des Feldes. Außerdem kommt die emittierte Energie voll und ganz dem induzierenden Feld zugute, d. h., die von den einzelnen Atomen ausgesandten Lichtwellen stimmen hinsichtlich Frequenz, Ausbreitungsrichtung und Polarisation mit dem die Atome antreibenden Strahlungsfeld überein. Auf diese Weise kommen die geradezu phantastisch anmutenden Eigenschaften der Laserstrahlen – die enorme spektrale Energiedichte, Frequenz- und Richtungsschärfe – zustande.

Tatsächlich stellen jedoch diese Vorzüge des Laserlichts „nur" einen quantitativen Fortschritt dar, der sich, so gewaltig er auch sein mag, im Prinzip – hier spricht der Theoretiker – auch mit der Schaffung extrem heißer (thermischer) Lichtquellen, unter Verwendung von Filtern und Blenden hervorragender Qualität, erreichen ließe. Die Amplitudenstabilisierung macht in Wahrheit den grundsätzlichen, qualitativen Unterschied zwischen Laserlicht und thermischer Strahlung aus.

Doch wie kommt es nun zu dieser wesentlichen Besonderheit der Laserstrahlen? Verantwortlich dafür ist ein für den Laser spezifischer Mechanismus, die sogenannte Sättigung. Damit ist folgendes gemeint: Die angeregten Atome verlieren ja durch den Prozeß der Ausstrahlung ihre Energie, gehen also schließlich in das tiefere Niveau über. Durch den Pumpvorgang werden sie erneut angeregt, können damit wieder strahlen usf. Nun läuft, wie wir oben bereits erwähnten, der elementare Ausstrahlungsvorgang (in Gestalt von induzierter Emission) um so schneller ab, je höher die Intensität der antreibenden Strahlung ist. Das Pumpen erfolgt dagegen mit einer konstanten Rate. Die Folge davon ist, daß sich die Anzahl der im Mittel angeregten Atome – und damit auch der für den Laserbetrieb maßgebliche Überschuß von angeregten Atomen im Vergleich zu den nichtangeregten, die sogenannte

Inversion des Lasermediums – mit zunehmender Intensität des Laserfeldes verringert, und diesen Effekt bezeichnet man als Sättigung.

Der Sättigungsmechanismus sorgt nun auch dafür, daß Schwankungen der Amplitude bzw. Intensität – wir denken an einen stationären Laserbetrieb – „ausgebügelt" werden. In der Tat, sollte zufällig eine momentane Erhöhung der Intensität, im Vergleich zu ihrem stationären Wert, eingetreten sein, so zieht diese, wie oben erläutert, eine verringerte Inversion nach sich. Dies wiederum führt dazu, daß die Ausstrahlung etwas schwächer wird, wodurch die ursprüngliche Intensitätsspitze abgebaut wird. In ähnlicher Weise wird eine momentane Intensitätserniedrigung, dank der dadurch verursachten kurzzeitigen Inversionserhöhung, weggedämpft.

Für die Phase des Laserlichts dagegen gibt es keinen „Rückstellmechanismus". Sie ändert sich im Lauf der Zeit in statistisch regelloser Weise. Die Linienbreite der Laserstrahlung wird daher (unter idealen Betriebsbedingungen) im wesentlichen durch diese „Phasendiffusion" bestimmt – in deutlichem Gegensatz zu den Verhältnissen beim thermischen Licht, wo Phasen- *und* Amplitudenfluktuationen in gleichem Maße zur Linienbreite beitragen.

Da bei fehlenden Intensitätsfluktuationen kein Überschuß an Koinzidenzen auftreten kann, muß eine Messung eine von der Verzögerungszeit unabhängige Koinzidenzzählrate liefern. Nun bedeutet das Vorliegen einer konstanten Intensität aber keineswegs, daß auch die Anzahl $n(t,T)$ der während eines Zeitintervalls der Länge T registrierten Photonen stets die gleiche ist. Konstant ist tatsächlich nur die *Wahrscheinlichkeit* für das Ansprechen eines Zählers. Dabei bleibt den tatsächlichen Zählakten noch genügend Spielraum für individuelles Verhalten, woraus eine statistische Verteilung der in Rede stehenden Photonenzahlen $n(t;T)$ resultiert.

Die Form dieser Verteilung können wir leicht vorhersagen, wenn wir von der in Abschn. 4.4 erwähnten Korrespondenz zwischen klassischen monochromatischen Wellen definierter Amplitude und Phase und den quantenmechanischen GLAUBER-Zuständen Gebrauch machen. Nach dem dort Gesagten gehorchen in diesem Fall die auf das Modenvolumen bezogenen Photonen einer POISSON-Verteilung, die nach Gl. (4.6), ersetzen wir dort die Größe $|\alpha|^2$ durch die mittlere Photonenzahl $\bar{n}$, lautet

$$p_n = e^{-\bar{n}}\frac{\bar{n}^n}{n!} \quad (n = 0, 1, 2, \ldots). \tag{8.15}$$

Diese Verteilung unterscheidet sich, wie aus Fig. 27 zu ersehen, grundlegend von der für thermisches Licht zuständigen BOSE-EINSTEIN-Verteilung: Sie zeigt ein ausgeprägtes Maximum an einer Stelle, die nahe bei der mittleren

Photonenzahl $\bar{n}$ liegt, und ist sehr viel schmaler als die BOSE-EINSTEIN-Verteilung. (Bekanntlich gilt für die POISSON-Verteilung $\Delta n^2 = \bar{n}$.)

Wie bei der theoretischen Untersuchung der thermischen Strahlung in Abschn. 8.2 identifizieren wir das Modenvolumen mit dem Kohärenzvolumen V_{koh}, das dadurch zu charakterisieren ist, daß sich innerhalb von V_{koh} die Phase nur wenig ändert.

Es ist nun wieder erforderlich, vom statistischen Verhalten der im Modenvolumen befindlichen Photonen auf die Statistik der Zählereignisse zu schließen. Wie wir uns in Abschn. 8.2 klar machten, kann der Einfluß sowohl eines – im Vergleich zum Kohärenzvolumen – verkleinerten Beobachtungsvolumens als auch ineffizienter Detektoren pauschal durch einen effektiven Dämpfungsprozeß von der Art der Strahlteilung beschrieben werden. Da hierbei eine POISSON-Verteilung wieder in eine solche übergeht, gelangen wir wie beim thermischen Licht zu dem Ergebnis, daß Gl. (8.15) auch für die experimentell gefundenen Photonenzahlen gilt, d. h. für Integrationszeiten T, die kleiner sind als die Kohärenzzeit t_{koh}, sowie für nichtideale Detektoren und eine nur teilweise Abbildung des Querschnitts des Modenvolumens auf die Detektoroberfläche. Da eine POISSON-Verteilung, wie aus der klassischen Statistik bekannt, rein zufällige Ereignisse beschreibt, bleibt Gl. (8.15) – im Gegensatz zu der Situation beim thermischen Licht – bei Laserlicht auf für $T > t_{\text{koh}}$ noch richtig, d. h., sie trifft tatsächlich für beliebige Integrationszeiten zu.

Wir können nun unter Zugrundelegung von Gl. (8.15) auch leicht den für (nichtverzögerte) Koinzidenzen charakteristischen Mittelwert von $n(n-1)$ berechnen. Man findet ohne große Mühe das Ergebnis

$$\langle n(n-1)\rangle = \langle n\rangle^2 \quad \text{(für eine POISSON-Verteilung)}, \tag{8.16}$$

was bedeutet, daß die zu messende Koinzidenzzählrate mit der zufälligen genau übereinstimmt. Der in Abschn. 8.2 eingeführte relative Überschuß R der Koinzidenzzählrate [Gl. (8.14)] ist somit gleich Null. Laserstrahlung zeigt also – im Gegensatz zum thermischen Licht – keine Tendenz zur „Anhäufelung" von Photonen. Die Wahrscheinlichkeit, zwei Photonen (am gleichen Ort) mit einer zeitlichen Verzögerung τ vorzufinden, ist für alle Werte von τ dieselbe.

Nun beziehen sich die bisher gemachten Aussagen über die Laserstrahlung natürlich auf einen idealisierten Fall, der nur näherungsweise verwirklicht werden kann. Es kommt aber die Strahlung eines weit oberhalb der Schwelle betriebenen Ein-Moden-Lasers dem Ideal sehr nahe. In Schwellennähe dagegen ist die Sättigung gering, so daß der darauf beruhende Mechanismus der Amplitudenstabilisierung an Wirksamkeit einbüßt. Die Folge davon ist,

daß doch Intensitätsfluktuationen auftreten. So ist in Schwellennähe, wie
Fig. 28 zeigt, ein merklicher Überschuß an Koinzidenzen, im Vergleich zu
den zufälligen, zu beobachten.

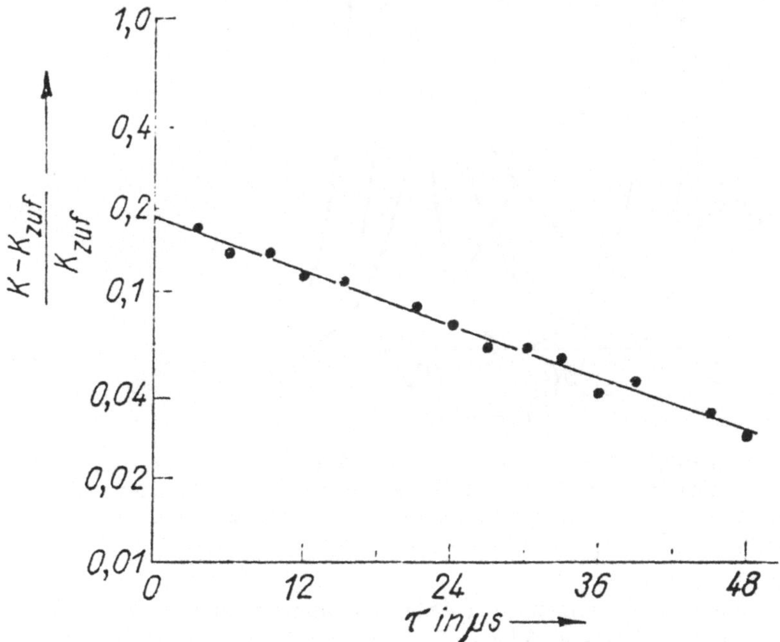

Fig. 28 Relativer Überschuß der Koinzidenzzählrate K in bezug auf die zufällige
K_{zuf} als Funktion der Verzögerungszeit τ, gemessen an einem Ein-Moden-Gaslaser,
dessen Ausgangsleistung das 2,7-fache der Schwellenleistung betrug. Nach [PIK 70]

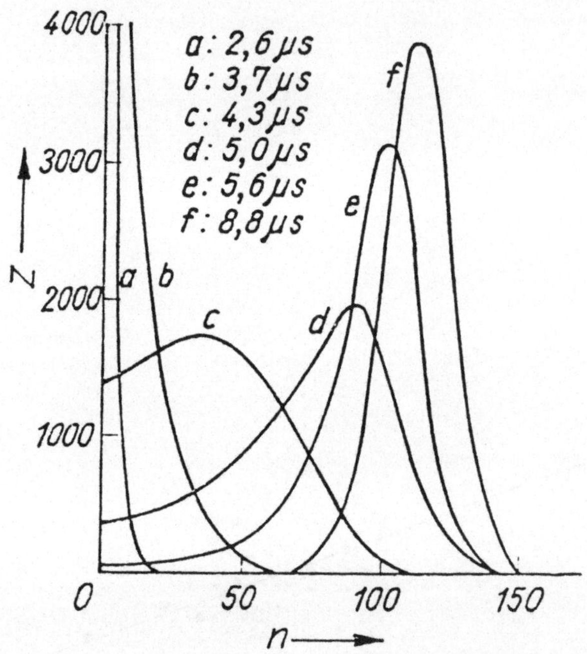

Fig. 29 Gemessene Photonenverteilung beim Anlaufvorgang eines Ein-Moden-Gaslasers. Aufgetragen ist die Zahl Z der Fälle, in denen n Photonen registriert wurden, über n für verschiedene Zeiten nach dem Einschalten des Lasers. Nach [ARE 67 a]

Recht interessant ist es auch, den Anlaufvorgang bei einem Laser mit der Photonenzähltechnik zu verfolgen. (Die Aufbauzeit für die Laseroszillation ist glücklicherweise sehr groß – bei einem He-Ne-Laser beispielsweise macht sie einige Mikrosekunden aus –, so daß sich eine im Vergleich dazu kleine Integrationszeit T ohne weiteres realisieren läßt.) Experimentell wurde dabei das folgende, in Fig. 29 dargestellte Ergebnis gefunden. Die Photonenverteilung unterscheidet sich in der Anfangsphase des Anschwingens des Lasers nur wenig von einer BOSE-EINSTEIN-Verteilung, sie wird jedoch einer POISSON-Verteilung immer ähnlicher, je mehr Zeit nach dem Einschalten verstrichen ist.

8.4 Abstand haltende Photonen

Vom klassischen Standpunkt betrachtet, ist mit der Amplitudenstabilisierung des Lichts das Menschenmögliche getan, um die Fluktuationen der Zahl der Photonen (im Sinne von Zählakten) auf ein Mindestmaß zu beschränken. Demzufolge repräsentiert die POISSON-Verteilung der Photonen aus klassischer Sicht die größtmögliche Ordnung, die ein Strahlungsfeld aufzuweisen vermag.

Die Quantentheorie ist hier jedoch anderer Meinung. Sie erklärt Zustände des elektromagnetischen Feldes für möglich, bei denen die Photonenverteilung schmaler ist als eine POISSON-Verteilung. Natürlich haben diese Zustände keine klassischen Analoga, in ihnen manifestiert sich daher ein spezifisch quantenmechanischer (letztlich der korpuskulare) Aspekt der Strahlung.

Tatsächlich sind bereits die im quantenmechanischen Formalismus so „natürlich" erscheinenden Zustände scharfer Photonenzahl (es handelt sich dabei ja um Eigenzustände der Energie des freien Feldes) von dieser „merkwürdigen" Art. In diesem Fall würde ein Detektor mit idealer Empfindlichkeit, der überdies auf das im gesamten Modenvolumen vorhandene Feld reagiert, überhaupt keine Schwankungen der Photonenzahl anzeigen! Um sagen zu können, was eine realistische Messung ergeben wird, müssen wir die Verteilung der Zahl der im Modenvolumen befindlichen Photonen der BERNOULLI-Transformation (7.2) unterwerfen. Im gegenwärtig betrachteten Fall einer scharfen Zahl n von Photonen im Modenvolumen beschreibt Gl. (7.1) bereits direkt die Verteilung der (nunmehr mit k bezeichneten) Zahl der *registrierten* Photonen. Es wird also, wie nicht anders zu erwarten, die ursprüngliche Verteilung beträchtlich verbreitert, bedingt durch das Wirken statistischer Gesetzmäßigkeiten bei der „Auswahl", die der Detektor aus der Gesamtheit der im Modenvolumen vorhandenen Photonen dank des – im Vergleich zum Moden- bzw. Kohärenzvolumen – verkleinerten Beobachtungsvolumens V_B und seiner von Eins abweichenden Empfindlichkeit η trifft. Die entsprechende quadratische Streuung der Photonenzahl läßt sich unschwer angeben. Gemäß Gl. (7.3) gelten ja die Relationen

$$\langle k \rangle = tn, \quad \langle k(k-1) \rangle = t^2 n(n-1), \tag{8.17}$$

aus denen unmittelbar folgt

$$\langle k^2 \rangle - tn = \langle k \rangle^2 - t^2 n \tag{8.18}$$

oder

$$\Delta k^2 = \langle k^2 \rangle - \langle k \rangle^2 = (1-t)\langle k \rangle . \tag{8.19}$$

Die quadratische Streuung wächst also, je mehr der pauschale Dämpfungsfaktor t (der jetzt durch das Produkt von $V_\mathrm{B}/V_\mathrm{koh}$ und η gegeben ist) von Eins an abnimmt, d. h., je weniger Photonen der Detektor im Mittel registriert. Von der in Wahrheit scharfen Photonenzahl ist im Experiment nichts zu sehen! Man beachte dabei, daß nicht nur eine – im Vergleich zur Kohärenzzeit – verkleinerte Integrationszeit und eine geringe Detektorempfindlichkeit für eine solche „Verfälschung" verantwortlich sind, sondern daß auch schon eine unzureichende Fokussierung eines – über seinen gesamten Querschnitt kohärenten – Lichtbündels auf die empfindliche Detektoroberfläche „in die gleiche Kerbe schlägt". Man kann eben – abgesehen von thermischem Licht und idealer Laserstrahlung, wo es tatsächlich nicht darauf ankommt, wie wir oben gesehen haben – die wahre Photonenstatistik tatsächlich nur dann messen, wenn der Detektor jedes im Modenvolumen vorhandene Photon auch mit Sicherheit registriert. Gemessene Photonenverteilungen, sofern es sich nicht gerade um BOSE-EINSTEIN- oder POISSON-Verteilungen handelt, haben daher nur eine verminderte Aussagekraft, solange man den effektiven Dämpfungsfaktor t nicht kennt.

Wie man aus Gl. (7.3) schließt, gilt allgemein, d. h. für den Fall einer beliebigen Photonenstatistik, der folgende Zusammenhang zwischen der gemessenen und der wahren Streuung der Photonenzahl

$$\frac{(\Delta k)^2}{\langle k\rangle^2} - \frac{1}{\langle k\rangle} = \frac{(\Delta n)^2}{\langle n\rangle^2} - \frac{1}{\langle n\rangle}\,, \tag{8.20}$$

der die Beziehung

$$\frac{(\Delta n)^2}{\langle n\rangle^2} = \frac{(\Delta k)^2}{\langle k\rangle^2} + (t-1)\frac{1}{\langle k\rangle} \tag{8.21}$$

zur Folge hat.

Wenden wir uns nun Koinzidenzmessungen zu! Wie in Abschn. 8.2 erläutert, ist die relative Überschußkoinzidenzzählrate R erfreulicherweise unabhängig von der Detektorempfindlichkeit. Nach Gl. (8.14) hat sie für eine scharfe Photonenzahl n (im Modenvolumen) den Wert $R = -1/n$. Da $(\Delta n)^2$ höchstens gleich Null sein kann, ist dies zugleich der betragsmäßig größte negative Wert, den R für eine gegebene *mittlere* Photonenzahl annehmen kann.

Im Fall $R < 0$ wird also statt eines Überschusses ein Defizit an Koinzidenzen vorhergesagt. Da für große Verzögerungszeiten $\tau \gg L/c$, wobei L die Länge des Modenvolumens bezeichnet, nur zufällige Koinzidenzen auftreten werden, bedeutet dies, man findet zwei Photonen in einem kleinen zeitlichen Abstand $\tau (\leq L/c)$ mit einer *geringeren* Häufigkeit als in einem größeren Abstand. Wir haben damit gerade das Gegenteil der für thermisches Licht charakteristischen „Anhäufelung" (bunching) von Photonen vor uns, wofür

sich in der englischsprachigen Literatur der Name „photon antibunching"
eingebürgert hat. Statt gegenseitige Nähe zu suchen, „gehen" die Photonen
lieber „auf Distanz". Damit wird zugleich deutlich, daß die „Anhäufelung"
von Photonen keineswegs prinzipieller Natur ist. (Ursprünglich war man der
Meinung, sie sei eine direkte Folge der Tatsache, daß die Lichtquanten – als
Teilchen mit dem Spin 1 – der BOSE-Statistik unterworfen sind.) Es hängt
vielmehr von den konkreten Bedingungen der Lichterzeugung ab, ob sich die
Photonen scheinbar anziehen oder abstoßen.

Tatsächlich ist das Auftreten eines negativen Wertes von R im Rahmen der
klassischen Optik nicht zu verstehen, es manifestiert sich hier gerade der
korpuskulare Aspekt der Strahlung. Klassisch ist die Koinzidenzzählrate ja
proportional zur Intensitätskorrelation, d. h. zum zeitlichen Mittelwert von
$I(t)I(t + \tau)$. Unter stationären Bedingungen ist dies die Autokorrelations-
funktion und es ist wohl bekannt (s. z. B. [MID 60]), daß eine solche Funktion
ganz allgemein an der Stelle $\tau = 0$ ein absolutes Maximum besitzt. Das bedeutet also in unserem Fall, daß die Koinzidenzzählrate für $\tau = 0$ ihren
größten Wert annehmen muß.

Nach dem Obigen ist der „antibunching"-Effekt auch nur bei kleinen mittleren Photonenzahlen $\langle n \rangle$ (bezogen auf das Modenvolumen!) merklich, er
ist also tatsächlich mikroskopischer Natur. Für $\langle n \rangle \rightarrow \infty$ verschwindet er –
in erfreulicher Übereinstimmung mit dem BOHRschen Korrespondenzprin-
zip, demzufolge die quantenmechanische Beschreibung im Grenzfall hoher
Anregung (dem entspricht in unserem Fall eine große Photonenzahl) in die
klassische übergehen sollte.

An Hand von Gl. (8.14) können wir also eine Unterscheidung zwischen klas-
sischem und nichtklassischen Licht treffen. Die Grenze liegt bei $R = 0$, also
$(\Delta n)^2 = \langle n \rangle$, und unsere Ergebnisse lassen sich in der folgenden Tabelle
zusammenfassen

R	$(\Delta n)^2$	Photonenstatistik	Photonenverteilung
> 0	$> \langle n \rangle$	„bunching"	Super-POISSON
$= 0$	$= \langle n \rangle$		POISSON
< 0	$< \langle n \rangle$	„antibunching"	Sub-POISSON

Tabelle 1

Klassifizierung von Licht an Hand der relativen Überschußkoinzidenzzählrate R

Hier haben wir in der letzten Spalte noch die Photonenverteilung gemäß Spalte 2 in Beziehung zur POISSON-Verteilung gesetzt.

Wir können die Photonenverteilung natürlich auch durch Photonenzählung bestimmen. Wir erinnern aber noch einmal daran, daß sie in realistischen Experimenten (im besonderen durch Verwendung ineffizienter Detektoren) verfälscht wird. Sie wird nämlich verbreitert, wie man an Gl. (8.21) erkennt. Gelingt es einem jedoch, eine Photonenverteilung tatsächlich zu messen, die schmaler ist als eine POISSON-Verteilung gleicher mittlerer Photonenzahl, so hat man den Nachweis erbracht, daß man es mit nichtklassischem Licht zu tun hat.

Die entscheidende Frage ist aber, ob es nichtklassisches Licht tatsächlich gibt, mit anderen Worten, lassen sich Zustände des Strahlungsfeldes mit $(\Delta n)^2 < \langle n \rangle$ realisieren, so daß „photon antibunching" ein meßbarer Effekt ist?

Darauf läßt sich zunächst antworten: im Prinzip ja. Ein naheliegender Gedanke ist der, daß man als Lichtquelle ein einzelnes Atom verwendet, an dem eine eingestrahlte Laserwelle Resonanzfluoreszenz erregt (s. Abschn. 6.1). Ein solches System sendet dann ein Photon nach dem anderen aus. Zwischen zwei Emissionsakten läßt es sich aber etwas Zeit – es muß ja nach jeder Emission erneut angeregt werden, was eine endliche Zeit erfordert. Betrachtet man die in eine bestimmte Richtung emittierte Strahlung, so sind die Photonen wie bei einer Perlenschnur „aufgereiht", mit ungleichen Abständen allerdings, wobei sehr kleine Abstände nur selten vorkommen und der Abstand Null niemals. Führte man an einem solchen Lichtstrahl Koinzidenzmessungen aus, so fände man also bei der Verzögerungszeit 0 (unter idealen Bedingungen) keine Koinzidenzen, wohl aber bei größeren Verzögerungszeiten.

So einfach sich das anhört, so schwer ist es, ein solches Experiment zu verwirklichen. Das Hauptproblem besteht darin, die Strahlung *genau eines* Atoms zu registrieren. Sobald die Möglichkeit gegeben ist, daß auch ein zweites Atom zu der beobachteten Strahlung beiträgt, können Koinzidenzen auftreten, da ja die beiden Atome gelegentlich zufällig zur gleichen Zeit jeweils ein Photon in die gleiche Richtung emittieren werden. Das erste Experiment zum Nachweis des „photon antibunching" verlief folgendermaßen [KIM 77, DAG 78]: Als Lichtquelle diente ein Atomstrahl, bestehend aus Natriumatomen. Diese wurden durch einen frequenzmäßig genau abgestimmten (senkrecht zum Atomstrahl einfallenden) Laserstrahl zur Resonanzfluoreszenz gebracht. Beobachtet wurde die Streustrahlung nach der Seite. Dabei wurde mittels eines Mikroskopobjektivs nur die Strahlung gesammelt und (über einen halbdurchlässigen Spiegel, s. Fig. 24) auf die beiden Detektoren einer Koinzidenzzählapparatur geschickt, die von einem kleinen Stück des Atomstrahls von ca. 100 μm Länge (der Durchmesser des Atomstrahls betrug ebenfalls 100 μm) ausging. Die Geschwindigkeit der Atome wurde so gewählt, daß sich im Beobachtungsvolumen im Mittel weniger als ein Atom aufhielt. Es konnte jedoch nicht ausgeschlossen werden, daß es zu gewissen Zeiten auch zwei oder sogar drei Atome waren. (Zu anderen Zeiten befand sich wiederum gar kein Atom dort.) Man kann davon ausgehen, daß die Zahl der Atome im Beobachtungsvolumen gemäß einer POISSON-Verteilung schwankt. Dies hat, wie eine theoretische Untersuchung zeigt [JAK 77], zur Folge, daß tatsächlich kein Defizit an Koinzidenzen (im Sinne der Ungleichung $R < 0$) festgestellt werden dürfte.

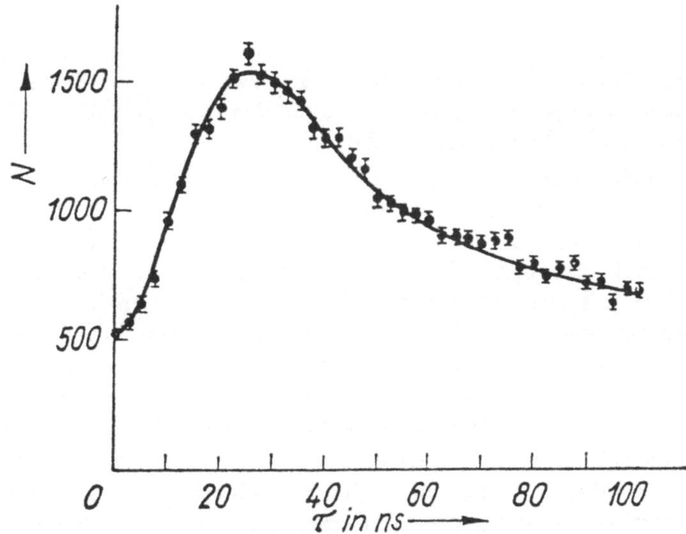

Fig. 30 Gemessene Zahl N von Koinzidenzen als Funktion der Verzögerungszeit τ im Fall der Resonanzfluoreszenz. Nach [DAG 78]

In Übereinstimmung damit zeigen die in Fig. 30 wiedergegebenen Beobachtungsergebnisse zwar, daß die Zahl der registrierten Koinzidenzen – als Funktion der Verzögerungszeit τ – an der Stelle $\tau = 0$ einen Minimalwert annimmt. Dieser geht jedoch nicht, wie es bei einem einzigen Atom (unter idealen experimentellen Bedingungen) der Fall sein müßte, auf Null herunter; ja es erweist sich, daß er noch über der Anzahl der zufälligen Koinzidenzen liegt.

Damit ist der Ausgang des Experiments noch nicht recht befriedigend. Nach dem oben Gesagten steht jedoch bereits das Auftreten eines *relativen* Minimums bei $\tau = 0$ in Fig. 30 im Widerspruch zur klassischen Theorie und bezeugt daher den korpuskularen Aspekt des Lichts. In der Folgezeit wurde die geforderte Bedingung erfüllt, daß der Detektor tatsächlich nur von einem einzigen atomaren Emitter „Notiz nimmt". Man erreicht dies zum einen unter Verwendung der modernen Fallentechnik (s. Abschn. 6.1): Es gelingt ja mittels optischer Kühlung, ein einzelnes Ion in einer Radiofrequenz-Quadrupol-Falle (PAUL-Falle) praktisch unbegrenzt lange festzuhalten. An einem derart gefangenen Mg^+-Ion wurde dann auch das „photon antibunching" in voller Übereinstimmung mit der Theorie nachgewiesen [DIE 87]. Zum anderen war es auch möglich, ein einzelnes der in einen p-Terphenylkristall eingelagerten Pentacen-Moleküle mit einem fokussierten Laserstrahl zu erfassen und zur Fluoreszenz zu bringen [BAS 92]. Es handelte sich dabei nicht um Resonanzfluoreszenz, vielmehr erfolgte die Abregung in zwei Schritten. Doch die Ausstrahlungsbedingungen sind ganz ähnlich, und das Fluoreszenzlicht zeigte den „antibunching"-Effekt in voller Schönheit.

Nun könnte man einwenden, was durch die oben geschilderten Experimente widerlegt wird, ist nicht die klassische Elektrodynamik, sondern lediglich die klassische Annahme, daß ein Photodetektor auf die momentane Intensität reagiert, unabhängig davon, wieviel Energie insgesamt für die Absorption zur Verfügung steht. Tatsächlich rührt die Diskrepanz zwischen klassischer und quantenmechanischer Beschreibung der in Rede stehenden Experimente wesentlich daher, daß nach der klassischen Formel für das simultane Ansprechen zweier Photodetektoren auch dann Koinzidenzen zu beobachten sein müßten, wenn immer nur ein Photon eingestrahlt wird. Das ist aber schon aus energetischen Gründen nicht möglich!

Die klassische Theorie kann aber nicht einfach dadurch gerettet werden, daß man die Beschreibung des photoelektrischen Nachweisprozesses verbessert. Vielmehr liegt der tiefere Grund für ihr Versagen darin, daß sie – als Wellentheorie – nicht umhin kommt, die Teilung von Einzelphotonen vorherzusagen, die auf einen halbdurchlässigen Spiegel fallen. (Andernfalls gäbe es ja auch keine „Interferenz des Photons mit sich selbst"!) Dadurch gerät sie aber, wie wir in Abschn. 7.1 im einzelnen dargelegt haben, unweigerlich in Widerspruch zur Erfahrung. Eine korrekte Beschreibung der Arbeitsweise eines Photodetektors müßte ja auf jeden Fall der Tatsache Rechnung tragen, daß halbe Photonen nicht absorbiert werden können. Das würde bedeuten, daß in dem Experiment von MANDEL und Mitarbeitern, stände die ideale

Lichtquelle zur Verfügung, keiner der Detektoren auch nur ein einziges Mal anspräche!

Dem durch Resonanzstreuung an einem einzigen Atom erzeugten Licht kommen die Eigenschaften des „photon antibunching" offenbar „von Haus aus" zu. Man kann sich aber auch fragen, ob sich nicht auch bereits vorhandenes Licht nachträglich so verändern läßt, daß es den „antibunching"-Effekt zeigt. In der Tat ist eine Änderung der Photonenstatistik schlechthin nichts Überraschendes. Beispielsweise vermindert ein Zwei-Photonen-Absorber (die einzelnen Atome „verschlucken" jeweils zwei Photonen auf einmal) vorhandene Intensitätsfluktuationen. Dies erkennt man schon in klassischer Betrachtung, ist doch die Absorptionswahrscheinlichkeit in diesem Fall proportional zum Quadrat der Lichtintensität, so daß Intensitätsspitzen unverhältnismäßig stark abgebaut werden. (Das Verhältnis von maximaler zu mittlerer Intensität bleibt nicht, wie bei Schwächung durch einen Ein-Photonen-Absorber, konstant, sondern nimmt im Verlauf der Wechselwirkung ab.) Es kommt so zu einer Glättung des Intensitätsverlaufs. In klassischer Behandlung kann das Endstadium nur ein vollständig amplitudenstabilisiertes Feld sein.

Konstante Intensität bedeutet aber, wie wir uns oben klargemacht haben, nicht, daß auch die Photonenzahl einen festen Wert besitzt. Letztere fluktuiert vielmehr gemäß einer POISSON-Verteilung. Sollte es nicht möglich sein, auch diese Schwankungen durch Wechselwirkung mit einem Zwei-Photonen-Absorber noch weiter zu reduzieren?

Wie quantenmechanische Rechnungen zeigen, ist diese Vermutung richtig. In einem naiven Photonenbild (in dem die Photonen als räumlich lokalisierte Energiepakete aufgefaßt werden) können wir das auch leicht einsehen. Bei einem Elementarakt absorbiert ein Atom ja zwei Photonen mehr oder weniger gleichzeitig. Genauer wird man sagen müssen, der zeitliche Abstand zwischen dem Eintreffen der beiden Photonen darf einen maximalen Wert τ_{max} nicht überschreiten, wenn ein Absorptionsakt möglich sein soll. (Wir denken uns der Einfachheit halber den einfallenden Strahl so dünn, daß die Photonen in transversaler Richtung einander genügend nahe sind, um von ein und demselben Atom – vorausgesetzt, daß ihr zeitlicher Abstand klein genug ist – absorbiert zu werden.) Der Zwei-Photonen-Absorber „pickt" also aus dem Feld Paare benachbarter Photonen „heraus". Das führt dazu, daß – gehen wir von amplitudenstabilisierter Strahlung aus, bei der die Häufigkeit, zwei Photonen im zeitlichen Abstand τ vorzufinden, unabhängig von τ ist – sich ein Defizit an Photonenpaaren mit $\tau \leq \tau_{\mathrm{max}}$ herausbildet; und das ist genau das, was wir unter „photon antibunching" verstehen. Bei hinreichend langer Dauer der Wechselwirkung würde das Strahlungsfeld – vorausgesetzt, man könnte alle störenden Effekte wie Streuung, geringfügige Ein-Photonen-Absorption durch Verunreinigungen u. ä. ausschließen – einen Endzustand erreichen, bei dem nur noch in zeitlichen Abständen $\tau > \tau_{max}$ Photonen anzutreffen wären.

Nun steht einer praktischen Durchführung eines derartigen Experiments allerdings ein unüberwindliches Hindernis entgegen, nämlich der außerordentlich kleine Wirkungsquerschnitt für Zwei-Photonen-Absorption. Letzterer hat zur Folge, daß eine merkliche Schwächung der Strahlung nur bei sehr hohen Intensitäten erfolgen kann – andererseits haben wir aber, wie wir aus Gl. (8.14) schließen mußten, nur bei sehr kleinen Intensitäten eine Chance, den „antibunching"-Effekt wirklich zu beobachten.

Wünschenswert wäre daher ein Prozeß von der Art der Zwei-Photonen-Absorption, der jedoch schon bei geringen Intensitäten wirksam wird. Einen solchen gibt es tatsächlich in Gestalt einer, wie man sagen könnte, induzierten Harmonischen-Erzeugung in einem nichtlinearen Kristall. Damit ist folgendes gemeint: Man strahlt eine schwache Grundwelle der Frequenz ν zusammen mit der (mit der doppelten Frequenz 2ν oszillierenden) Harmonischen ein, wobei letztere aber sehr intensiv ist. Die Phasen φ_ν und $\varphi_{2\nu}$ der beiden Wellen sind so zu wählen (es kommt dabei auf die zeitunabhängige Differenz $\varphi_{2\nu} - 2\varphi_\nu$ an), daß die Grundwelle abgebaut und die Harmonische dadurch verstärkt wird. Für die Grundwelle ist dies dann eine Art von Zwei-Photonen-Absorption, da der Elementarakt der Wechselwirkung in der „Verschmelzung" zweier Photonen der Grundwelle zu einem Photon der Harmonischen, gemäß der Gleichung

$$h\nu + h\nu = h(2\nu), \tag{8.22}$$

besteht. Es ist daher zu erwarten – und quantenmechanische Rechnungen bestätigen dies –, daß sich an der aus dem nichtlinearen Kristall austretenden (geschwächten) Grundwelle der „antibunching-Effekt" beobachten läßt. Wir betonen, daß die Intensität der eingestrahlten Grundwelle dabei beliebig klein sein darf, es ist die intensive einfallende Harmonische, die den Prozeß „in Schwung bringt". Ein Experiment dieser Art wurde allerdings bis jetzt noch nicht ausgeführt.

Betrachten wir Elektronen an Stelle von Photonen, so erscheint der „antibunching"-Effekt als etwas ganz Natürliches. Aufgrund der COULOMB-Abstoßung sind Elektronen ja von Haus aus bestrebt, einander nicht zu nahe zu kommen. Tatsächlich läßt sich dieses Verhalten der Elektronen auf Photonen übertragen. Die Aufgabe besteht darin, Elektronen – möglichst im Verhältnis 1:1 – in nachweisbare Photonen umzuwandeln. Das geschieht z. B.

beim FRANCK-HERTZ-Versuch. Dort werden Atome durch Beschuß mit einem Elektronenstrahl resonant angeregt und emittieren daraufhin spontan jeweils ein Photon. Tatsächlich ist der experimentelle Nachweis gelungen [TEI 85], daß so erzeugte Photonen Sub-POISSON-Statistik zeigen. Allerdings war die gemessene Abweichung von der POISSON-Statistik sehr gering. Das liegt wesentlich daran, daß sich keinesfalls jedes Elektron in ein Photon „umsetzen" läßt, das dann auch wirklich registriert wird. Die Schwachpunkte sind dabei offenbar eine unter 100% liegende Umwandlungsrate für die Elektronen, des weiteren der Umstand, daß die Photonen in alle Richtungen emittiert werden, weshalb nur ein Teil von ihnen, gesammelt von einer Linse, den Detektor überhaupt erreicht, und schließlich die Ineffizienz der Photodetektoren.

Eine andere Möglichkeit der Umsetzung von Elektronen in Photonen bietet der Halbleiterlaser. Hier ist es, genauer gesagt, die Vernichtung von Elektronen-Loch-Paaren, die zur Lichtemission führt. Im Vergleich zum FRANCK-HERTZ-Experiment hat man den Vorteil, daß die Photonen in einer definierten Richtung ausgesandt werden. Andererseits werden sie jedoch durch den Laserresonator – die Endflächen des Laserkristalls wirken als Spiegel – am sofortigen Austritt gehindert. Das führt zu einer zeitlichen „Auffächerung" der zum gleichen Zeit„punkt" erzeugten Photonen. Eine Sub-POISSON-Statistik der Photonen kann daher erst beobachtet werden, wenn das Meßintervall länger als die mittlere Lebensdauer der Photonen im Resonator gewählt wird. Weiterhin ist es erforderlich, den Pumpstrom sehr genau zu stabilisieren. Schließlich benötigt man Laserkristalle hervorragender Qualität, damit möglichst wenig Photonen durch Absorption u. ä. verlorengehen. Tatsächlich konnte an einem InGaAsP/InP-Laser mit verteilter Rückkopplung der gesuchte Effekt nachgewiesen werden [MAC 87]. In praxi nimmt man keine Photonenzählung vor, sondern mißt das Rauschspektrum des Photostroms. Das Auftreten einer Sub-POISSON-Statistik der Photonen ab einem bestimmten Meßintervall T äußert sich dann in einem Abfall der spektralen Rauschleistung unter das Schrotrauschen für Frequenzen $\nu > 1/T$.

Eine weitere Strahlungsquelle, die selbst schon nichtklassische Strahlung liefert, ist der Ein-Atom-Maser, auch Mikromaser genannt. Hier werden in einem bestimmten RYDBERG-Zustand angeregte Atome (s. Abschn. 6.2) eines nach dem anderen durch einen Mikrowellenresonator geschickt, der auf den (Mikrowellen-)Übergang zu einem tiefer liegenden RYDBERG-Zustand abgestimmt ist. Dank des ungewöhnlich großen Übergangsdipolmoments der RYDBERG-Atome – eine Folge der weit nach außen sich erstreckenden Elektronbahn – findet eine starke Wechselwirkung zwischen den Atomen und dem Strahlungsfeld schon bei Anwesenheit einiger weniger (oder gar keiner!) Photonen im Resonator statt. Man kann daher einen stationären Maserbetrieb schon bei kleinen mittleren Photonenzahlen erreichen [MES 84]. Erforderlich ist hierzu allerdings ein Resonator mit extrem kleinen Verlusten, wie er durch Verwendung von supraleitendem Material, gekühlt mit flüssigem Helium, verwirklicht werden kann. Die starke Kühlung hat außerdem den erwünschten Effekt, daß die Resonatorwände praktisch keine thermische Strahlung emittieren. Das Verblüffende ist nun, daß sich bei einem solchen Maser im Wechselspiel zwischen Energielieferung durch die Atome und Resonatorverlusten ein stationäres Resonatorfeld ausbildet, das für geeignete Werte der Parameter (wie Durchlaufzeit der Atome durch den Resonator, atomarer Fluß u. ä.) Sub-POISSON-Statistik der Photonen zeigt. Der Nachweis dieses nichtklassischen Verhaltens kann allerdings nur indirekt geführt werden. Da es keine Photozähler für Mikrowellenphotonen gibt, ist man darauf angewiesen, aus der Statistik der abgeregten Atome – mit Hilfe von Feldionisationsdetektoren kann man leicht feststellen, ob sich ein aus dem Resonator ausgetretenes Atom im oberen oder unteren Niveau des Maserübergangs befindet – auf die Photonenstatistik zurückzuschließen. Glücklicherweise gibt es, wie die Theorie zeigt, einen engen Zusammenhang zwischen beiden Statistiken, im besonderen gilt, daß der Typ der Statistik (Super-POISSON-, POISSON- oder Sub-POISSON-Statistik) für die Atome und die Photonen jeweils der gleiche ist. Entsprechende Experimente wurden in Garching erfolgreich durchgeführt [REM 90].

Schließlich sei noch erwähnt, daß man auch durch äußere Eingriffe an bereits erzeugtem Licht dessen Statistik verändern und im besonderen „photon antibunching" erzeugen kann. Es wird dabei wieder von der parametrischen Fluoreszenz Gebrauch gemacht (s. Abschn. 6.7). Man kann dann beispielsweise so vorgehen, daß man die Idlerwelle zur Manipulation der Pumpwelle benutzt. Zu diesem Zweck läßt man erstere auf einen Detektor fallen und nutzt dessen Ausgangssignal dazu, einen in den Pumpstrahl eingebrachten Schalter kurzzeitig zu schließen [WAL 85]. Man schneidet so im besonderen aus der Signalwelle in unregelmäßigen Abständen Stücke gleicher Länge heraus. Damit verringert man offenbar die Wahrscheinlichkeit, zwei Photonen in einem kleinen Abstand vorzufinden, und das ist es ja, was man unter „photon antibunching" versteht.

9 Gequetschtes Licht

9.1 Quadraturkomponenten des Feldes

Im vorangehenden Kapitel haben wir eine spezielle Form „nichtklassischen Lichts" kennengelernt. Dort war es der Teilchencharakter des Lichts, der in einer klassischen Feldtheorie, wie sie die klassische Optik ja darstellt, nicht ädaquat beschrieben werden kann. Aber immerhin können wir uns ein anschauliches Bild von Lichtteilchen, sprich Photonen, machen, indem wir sie etwa mit Gewehrkugeln vergleichen. So bereitet es beispielsweise keine Schwierigkeiten, sich solche schnell fliegenden Teilchen in der Art einer Perlenkette „aufgereiht" zu denken – jedes Maschinengewehr, das in eine bestimmte Richtung schießt, erzeugt eine solche Anordnung –, um ideales „antibunching" vor Augen zu haben.

Tatsächlich ist jedoch mit – aus der Sicht der klassischen Optik – „abnormaler" Photonenstatistik der Fundus der Merkwürdigkeiten, den die Natur bereithält, noch keinesfalls erschöpft. Es ist nämlich möglich, die quantenmechanischen Feldstärkeschwankungen in subtiler Weise zu manipulieren, was zu meßbaren Effekten führt. Mit dieser Problematik wollen wir uns im folgenden beschäftigen.

Als erstes müssen wir eine geänderte Beschreibung des Feldes vornehmen, die dem jetzigen Problem angepaßt ist. Während man der Quantisierung des elektromagnetischen Feldes üblicherweise eine Zerlegung der (klassischen) elektrischen Feldstärke in einen positiven und einen negativen Frequenzanteil zugrunde legt, was für eine laufende ebene Welle die Darstellung

$$E(\boldsymbol{r}, t) = A e^{-\mathrm{i}(\omega t - \boldsymbol{k}\boldsymbol{r})} + A^* e^{\mathrm{i}(\omega t - \boldsymbol{k}\boldsymbol{r})} \tag{9.1}$$

mit A als komplexer Amplitude bedeutet, wählen wir nun statt Gl. (9.1) die Schreibweise

$$E(\boldsymbol{r}, t) = X\cos(\omega t - \boldsymbol{k}\boldsymbol{r}) + P\sin(\omega t - \boldsymbol{k}\boldsymbol{r}). \tag{9.2}$$

Dabei bedeuten X und P *reelle* Amplituden. Von einem Faktor Zwei abgesehen, sind sie gerade der Real- bzw. Imaginärteil der komplexen Amplitude A. Ein Vergleich mit einem materiellen harmonischen Oszillator lehrt, daß die Größen X und P – in geeigneter Normierung – die Bedeutung von Ort und

Impuls besitzen (daher die verwendete Bezeichnung). Schreiben wir nämlich an Stelle von Gl. (9.2)

$$E(r,t) = C \left\{ x \, \cos(\omega t - kr) + p \, \sin(\omega t - kr) \right\} , \tag{9.3}$$

so kann der Normierungsfaktor C so gewählt werden, daß die den klassischen Größen x und y korrespondierenden Operatoren $\hat{x}$ und $\hat{p}$ (die wegen der Realität von x und p HERMITEsch sind) der Vertauschungsrelation

$$[\hat{x}, \hat{p}] \equiv i1 \tag{9.4}$$

genügen, die sich nur durch das Fehlen eines Faktors $\hbar$ auf der rechten Seite von der bekannten HEISENBERGschen Vertauschungsregel für Ort und Impuls unterscheidet. Da diese die Gültigkeit der HEISENBERGschen Unschärferelation impliziert, befriedigen daher die geeignet normierten reellen Amplituden des elektrischen Feldes die Unschärfebeziehung

$$\Delta x \cdot \Delta p \geq \frac{1}{2} . \tag{9.5}$$

Üblicherweise werden x und p als Quadraturkomponenten des Feldes bezeichnet. Stellen wir uns eine Referenzwelle vor, die wie $\cos(\omega t - kr)$ oszilliert, so haben x und p offenbar die Bedeutung der in bzw. außer Phase befindlichen Quadraturkomponente.

Was besagt nun die Ungleichung (9.5)? Sie bringt zunächst zum Ausdruck, daß beide Quadraturkomponenten notwendig schwanken. Es liegt dann nahe zu fragen, wie die quantenmechanischen Zustände beschaffen sind, bei denen die genannten Schwankungen auf das aus quantenmechanischer Sicht Unumgängliche beschränkt sind, d. h., für die in der Relation (9.5) das Gleichheitszeichen gilt. Tatsächlich hat W. PAULI dieses Problem schon 1933 in seinem berühmten Handbuchartikel [PAU 33] in einem eleganten „3-Zeilen-Beweis" gelöst. Sein Ergebnis lautet: Die *einzigen* Lösungen sind die GAUSSschen Wellenfunktionen

$$\Psi(x) = (2\pi)^{-\frac{1}{4}} (\Delta x)^{-\frac{1}{2}} \exp \left\{ -\frac{(x - \langle x \rangle)^2}{(2\Delta x)^2} + i \frac{\langle p \rangle x}{\hbar} \right\} , \tag{9.6}$$

wobei der Parameter Δx die Bedeutung der Wurzel aus der mittleren quadratischen Streuung von x besitzt, d. h., es gilt $\Delta x = \sqrt{\langle (x - \langle x \rangle)^2 \rangle}$. Unter den Größen x und p verstand PAULI natürlich den Ort und den Impuls eines Teilchens, doch genausogut können wir sie als Quadraturkomponenten des Feldes auffassen, und ebensowenig ist etwas dagegen einzuwenden, daß wir den quantenmechanischen Zustand des Feldes nunmehr durch eine SCHRÖDINGERsche *Wellenfunktion* $\Psi(x)$ kennzeichnen. Wir wählen einfach die Darstellung bezüglich der Quadraturkomponente x an Stelle der üblichen Entwicklung nach FOCK-Zuständen!

Ein wichtiger Punkt ist, daß der (positive) Parameter Δx in Gl. (9.6) *willkürlich* gewählt werden kann. Gleichung (9.6) beschreibt somit eine ganze Klasse von quantenmechanischen Zuständen des Strahlungsfeldes. Unter ihnen sind offenbar diejenigen ausgezeichnet, bei denen die beiden Quadraturkomponenten gleich stark schwanken. Für sie gilt dann nach Gl. (9.5) $(\Delta x)^2 = (\Delta p)^2 = 1/2$. Dies scheint eine „natürliche" Symmetrieeigenschaft des Lichts zu sein, und in der Tat sind die in Abschn. 4.4 geschilderten kohärenten Zustände des Feldes von dieser Beschaffenheit. Die Schwankungen von x und p sind dann übrigens genau die gleichen wie im Vakuumzustand. (Letzterer kann ja formal als Limes eines kohärenten Zustandes $|\alpha\rangle$ für eine verschwindend kleine komplexe Amplitude α aufgefaßt werden.)

Im allgemeinen Fall haben jedoch die Zustände (9.6) die Eigenschaft, daß die Quadraturkomponenten mit unterschiedlicher Stärke fluktuieren. Wegen des Bestehens der Beziehung $(\Delta x)^2 (\Delta p)^2 = 1/4$ ist dann die quadratische Streuung in der einen Quadraturkomponente größer und in der anderen kleiner als der Vakuumwert $1/2$. Diese Aussage erscheint auf den ersten Blick verblüffend, hat man doch das Gefühl, daß die Vakuumschwankungen eine Art natürlicher Grenze darstellen, die sich grundsätzlich nicht unterbieten läßt. Betrachten wir jedoch das analoge Problem beim materiellen harmonischen Oszillator, so finden wir nichts dabei, daß man ein Teilchen mit größerer Genauigkeit lokalisieren kann, als seinem Spielraum im Grundzustand entspricht. Es gehört im Gegenteil zu den Axiomen der Quantentheorie, daß man den Ort eines Teilchens grundsätzlich mit *beliebig* großer Genauigkeit messen kann. Weshalb sollte es daher nicht auch Licht geben können, bei dem eine Quadraturkomponente schärfer definiert ist als im Vakuumzustand?

Die entscheidende Frage ist dann die nach der tatsächlichen Realisierbarkeit solchen Lichts, dem man alsbald einen eigenen Namen, nämlich „gequetschtes" Licht (engl. squeezed light) gab. Hier waren Theoretiker wie Experimentatoren gleichermaßen herausgefordert. Neben der Erzeugung einer derart merkwürdigen Form von Licht stand dann auch das Problem des tatsächlichen Nachweises der „Quetscheigenschaft" an. Daß dies alles tatsächlich gelungen ist, gehört sicherlich zu den großartigen Leistungen der Quantenoptik. Wir werden im folgenden die einzelnen Schritte erörtern.

9.2 Erzeugung

Hierfür eignen sich vor allem Prozesse der Nichtlinearen Optik. Als besonders effektiv hat sich die entartete parametrische Verstärkung (im Englischen häufig als degenerate parametric down-conversion bezeichnet) erwiesen. Hierbei handelt es sich um die in Abschn. 6.7 geschilderte 3-Wellen-Wechselwirkung, bei der nunmehr Signal- und Idlerwelle zusammenfallen. Wir betrachten den Fall, daß eine intensive Pumpwelle eine schwache Signalwelle verstärkt. Der zugrunde liegende physikalische Mechanismus besteht dann darin, daß die Pumpwelle (deren Abbau infolge der Verstärkung wir in guter Näherung vernachlässigen können) zusammen mit der Signalwelle eine Polarisation des Mediums erzeugt, die ihrerseits die Signalwelle antreibt. Für deren komplexe Amplitude A ergibt sich so eine Bewegungsgleichung der Form

$$\dot{A} = \kappa A^{*}, \tag{9.7}$$

wobei die effektive Kopplungskonstante κ proportional zur nichtlinearen Suszeptibilität des Mediums und zur komplexen Amplitude der Pumpwelle ist. Wir denken uns im folgenden die Phase der Signalwelle so gewählt, daß κ positiv ist.

Gleichung (9.7) liefert uns dann für die Quadraturkomponenten x und p, die ja – von einem Normierungsfaktor abgesehen – nichts anderes als der Real- bzw. Imaginärteil von A sind, die folgenden Bewegungsgleichungen

$$\dot{x} = \kappa x, \tag{9.8}$$

$$\dot{p} = -\kappa p. \tag{9.9}$$

Sie beschreiben offenbar ein exponentielles *Anwachsen* von x und ein exponentielles *Abklingen* von p. Der Verstärkungsprozeß bevorzugt somit ganz deutlich die eine Quadraturkomponente, während er die andere sogar schwächt. Diese Asymmetrie überträgt sich auf die Unschärfen Δx und Δp, für die sich durch Lösung der Gleichungen (9.8) und (9.9) folgendes zeitliches Verhalten ergibt

$$(\Delta x)_t^2 = e^{2\kappa t}(\Delta x)_0^2, \tag{9.10}$$

$$(\Delta p)_t^2 = e^{-2\kappa t}(\Delta p)_0^2. \tag{9.11}$$

Dies ist aber genau das, was wir uns wünschen, nämlich eine drastische Verringerung der einen Unschärfe. Das Anwachsen der anderen Unschärfe müssen wir dann wohl in Kauf nehmen. (Daß in unserer Betrachtung gerade die Quadraturkomponente p „gequetscht" wird, ist eine Folge der speziellen Wahl der Signalphase. Ändern wir diese um π, so tauschen x und p beim Verstärkungsvorgang ihre Rolle.)

Da die durchgeführte Betrachtung wegen der Linearität der Bewegungsgleichungen (9.8) und (9.9) nicht nur klassisch, sondern auch quantenmechanisch gültig ist, haben wir mit dem entarteten parametrischen Verstärker ein Instrument in der Hand, das uns erlaubt, aus kohärentem (d. h. in einem GLAUBER-Zustand befindlichen) Licht „gequetschtes" zu machen. Es sind dann ja die anfänglichen quadratischen Streuungen $(\Delta x)_0^2$ und $(\Delta p)_0^2$ gleich dem Vakuumwert $1/2$, und nach Gl. (9.11) werden die Fluktuationen der einen Quadraturkomponente im Verlauf des Verstärkungsvorgangs immer stärker unterdrückt.

Tatsächlich konnte ein derartiges „squeezing"-Experiment erfolgreich ausgeführt werden [WU 86]. Man ging dabei allerdings nicht von einem kohärenten Feld aus, sondern vom Vakuum. Der – auch Subharmonischen-Erzeugung genannte – Prozeß beginnt dann mit der in Abschn. 6.7 geschilderten parametrischen Fluoreszenz, und das so erzeugte schwache Anfangssignal wird dann weiter verstärkt. Was auf diese Weise entsteht, wird üblicherweise „gequetschtes Vakuum" genannt.

Der Ruhm, als erste „gequetschtes" Licht erzeugt und das Vorliegen einer „Quetschung" tatsächlich nachgewiesen zu haben, gebührt jedoch einer anderen amerikanischen Forschergruppe [SLU 85,86]. Sie nutzte dabei eine 4-Wellen-Wechselwirkung, wobei Natriumdampf als nichtlineares Medium diente. Durch Reflexion wurde zunächst aus einer intensiven Laserwelle zusätzlich eine zweite, gegenläufige Welle gewonnen. Diese beiden Wellen erzeugten in einem Resonator – ebenfalls aus dem Vakuum – zwei in ihrer Frequenz leicht unterschiedliche Signalwellen, und die Forscher konnten zeigen, daß das Gesamtfeld dieser beiden – nach Austritt aus dem Resonator – die vorausgesagte „Quetscheigenschaft" besitzt. Bevor wir auf die dabei verwendete Nachweistechnik etwas näher eingehen, wollen wir noch ein paar Schlußfolgerungen aus der obigen theoretischen Betrachtung ziehen.

Zunächst folgt aus Gln. (9.10) und (9.11), daß sich das Unschärfeprodukt $\Delta x \cdot \Delta p$ zeitlich nicht ändert. Ist daher die HEISENBERGsche Unschärfebeziehung (9.5) anfänglich mit dem Gleichheitszeichen erfüllt, so gilt dies für alle Zeiten. Gemäß dem in Abschn. 9.1 erwähnten PAULIschen Beweis ist daher die SCHRÖDINGERsche Wellenfunktion des Feldzustandes stets von der Form (9.6), es ändert sich nur der Parameter Δx im Laufe der Zeit gemäß Gl. (9.10). Diese Relation macht weiterhin deutlich, daß starkes „squeezing" – in unserem Beispiel in der Quadraturkomponente p – mit beträchtlicher Energieerhöhung verbunden ist: Wenn Δp sehr klein werden soll, muß Δx ganz allgemein mindestens im umgekehrten Maße anwachsen, da ja andernfalls die HEISENBERGsche Unschärferelation verletzt würde, die eine fundamentale Rolle in der Quantenmechanik spielt. Da die Energie des Feldes proportional zu der Summe $x^2 + p^2$ ist, bedeutet dies, daß die Schwankungen der Energie – und damit auch die mittlere Energie – immer größer werden. Im Gegensatz zur Photonenstatistik, wo nichtklassisches Verhalten bei schwachen Feldern an einfachsten zu beobachten ist, erfordert daher der nichtklassische „squeezing"-Effekt, je stärker er ausgeprägt sein soll, immer höhere Intensitäten. Eine genauere theoretische Analyse zeigt zudem, daß die Schwankungen der Intensität noch weitaus größer sind als bei thermischem Licht. Wir haben es daher mit einem „super-bunching" der Photonen zu tun. Dies gilt im besonderen für das obenerwähnte „gequetschte Vakuum". Diese Namensgebung erweist sich somit als weniger glücklich, suggeriert sie doch die Vorstellung, es handle sich um eine neue Art von Vakuum. Von Vakuum im Sinne eines Feldzustandes ohne Photonen kann aber nicht die Rede sein!

Das „gequetschte Vakuum" fällt auch mit seiner Photonenverteilung völlig aus dem Rahmen des Gewohnten. Da der Elementarprozeß der Subharmonischen-Erzeugung darin besteht, daß ein Pump-Photon in zwei Signal-Photonen umgewandelt wird, kann – unter idealen experimentellen Bedingungen – insgesamt nur eine gerade Anzahl von Signal-Photonen erzeugt werden. Die Photonenzahlverteilung besitzt daher eine Art Kammstruktur, sie fällt für alle ungerade Photonenzahlen auf Null ab. Es ist einleuchtend, daß ein derartiger „pathologischer" Feldzustand außerordentlich empfindlich gegenüber kleinsten Störungen sein muß. Beispielsweise wird die erwähnte Kammstruktur der Photonenverteilung bereits durch die Einwirkung eines einzigen absorbierenden Atom vollkommen zerstört, das gerade so lange mit dem Feld wechselwirkt, daß es dann mit 50%iger Wahrscheinlichkeit im angeregten Zustand angetroffen wird.

Diese „Fragilität" ist ganz allgemein ein wesentliches Merkmal „gequetschter" Zustände. Deshalb ist beispielsweise ihre Nutzung zur optischen Datenübertragung – der Vorteil bestände im Prinzip darin, daß man das Signal der „gequetschten" Quadraturkomponente aufprägen und so das Signal-Rausch-Verhältnis beträchtlich verbessern könnte – illusorisch, weil eine Dämpfung des Lichts bei seiner Ausbreitung in einer optischen Faser unvermeidlich ist. Eine praktische Bedeutung könnten „Quetschzustände" noch am ehesten für den Betrieb eines hochempfindlichen Interferometers erlangen. Dessen Empfindlichkeit gegenüber einer Spiegelverschiebung ließe sich nämlich dadurch erhöhen, daß man die „Verunreinigung" des Interferometers, bedingt durch das Eindringen der Vakuumfluktuationen in den unbenutzten zweiten Eingang, verhindert. Dazu eignet sich dann „gequetschtes" Licht (geeigneter Phase), das man an Stelle des Vakuums einkoppelt. Der damit verbundene Aufwand würde sich wohl am ehesten bei einem Gravitationswelleninterferometer bezahlt machen, bei dem man aus einer Spiegelverschiebung auf das Wirken einer Gravitationswelle zurückschließen möchte. Da hierbei unvorstellbar kleine Verschiebungen – sie liegen noch um Größenordnungen unter dem Protonenradius! – nachgewiesen werden müssen, ist ein jedes Verfahren zur Verbesserung des Signal-Rausch-Verhältnisses, das ohne Intensitätserhöhung auskommt, hochwillkommen.

9.3 Homodyn-Nachweis

In der Rundfunktechnik ist ein sehr effektives Nachweisverfahren bekannt, das darin besteht, daß man das (schwache) Signal mit der von einem lokalen Sender erzeugten Welle mischt. Diese Technik – je nachdem, ob die Signalfrequenz mit der des „lokalen Oszillators" übereinstimmt oder nicht, spricht man von einer Homodyn- oder einer Heterodyn-Messung – hat auch in die optische Spektroskopie Eingang gefunden. Eine spezielle Variante des optischen Homodyn-Nachweises, die abgeglichene Homodyn-Messung (englisch balanced homodyne detection) hat sich als geradezu ideales quantenoptisches Meßverfahren erwiesen. Es eignet sich im besonderen zum Nachweis des „squeezing"-Effekts, und deshalb wollen wir uns etwas näher damit beschäftigen.

Der erste Schritt besteht in der optischen Mischung der zu untersuchenden, in der Regel schwachen Strahlung (wir nennen sie im folgenden Signal) mit einer intensiven Laserwelle als lokalem Oszillator (Fig. 31). Der dazu verwendete Strahlteiler muß die Aufteilung mit großer Genauigkeit im Verhältnis 1 : 1 vornehmen. Die beiden austretenden Wellen läßt man auf separate Detektoren fallen. Das eigentliche Meßsignal ist dann durch die Differenz der beiden Photoströme gegeben.

Eine theoretische Analyse dieser Meßmethode führt zu dem Ergebnis, daß die genannte Meßgröße – bis auf einen zur Amplitude der Laserwelle proportionalen Faktor – nichts anderes ist als eine bestimmte Quadraturkomponente des Feldes (s. Abschn. 9.1). Dabei wurde vorausgesetzt, daß die Laserwelle so intensiv ist, daß man sie klassisch beschreiben kann. Ganz wichtig ist, daß es sich um einen 50% : 50%-Spiegel handelt. Er sorgt dafür, daß sich bei der Subtraktion der Photoströme die kohärenten Beiträge der Laserwelle genau kompensieren, die andernfalls dominieren würden.

Und welche Quadraturkomponente wird nun gemessen? Es ist einleuchtend, daß für deren Festlegung die relative Phase Θ zwischen Signal und lokalem Oszillator maßgeblich ist. In der Tat zeigt die theoretische Untersuchung, daß man die Quadraturkomponente x mißt, wenn Θ gleich Null ist, während sich für $\Theta = \pi/2\, p$ als Meßgröße ergibt. Wir bemerken an dieser Stelle, daß sich experimentell die Einstellung einer gewünschten Phasendifferenz sehr einfach vornehmen läßt, wenn man von einem primären Laserstrahl ausgeht

und diesen – nach Teilung – in zweifacher Weise nutzt: einmal (gegebenen-
falls nach einer geeigneten Frequenzumwandlung, meist Frequenzverdopp-
lung, in einem nichtlinearen Kristall) zur Erzeugung des Signals (in einem
nichtlinearen optischen Prozeß), und zum anderen als lokalen Oszillator.
Unter diesen Umständen besteht eine definierte Phasenbeziehung zwischen
der Signalwelle und dem lokalen Oszillator, der man durch Veränderung
des Gangunterschieds leicht einen gewünschten Wert geben kann. Phasenschwankungen der primären Laserstrahlung selbst stören dabei offensichtlich
nicht. Wir unterstreichen, daß das geschilderte Vorgehen der einzig praktikable Weg zur Ausführung von Homodyn-Messungen ist, – es sei denn, das
Signal ist so beschaffen, daß die Meßdaten (im Sinne von Häufigkeitsverteilungen) von Θ gar nicht abhängen –, da man sonst einen Laser höchster
Frequenzstabilität zur Verfügung haben müßte, um die (absolute!) Phasen-
konstanz des lokalen Oszillators während der gesamten Zeit der Messung
(an einem Ensemble!) garantieren zu können.

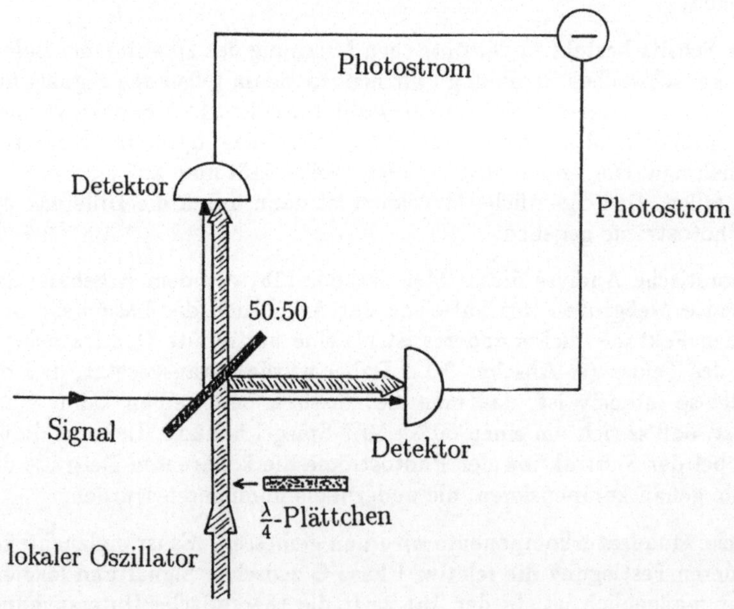

Fig. 31 Homodynmessung der Quadraturkomponente x bzw. p. Die Differenz der
von den beiden Detektoren gelieferten Photoströme ist proportional zu x, und bei
eingeschobenem $\lambda/4$-Plättchen proportional zu p.

Mit der abgeglichenen Homody-Technik können wir also x und p recht einfach messen. Haben wir die Apparatur zum Zwecke einer x-Messung justiert, so genügt es, ein $\lambda/4$-Plättchen in den Strahlengang des lokalen Oszillators einzubringen, um sogleich p messen zu können. Das ist in der Tat ein experimenteller „Komfort", der seinesgleichen sucht. Denken wir an die Quanten*mechanik*, so benötigt man für eine Orts- und eine Impulsmessung jeweils einen eigenen Versuchsaufbau!

Doch die Möglichkeiten, die uns der abgeglichene Homodyn-Nachweis bietet, sind damit noch keinesfalls erschöpft. Es hindert uns ja niemand, auch einen anderen Wert von Θ einzustellen. Was wir dann messen, ist eine Art Mischung von x und p, nämlich die neue Observable

$$x_\Theta = \cos\Theta\, x + \sin\Theta\, p \tag{9.12}$$

(s. Abschn. A.6). Messen wir die Häufigkeitsverteilungen $\omega_\Theta(x_\Theta)$ für einen ganzen Satz von Größen x_Θ, wobei wir Θ stufenweise – im Sinne einer Annäherung an ein kontinuierliches Fortschreiten – von 0 bis π anwachsen lassen, so erhalten wir, wie wir in Abschn. 10.3 näher ausführen werden, praktisch eine *vollständige* quantenmechanische Information über das betreffende System.

Doch kehren wir zurück zum experimentellen Nachweis des „squeezing"-Effekts! Nach dem oben Gesagten braucht man dazu nur folgendes zu tun: Man verwende einen Versuchsaufbau gemäß Fig. 31 und blocke zunächst die zu untersuchende Lichtwelle ab. Da sich nicht verhindern läßt, daß dann immer noch das Vakuum eindringt, mißt man unter diesen Umständen die Vakuumfluktuationen in Gestalt von Schwankungen einer (ausgewählten) Quadraturkomponente des Feldes. Nun gibt es im Vakuum natürlich keine ausgezeichnete Phase der elektrischen Feldstärke, daher sind die (von einem Spektrumanalysator[1] angezeigten) Unschärfen, i. e. die Wurzeln aus den mittleren Schwankungsquadraten, unabhängig von der relativen Phase Θ des lokalen Oszillators. Sie markieren somit die „Null-Linie". Lassen wir nun „gequetschtes" Licht in die Apparatur eintreten, so variiert das Meßsignal, als Funktion von Θ, periodisch mit π zwischen über die „Null-Linie" emporragenden Maxima und (im Vergleich dazu wenig) unter diese Linie

---

[1] Unter idealen experimentellen Bedingungen liefert der Spektrumanalysator ein Meßsignal, das proportional zur Wurzel aus dem über ein gewisses Zeitintervall gemittelten Quadrat der betreffenden Quadraturkomponente x_Θ ist. Wenn der Mittelwert von x_Θ selbst verschwindet, wie es sowohl beim Vakuum als auch beim „gequetschten Vakuum" der Fall ist, wird daher die Unschärfe Δx_Θ direkt angezeigt. In praxi wird das Meßsignal allerdings durch die Detektorineffizienz und – bei Verstärkung der individuellen Photoströme – das Verstärkerrauschen verfälscht [SLU 86].

absinkenden Minima. Ein solches Minimum ist genau das, was wir suchen. Da es unterhalb der „Null-Linie" liegt, zeigt es an, daß die Schwankung einer ausgezeichneten Quadraturkomponente x_Θ – der Wert von Θ ist dabei ohne Bedeutung, da er mit dem totalen Gangunterschied zwischen Signal und lokalem Oszillator variiert, den man sowieso nicht mißt – tatsächlich geringer ist als die Vakuumfluktuation, d. h., daß eine „Quetschung" des Lichts vorliegt. Dieses Ergebnis wurde auch experimentell in der Pionierarbeit zum „squeezing"-Effekt wirklich gefunden [SLU 85]. Es wurde später auch von anderen Forschern unter Ausnutzung anderer Erzeugungsmechanismen wie der oben geschilderten entarteten parametrischen Verstärkung [WU 86] bestätigt. Figur 32 zeigt eine charakteristische Meßkurve.

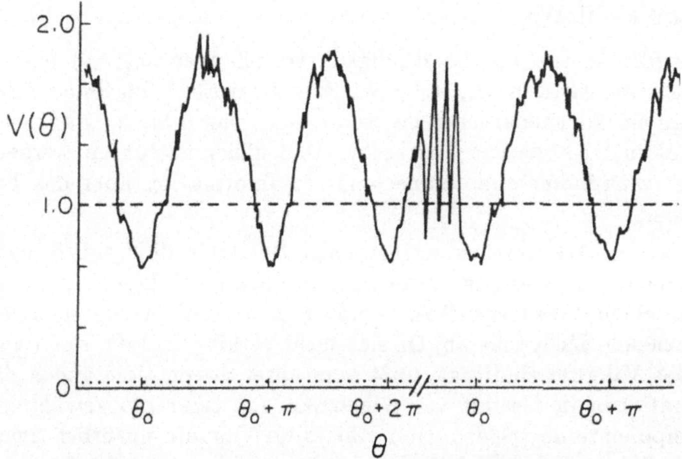

Fig. 32 Nachweis eines „gequetschten Vakuum-Zustandes". Aufgetragen ist die relative Anzeige des Spektrumanalysators in Abhängigkeit von der Phase Θ des lokalen Oszillators. Nach [WU 86]

Wir unterstreichen noch den nichtklassischen Charakter von „gequetschtem" Licht. In der Tat ist im Rahmen der klassischen Theorie eine Unterschreitung der obenerwähnten „Null-Linie" nicht zu verstehen. Diese ist nämlich aus klassischer Sicht nichts anderes als das Schrotrauschen des Detektors, das wiederum eine direkte Folge der „Körnigkeit" der Elektronen darstellt. Klassisch hat man sich ja vorzustellen, daß selbst bei exakt konstanter Intensität des einfallenden Lichts Schwankungen im Photostrom auftreten, die folgendermaßen zustande kommen: Weil man sich die empfindliche Oberfläche des Detektors aus einer riesigen Zahl von Atomen bestehend zu denken hat, von denen in einem kurzen Zeitintervall immer nur einige wenige ionisiert werden, regiert auch in klassischer Betrachtung der Zufall. Da die Ionisierungswahrscheinlichkeit – bei gleichmäßiger Ausleuchtung der Detektoroberfläche – für alle Atome die gleiche ist und die Einzelprozesse statistisch unabhängig voneinander sind, finden wir wieder genau die Bedingungen für das Vorliegen von POISSON-Statistik verwirklicht. Das bedeutet, die in einem *beliebigen* Zeitintervall freigesetzten Photoelektronen gehorchen dieser Art von Statistik. Die Folge davon ist ein weißes (d. h. frequenzunabhängiges) Rauschen im Photostrom, das sog. Schrotrauschen. Aus dem Gesagten geht aber klar hervor, daß letzteres eine absolute untere Grenze darstellt: Strahlt man Licht ein, das nicht amplitudenstabilisiert ist, also Intensitätsfluktuationen aufweist, so kann das Rauschen im Photostrom nur zunehmen, aber niemals kleiner werden.

Wie sich später herausstellte, eignet sich die abgeglichene Homodyn-Meßtechnik auch sehr gut zu einer quantenmechanischen Messung der Phase des Lichts. Da die Phasenproblematik von der Anfangszeit der Quantenmechanik bis heute nichts an Aktualität eingebüßt hat, wollen wir im folgenden Kapitel näher darauf eingehen.

10 Messung von Verteilungsfunktionen

10.1 Die Quantenphase des Lichts

Die korrekte Beschreibung der Phase eines quasimonochromatischen Licht-feldes, idealisiert als Ein-Moden-Zustand des Strahlungsfeldes, gehört zu den delikatesten Problemen der Quantentheorie.[1] Tatsächlich bemühen sich die Theoretiker seit Generationen vergeblich, einen Phasenoperator zu finden, der dem quantenmechanischen Standard entspricht. Woran es hapert, ist die Hermitizität. Nur mit Hilfe eines mathematischen Tricks gelang es, einen in Strenge HERMITEschen Phasenoperator zu konstruieren, nämlich dadurch, daß man die „Spielwiese" des Phasenoperators künstlich einengte, d. h. die Dimension des entsprechenden Hilbert-Raums auf einen sehr großen *end-lichen* Wert beschränkte. Wirft man einen Blick auf die Historie, so stellt man fest, daß bereits in der allerersten (heute leider weitgehend verges-senen) Arbeit zum Phasenproblem [LON 26] der befriedigendste Zugang gefunden wurde. Es wurden nämlich Phasenzustände, d. h. quantenmecha-nische Zustände scharfer Phase φ in folgender Form eingeführt

$$|\varphi\rangle = \frac{1}{\sqrt{2\pi}} \sum_{n=0}^{\infty} e^{in\varphi} |n\rangle , \tag{10.1}$$

wobei $|n\rangle$ die Zustände scharfer Photonenzahl n bezeichnen (s. Abschn. 4.2 und A.1).

Die Zustände (10.1) tragen erfreulicherweise dem aus der klassischen Theorie bekannten inneren Zusammenhang von Phase und Zeit Rechnung. Klassisch kann man ja die Phase einer monochromatischen Schwingung dadurch er-mitteln, daß man die Nulldurchgänge beobachtet. Das liegt daran, daß die Phase nur in der Kombination $\omega t - \varphi$ in die Schwingungsgröße (Auslen-kung oder elektrische Feldstärke) eingeht, was bedeutet, daß die zeitliche Entwicklung gleichbedeutend ist mit einer Phasenverschiebung. Die gleiche formale Eigenschaft haben offenbar auch die Phasenzustände (10.1), da sich

---

[1] Um Mißverständnissen vorzubeugen, betonen wir, daß es sich dabei um die „absolute", d. h. auf eine ideale Referenzwelle bezogene Phase handelt und nicht etwa um die allein durch Gangunterschiede festgelegte relative Phase, wie man sie in einem Interferometer messen kann.

die Zustände $|n\rangle$ scharfer Photonenzahl – und damit auch scharfer Energie $n\hbar\omega$ – in ihrer zeitlichen Entwicklung einfach mit einem Faktor $\exp(-in\omega t)$ multiplizieren. Daß sie nicht auf Eins normierbar sind, braucht uns nicht zu beunruhigen. Im Gegenteil! Da wir erwarten, daß die Phase auch in der Quantentheorie eine *kontinuierliche* Variable ist, darf die zugehörige Eigenfunktion gar nicht normierbar sein – man denke zum Vergleich an eine laufende ebene Welle, die bekanntlich einen Impulseigenzustand repräsentiert. Was jedoch zu fordern wäre, ist eine Normierbarkeit im Sinne der DIRACschen Deltafunktion, da ja ganz allgemein zu verschiedenen Eigenwerten eines HERMITEschen Operators gehörige Eigenfunktionen zueinander orthogonal sein müssen. Hier liegt in der Tat das Problem, die Zustände (10.1) genügen nämlich dieser Bedingung nicht, woraus folgt, daß sie keine Eigenfunktionen eines HERMITEschen Operators, also eines „anständigen" Phasenoperators sein können. Andererseits läßt sich dieser „Schönheitsfehler" aber auch nicht beheben. Die Phase als quantenmechanische Observable tanzt somit aus der Reihe, und man mag sich fragen, ob es hierfür einen besonderen Grund gibt. Vermutlich ist er darin zu suchen, daß die Kopplung zwischen dem Strahlungsfeld und einem atomaren System in jedem Fall über die elektrische Feldstärke erfolgt, in der Phase *und* (reelle) *Amplitude* zu einer Einheit verschmolzen sind. Daher fällt es so schwer, aus Meßdaten auf die Phase (oder die Amplitude) *allein* zurückschließen.

Nun kann man sich eigentlich mit der Einführung von Phasenzuständen gemäß Gl. (10.1) zufriedengeben. Sie liefern nämlich eine Zerlegung der Einheit (und bilden somit ein vollständiges System). Das erlaubt uns, das Absolutquadrat des Skalarproduktes eines beliebigen Feldzustandes $|\psi\rangle$ mit einem Phasenzustand $|\varphi\rangle$ – der Projektion des Feldzustandes auf den Phasenzustand also –, multipliziert mit $d\varphi$, als die Wahrscheinlichkeit dafür aufzufassen, bei einer Phasenmessung einen Wert im Intervall $\varphi...\varphi + d\varphi$ zu finden. Damit haben wir ein klares „Rezept" zur Berechnung von Phasenverteilungen in der Hand. Nur kann uns leider niemand sagen, wie eine solche „ideale" Phasenmessung tatsächlich auszusehen hätte! Angesichts dieser unbefriedigenden theoretischen Situation bleibt dem „Praktiker" eigentlich nichts anderes übrig, als „den Spieß umzudrehen": Statt von tiefschürfenden theoretischen Überlegungen auszugehen, denkt er sich eine möglichst praktikable Meßvorschrift für die Phase aus und fragt erst dann danach, wie das Verfahren in einen allgemeineren theoretischen Rahmen einzuordnen ist. Diesen Weg einer „operationalen Phasendefinition" gingen L. MANDEL und Mitarbeiter [NOH 91, 92]. Im nächsten Abschnitt folgen wir ihren grundsätzlichen Überlegungen.

10.2 Realistische Phasenmessung

Wir beginnen mit einer klassischen Betrachtung und schreiben die elektrische Feldstärke einer laufenden ebenen Welle in der Form

$$E(z,t) = E_0\cos(\omega t - \varphi - kz). \tag{10.2}$$

Machen wir von dem Additionstheorem für den Kosinus Gebrauch und vergleichen das Ergebnis mit Gl. (9.2) bzw. (9.3), so finden wir den folgenden einfachen Zusammenhang zwischen der Phase φ und den Quadraturkomponenten x und p

$$\cos\varphi = \frac{x}{\sqrt{x^2 + p^2}}, \quad \sin\varphi = \frac{p}{\sqrt{x^2 + p^2}}. \tag{10.3}$$

Interessant ist dabei, daß es schon in der klassischen Optik der Messung zweier Größen bedarf, um die Phase zu ermitteln. Experimentell wird man dann so vorgehen, daß man den Lichtstrahl mittels eines halbdurchlässigen Spiegels in zwei Teilstrahlen zerlegt und an dem einen x und dem anderen p mißt (wofür sich nach Abschn. 9.3 der abgeglichene Homodyn-Nachweis sehr gut eignet).

Man kann nun fragen, ob das geschilderte Verfahren nicht auch zu einer quantenmechanischen Phasenmessung taugt. Tatsächlich kommen dem Quantentheoretiker schwerwiegende Bedenken. Gemäß den Prinzipien der Quantentheorie können ja die Größen x und p unmöglich gleichzeitig scharf gemessen werden, weil sie kanonisch konjugiert sind und daher der HEISEN-BERGschen Unschärferelation (9.5) genügen müssen. Der Quantentheoretiker erklärt daher, was in dem obigen Experiment gemessen wird, sind gar nicht die wahren Quadraturkomponenten x und p, sondern modifizierte Größen. Sie enthalten nämlich zusätzlich zu x bzw. p noch einen Rauschanteil, der davon herrührt, daß man einen Strahlteiler bemühen mußte, um die beiden Messungen *am gleichen System* ausführen zu können. Dabei ist dann Rauschen in Gestalt von Vakuumfluktuationen über den unbenutzten Eingang (s. Abschn. 7.6, Fig. 20) eingedrungen. Man kann diesen Sachverhalt auch so ausdrücken: Man mißt x und p simultan, jedoch mit einem unvermeidlichen Verlust an Genauigkeit. Dies gilt generell für kanonisch konjugierte Größen. Was man daher mit dem obigen Meßverfahren findet, ist ganz sicher nicht die „ideale", vielmehr eine „verrauschte" Phase. Doch man kann wenigstens etwas messen, das einer Phase ähnelt und jedenfalls im Grenzfall sehr großer Intensität, in dem die erwähnten Vakuumbeiträge nur mehr eine unbedeutende Rolle spielen, mit ihr übereinstimmt. Man kann es auch so formulieren – und das ist mit dem „operationalen Zugang" zur Phase gemeint –, daß man durch die in Rede stehende Meßvorschrift eine physikalische Größe definiert, die man am besten *eine* Phase und nicht *die* Phase nennt.

Es erhebt sich nun natürlich die Frage nach einer quantenmechanischen Beschreibung der geschilderten (indirekten) Phasenmessung. Da einem eine einmalige Messung recht wenig sagt – die Phase hat eben beispielsweise gerade den Wert 0,72314 –, ist man in erster Linie an statistischen Aussagen über die Phase interessiert. Man wird also viele Einzelmessungen an einem Ensemble von in gleicher Weise „präparierten" Systemen, z. B. einem Zug von ultrakurzen Lichtimpulsen vornehmen. Das Nächstliegende ist dann so vorzugehen, daß man aus den Meßwerten Mittelwerte der Art $\overline{\sin\varphi}$, $\overline{\cos\varphi}$, $\overline{\sin^2\varphi}$, $\overline{\cos^2\varphi}$, $\overline{\sin\varphi\cos\varphi}$ usf. bildet. Die gesamte in den Meßdaten steckende Information über die Phase wäre jedoch erst dann tatsächlich ausgeschöpft, wenn man im Prinzip *alle*, also auch beliebig hohe Momente $\overline{\sin^k\varphi\cos^l\varphi}$, ermitteln würde, was praktisch natürlich nicht machbar ist. Günstiger erscheint es dagegen, aus den gemessenen Werten von x und p über die Gleichungen (10.3) jeweils einen individuellen Phasenwert zu errechnen und – durch Wiederholung der Messung an vielen Ensemble-Mitgliedern – eine Häufigkeitsverteilung, ein sog. Histogramm, der Phasenwerte zu ermitteln. (Mit einer solchen Phasenverteilung ließe sich dann auch jedes beliebige Moment $\overline{\sin^k\varphi\cos^l\varphi}$ berechnen.) Tatsächlich verschenkt man auch hierbei noch Information, nämlich solche über die (reelle) Amplitude und ihre Korrelationen mit der Phase. Die vorteilhafteste Methode der Datenauswertung ist in der Tat die, daß man die direkt gemessenen Wertepaare x, p als Punkte in einem Phasenraum auffaßt und deren Häufigkeitsverteilung – ein „Gebirge" über der x, p-Ebene – ermittelt. In dieser Phasenraumverteilung $w(x,p)$ ist dann die gesamte Information über das Lichtfeld enthalten, die man mit der geschilderten Meßapparatur erhalten kann. Interessiert man sich nur für die Phase, so braucht man lediglich über die Amplitude zu mitteln. Man schreibt zu diesem Zweck die Verteilungsfunktion auf Polarkoordinaten ϱ, φ um, und die Phasenverteilung $w(\varphi)$ ergibt sich unter Beachtung von Gln. (10.3) als das Integral

$$ w(\varphi) = \int_0^\infty \varrho\, d\varrho\, w(x = \varrho\cos\varphi, p = \varrho\sin\varphi)\,. \tag{10.4} $$

Mittelt man dagegen über die Phase, so findet man die Amplitudenverteilung als Randverteilung von $w(x,p)$. Andererseits kann man mit der Kenntnis von $w(x,p)$ auch Mittelwerte von beliebigen Größen berechnen, die von Phase *und* Amplitude abhängen, im besonderen also von Korrelationen zwischen Phasen- und Amplitudengrößen. Die adäquate theoretische Beschreibung der in Rede stehenden Meßapparatur besteht somit darin, einen allgemeinen Zusammenhang zwischen der Phasenraumverteilung $w(x,p)$ und der quantenmechanischen Zustandsfunktion des untersuchten Lichtfeldes aufzudecken. Verblüffenderweise ergab sich für den Fall eines intensiven lokalen Oszillators (der im MANDELschen Experiment [NOH 91, 92] allerdings nicht verwirklicht war, wodurch dessen theoretische Analyse recht kompliziert wurde) ein sehr einfaches Resultat: Die unmittelbar meßbare Verteilungsfunktion $w(x,p)$ entsteht durch Projektion des Feldzustandes $|\psi\rangle$ auf einen GLAUBER-Zustand $|\alpha\rangle$ [LEO 93a, FRE 93], d. h., es gilt die Beziehung

$$w(x,p) = \frac{1}{\pi}|\langle\psi|\alpha\rangle|^2 \,, \tag{10.5}$$

wobei α mit $x + \mathrm{i}p$ zu identifizieren ist. Die rechte Seite dieser Gleichung erfreut sich unter dem Namen HUSIMI- oder Q-Funktion schon länger großer Beliebtheit in Theoretikerkreisen. Üblicherweise wird sie so eingeführt, daß man in $|\langle\psi|\alpha\rangle|^2$ die komplexe Amplitude α durch $2^{-\frac{1}{2}}(x+\mathrm{i}p)$ ersetzt. Damit schreibt sich dann Gl. (10.5) in der Form

$$w(x,p) = 2Q(2^{\frac{1}{2}}x, 2^{\frac{1}{2}}p) \,. \tag{10.6}$$

Graphisch dargestellt vermittelt die Q-Funktion einen „globalen" Eindruck des betreffenden Zustandes. Im besonderen kann man an ihr „Quetscheigenschaften" des Lichts unmittelbar erkennen. Die Q-Funktion wurde jedoch meist als ein theoretisches Konstrukt betrachtet. Durch den obigen Nachweis ihrer direkten Meßbarkeit hat sie daher deutlich an physikalischer Bedeutung gewonnen. Tatsächlich gab es auch schon früher Hinweise darauf, daß andere realistische Verfahren zur Phasenmessung ebenfalls auf die Q-Funktion führen (Näheres s.u.), doch dies blieb bis heute Theorie.

Nun ist leicht zu sehen, daß der Übergang (10.5) vom quantenmechanischen Zustand $|\psi\rangle$ zur Q-Funktion mit einem gewissen Informationsverlust verbunden ist. Dies steht ganz im Einklang mit der oben getroffenen Feststellung, daß eine simultane Messung von x und p notwendig ungenau sein muß. Die theoretische Beschreibung zeigt in der Tat, daß sich Feinheiten in der Struktur des quantenmechanischen Zustandes $|\psi\rangle$ in den Meßdaten nicht mehr wiederfinden. Man erkennt dies am deutlichsten, wenn man zur Charakterisierung des Feldzustandes nicht eine Wellenfunktion (bzw. Dichtematrix), sondern die WIGNER-Funktion verwendet.

Wir wollen zunächst ein paar Worte über die WIGNER-Funktion, genauer WIGNER-Verteilung, sagen. Ihrer Einführung lag das Bestreben zugrunde, eine quantenmechanische Form der Beschreibung nach dem Vorbild der klassischen statistischen Mechanik zu finden. Dort repräsentiert ja, denken wir der Einfachheit halber an ein Teilchen mit nur einem Freiheitsgrad der Bewegung, eine Verteilungsfunktion für Ort *und* Impuls unsere Kenntnis des

Systems. Eine Übertragung dieses Konzepts auf die Quantenmechanik erscheint schon deswegen wenig erfolgsversprechend, weil man Ort (x) und Impuls (p) nicht gleichzeitig messen kann. So hängt denn auch bekanntermaßen die quantenmechanische Wellenfunktion entweder nur von x oder nur von p ab, enthält aber nichtsdestoweniger die *gesamte* Information über den Zustand des Systems. E. WIGNER konnte jedoch zeigen, daß man *formal* ein quantenmechanisches Analogon zur klassischen Verteilungsfunktion definieren kann. Es ist dies die nach ihm benannte Verteilung $W(x,p)$, die folgende Eigenschaften besitzt:

a) Sie ist reell, nimmt aber in der Regel nicht nur positive, sondern auch negative Werte an.

b) Die aus ihr folgenden Randverteilungen

$$w(x) = \int_{-\infty}^{\infty} W(x,p)dp \tag{10.7}$$

und

$$w(p) = \int_{-\infty}^{\infty} W(x,p)dx \tag{10.8}$$

sind die *exakten* quantenmechanischen Verteilungsfunktionen für Ort und Impuls.

c) Der quantenmechanische Erwartungswert für eine Funktion $F(\hat{x},\hat{p})$ des Orts- und des Impulsoperators läßt sich, sofern diese Operatoren *symmetrisch geordnet* sind, als klassischer Mittelwert der Größe $F(x,p)$ schreiben, wobei die WIGNER-Funktion die Rolle der klassischen Gewichtsfunktion spielt, d. h., es gilt

$$\langle F(\hat{x},\hat{p})\rangle = \int_{-\infty}^{\infty} \int_{-\infty}^{\infty} F(x,p)W(x,p)dxdp. \tag{10.9}$$

d) Die WIGNER-Funktion ist auf Eins normiert

$$\int_{-\infty}^{\infty} \int_{-\infty}^{\infty} W(x,p)dxdp = 1. \tag{10.10}$$

e) Sie berechnet sich aus der Wellenfunktion $\psi(x)$ bzw. der Dichtematrix $\langle x|\varrho|x'\rangle$ des Zustandes nach der Vorschrift

$$W(x,p) = \pi^{-1} \int_{-\infty}^{\infty} \exp(2ipy)\psi(x-y)\psi^*(x+y)dy \tag{10.11}$$

bzw.

$$W(x,p) = \pi^{-1} \int_{-\infty}^{\infty} \exp(2ipy)\langle x-y|\varrho|x+y\rangle dy\,. \tag{10.12}$$

Da sich diese beiden Gleichungen, die ja nichts anderes sind als FOURIER-Transformationen, leicht umkehren lassen, ist klar, daß in der WIGNER-Funktion die volle quantenmechanische Information über den betreffenden Zustand steckt.

Das Gesagte macht deutlich, daß sich ein der klassischen Beschreibung ähnliches Programm tatsächlich verwirklichen läßt, allerdings mit zwei wesentlichen Einschränkungen: Wegen der Eigenschaft a) kann die WIGNER-Funktion nicht als eine echte Wahrscheinlichkeitsverteilung angesehen werden (man spricht daher auch richtiger von einer Quasiwahrscheinlichkeitsverteilung), und die Eigenschaft c) macht uns das Leben schwer, da wir die Operatorfunktion $F(\hat{x},\hat{p})$ immer erst auf die der symmetrischen Ordnung entsprechende Form bringen müssen, bevor wir Gl. (10.9) anwenden dürfen. Da schon das Quadrat einer symmetrisch geordneten Funktion in der Regel nicht mehr symmetrisch geordnet ist, gestaltet sich die Berechnung höherer Momente – eine Ausnahme bilden gemäß der Eigenschaft b) nur Momente von x und p für sich – wesentlich komplizierter als in der klassischen Statistik. Tatsächlich bringen die bei der Umformung auf symmetrische Ordnung auftretenden Zusatzterme gerade quantenmechanische Korrekturen zum Ausdruck.

Ungeachtet dieser „Defekte“, die uns daran erinnern, daß sich die quantenmechanische Beschreibung ja unmöglich auf eine klassische reduzieren kann, ist die WIGNER-Funktion jedoch ein sehr nützliches Konstrukt für theoretische Untersuchungen. Da sie reell ist, läßt sie sich leicht graphisch veranschaulichen, und man bekommt so einen visuellen Gesamteindruck von dem betreffenden quantenmechanischen Zustand, wobei relevante physikalische Eigenschaften wie etwa für „Quetschzustände“ charakteristische Asymmetrien unmittelbar zu erkennen sind.

Für unsere Zwecke ist der Zusammenhang zwischen der Q-Funktion und der WIGNER-Funktion von besonderem Interesse. Es zeigt sich nämlich, daß die erstere aus der letzteren einfach durch eine Faltung mit einer GAUSS-Funktion hervorgeht

$$Q(x,p) = \pi^{-1} \int_{-\infty}^{\infty} \int_{-\infty}^{\infty} W(x',p')\exp\left\{-\left[(x-x')^2 + (p-p')^2\right]\right\} dx'dp'.$$

$$(10.13)$$

Diese Operation bedeutet aber nichts anderes als eine Glättung der WIGNER-Funktion und damit einen Verlust an feineren Strukturen. (Ein Beispiel zeigt Fig. 33.) Da wir gesehen haben, daß das MANDELsche Meßverfahren auf die Q-Funktion führt, haben wir nun ein anschauliches Bild vor uns, wie das unerwünschte Rauschen, das über den Strahlteiler in die Apparatur gelangt, die Meßresultate verfälscht. Quantitativ läßt sich der Einfluß des Zusatzrauschens in einer sehr übersichtlichen Form erfassen: Berechnet man nämlich die Unschärfen von x und p unter Verwendung der Q-Funktion als Verteilungsfunktion, so sind diese der Unschärferelation

$$\Delta x \cdot \Delta p \geq 1 \tag{10.14}$$

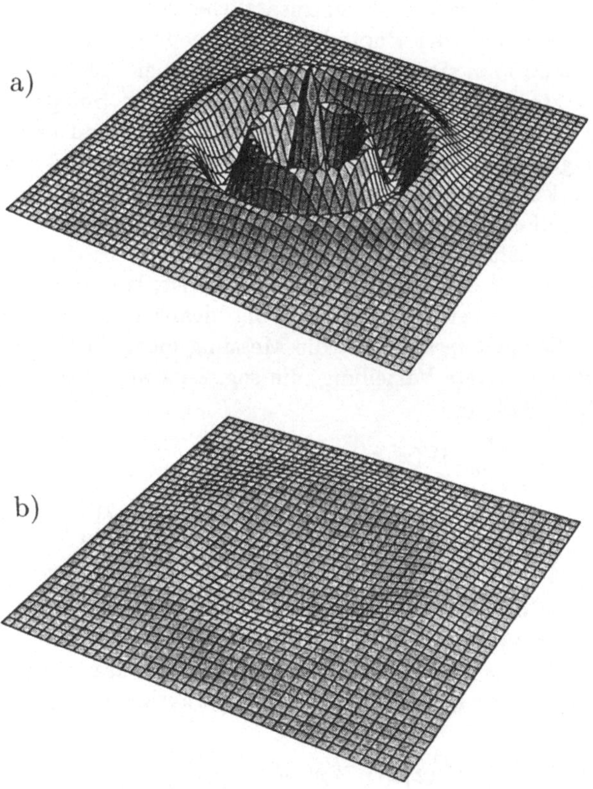

Fig. 33 WIGNER-Funktion eines Zustandes mit genau 4 Photonen (a) und die daraus durch Glättung entstandene Q-Funktion (b)

unterworfen, deren rechte Seite gerade doppelt so groß ist wie bei der HEI-SENBERGschen Unschärfebeziehung (9.5). Die betrachtete realistische Meß-apparatur trägt daher noch einmal soviel zur Unschärfe bei wie das „Quan-tenrauschen". Die gemäß Gl. (10.4) aus der gemessenen Verteilungsfunktion $w(x,p)$, also der Q-Funktion, ermittelte Phasenverteilung ist daher in der Regel etwas breiter als die „ideale" Phasenverteilung $w_{\mathrm{id}}(\varphi)$, die man unter

Verwendung der Phasenzustände $|\varphi\rangle$ [s. Gl. (10.1)] – bei Kenntnis des quantenmechanischen Zustands $|\psi\rangle$ des Lichtfeldes – nach der einfachen Formel $w_{\mathrm{id}}(\varphi) = |\langle\psi|\varphi\rangle|^2$ berechnen kann, für die jedoch, bis heute jedenfalls, keine Meßvorschrift angegeben werden konnte.

Erwähnt sei schließlich noch, daß das Glättungskonzept auch auf eine weitere Rauschquelle zutrifft. Gemeint ist der zusätzliche Verlust an Meßgenauigkeit , der durch Ineffizienz der Photodetektoren bedingt ist. Einen nichtidealen Detektor kann man sich ja modellmäßig als einen idealen Detektor mit einem vorgesetzten Absorber, sprich teildurchlässigen Spiegel, ersetzt denken. Letzterer läßt dann erneut Rauschen eindringen, und es verwundert nach dem Obigen nicht, daß dieser Störeffekt formal durch eine weitere Glättung der Q-Funktion (nunmehr mit einer GAUSS-Funktion, deren Breite von der Detektorempfindlichkeit bestimmt wird) beschrieben werden kann. Da die Nacheinanderausführung zweier Faltungen mit jeweils einer GAUSS-Funktion der Faltung mit einer einzigen äquivalent ist, kommen wir so zu folgendem Ergebnis: Berücksichtigt man die vom Idealwert Eins abweichende Detektorempfindlichkeit η, so liefert die Messung nicht die Q-Funktion, sondern die stärker geglättete Verteilung, die sog. s-parametrisierte Quasiwahrscheinlichkeitsverteilung

$$W(x,p;s) \;=\; \frac{-1}{\pi s} \int_{-\infty}^{\infty} \int_{-\infty}^{\infty} \; W(x',p')$$

$$\times \exp\left\{\frac{1}{s}\left[(x-x')^2 + (p-p')^2\right]\right\} dx'dp',$$

$$(10.15)$$

wobei der Parameter s in der Form $s = -(2-\eta)/\eta$ mit der Detektorempfindlichkeit zusammenhängt [LEO 93b]. (Man beachte, daß die WIGNER-Funktion dem Parameter $s = 0$ und die Q-Funktion dem Parameter $s = -1$ entspricht.) Die tatsächlich gemessene Verteilungsfunktion $w(x,p)$ ist dann gegeben durch

$$w(x,p) = 2\eta^{-1}W\left(2^{\frac{1}{2}}\eta^{-\frac{1}{2}}x, 2^{\frac{1}{2}}\eta^{-\frac{1}{2}}p; -(2-\eta)/\eta\right). \qquad (10.16)$$

Die stärkere Glättung (10.15) hat natürlich zur Folge, daß noch mehr Detailinformationen über den untersuchten Feldzustand verlorengehen. Im besonderen wird dadurch die experimentell ermittelte Phasenverteilung weiter verbreitert.

Nach dieser Analyse des MANDEL-Schemas wollen wir noch kurz auf frühere Vorschläge zur quantenmechanischen Phasenmessung eingehen. Dem ältesten [BAN 69, PAU 74] liegt ein ganz einfacher physikalischer Gedanke zugrunde. Da man die Phase an einem mikroskopischen Feld nicht direkt messen kann, verstärke man dieses möglichst rauscharm (mit Hilfe eines

Laserverstärkers) bis zu makroskopischen Intensitäten. An dem verstärkten Signal kann man dann eine Phasenmessung (wenn man will, auch eine Amplitudenmessung) „bequem", d. h. mit bekannten klassischen Verfahren ausführen. Es ist offensichtlich, daß man auch hier eine verringerte Meßgenauigkeit, bedingt durch das prinzipiell unvermeidliche Verstärkerrauschen, in Kauf nehmen muß.

Ein weiterer Vorschlag [SHA 84] beruht auf einer Heterodyn-Messung. Dabei wird das Signal mit einer um $\Delta\nu$ in ihrer Frequenz verschobenen intensiven kohärenten Referenzwelle optisch gemischt und auf einen Photodetektor geschickt. Der Photostrom enthält dann einen mit der Differenzfrequenz $\Delta\nu$ oszillierenden Wechselstromteil, an dem mit Hilfe eines Quadratur-Demodulators die Amplituden der wie $\cos(2\pi\Delta\nu t)$ bzw. $\sin(2\pi\Delta\nu t)$ oszillierenden Komponenten gemessen werden. Diese Amplituden erweisen sich als proportional zu den oben mit x und p bezeichneten Quadraturkomponenten des Feldes. Sie werden auch in diesem Falle als rauschbehaftete Größen gemessen, und die Datenauswertung ist genau die gleiche wie beim MANDEL-Schema. Und durch welche „Tür" dringt nun das Rauschen ein? Die Antwort lautet: Der Strahlteiler mischt die Signalwelle nicht nur mit der intensiven Referenzwelle, sondern grundsätzlich auch mit allen anderen Vakuumeigenschwingungen. Von denen spielt für das Experiment, wenn ν_0 die Frequenz der Referenzwelle und $\nu_0 + \Delta\nu$ die Signalfrequenz bezeichnet, die bei der „gespiegelten" Frequenz $\nu_0 - \Delta\nu$ oszillierende die Rolle der unerwünschten Rauschquelle, da sie ja auch, dank der Mischung mit der Referenzwelle, zu dem mit $\Delta\nu$ schwingenden Wechselstromanteil des Photostroms beiträgt.

Führt man eine theoretische Analyse der genannten beiden Verfahren zu einer realistischen Phasenmessung durch, so stellt man mit einer gewissen Überraschung fest, daß auch sie genau wieder auf die Q-Funktion führen. (Im Fall der Verstärkung liefert die Messung eine „aufgeblähte" Q-Funktion, die aus der Q-Funktion für das ursprüngliche Signal durch eine einfache Maßstabsänderung hervorgeht.)

Wir können somit den Schluß ziehen, daß alle drei Verfahren physikalisch *vollständig äquivalent* sind, insbesondere sind daher die experimentell bestimmten Phasenverteilungen *identisch*. Dies erscheint keineswegs selbstverständlich. Zwar ist sicherlich eine qualitative Übereinstimmung vorhanden derart, daß das Meßergebnis „verrauscht" ist. Daß jedoch die physikalisch ganz unterschiedlichen Rauschquellen quantitativ genau den gleichen Effekt haben, ist schon verblüffend. Bei genauerem Hinsehen erkennt man jedoch, daß die Rauschquellen, formal gesehen, tatsächlich eine weitgehende

Gemeinsamkeit aufweisen: Die ihnen entsprechenden Fluktuationsoperatoren (LANGEVIN-Kräfte) in den quantenmechanischen Bewegungsgleichungen sind gerade so beschaffen, daß sie die Erfüllung der bekannten quantenmechanischen Vertauschungsrelation für die Photonenerzeugungs- und -vernichtungsoperatoren des Feldes (s. Abschn. A.1) auch nach der Wechselwirkung – und damit die Konsistenz der quantenmechanischen Beschreibung – garantieren.

Wir können somit feststellen, daß sich alle bekannten Verfahren einer realistischen Phasenmessung in ein sehr allgemeines Schema einfügen: Es wird generell eine simultane Messung zweier kanonisch konjugierter Variabler (ähnlich dem Ort und dem Impuls) vorgenommen. Man mißt so (bei Verwendung idealer Detektoren) direkt die Q-Funktion des Strahlungsfeldes und erhält daraus durch Mittelung über die Feldamplitude eine Phasenverteilung, wobei man die tatsächliche Meßbarkeit mit einer – im Vergleich zu einer „Idealmessung" – verringerten Meßgenauigkeit bezahlt. Letztere wird noch kleiner, wenn die Messungen mit nichtidealen Detektoren ausgeführt werden. Allerdings ist der schädliche Einfluß geringer Detektorempfindlichkeit beim Verstärker-Schema vernachlässigbar klein – wir messen ja an makroskopischen Feldern –, so daß diesem Verfahren unter praktischen Gesichtspunkten der Vorzug zu geben ist.

10.3 Rekonstruktion des Zustandes aus Meßdaten

Wie wir im vorangehenden Abschnitt gesehen haben, lassen sich mit Hilfe einer zur Phasenmessung bestimmten Apparatur gewisse Quasiverteilungsfunktionen – die Q-Funktion oder, bei Verwendung ineffizienter Detektoren, geglättete Q-Funktionen – direkt messen. Es erhebt sich die Frage, ob man damit bereits die *vollständige* Information über den quantenmechanischen Zustand des Feldes in der Hand hat. Der Theoretiker zögert in der Regel nicht, darauf mit „Ja" zu antworten. Tatsächlich hat er, wie allgemein gezeigt werden konnte, damit recht, allerdings unter einer ganz wichtigen Voraussetzung. Es muß nämlich die betreffende Quasiverteilung, denken wir etwa an die Q-Funktion, *mit absoluter Genauigkeit* bekannt sein, d. h., sie muß uns als eine mathematische Funktion gegeben sein. Grundsätzlich kann man eben eine Faltung wieder rückgängig machen, wenn man die Glättungsfunktion genau kennt! So sind durch die Glättung der WIGNER-Funktion gemäß Gl. (10.13) deren feinere Details nicht *unwiederbringlich* verlorengegangen, sondern nur stark unterdrückt worden. Das praktische Problem besteht somit darin, daß man die Messung mit einer enormen Genauigkeit und daher mit einem riesigen Aufwand ausführen müßte, um – über eine Entfaltung der experimentell bestimmten Wahrscheinlichkeitsverteilung – die WIGNER-Funktion rekonstruieren zu können, in der, wie in Abschn. 10.2 erwähnt, tatsächlich die volle Information über den betreffenden quantenmechanischen Zustand steckt. Wir werden daher sagen müssen, daß wir *aus praktischen Gründen* bei der Messung einen Informationsverlust hinnehmen müssen, der nicht mehr rückgängig zu machen ist. Die Ursache des Übels ist uns in Abschn. 10.2 bereits klar geworden, es ist ein zusätzliches Rauschen, mit dem wir die Möglichkeit einer simultanen Messung von kanonisch konjugierten Größen erkaufen. Hier wird man sich fragen, ob es nicht einen anderen Weg gibt, um die vollständige Information über das System aus Meßdaten zu erschließen. Warum muß man eigentlich simultane Messungen ausführen? Reicht es nicht, wenn man die verschiedenen Größen für sich allein, jeweils an einem Teilensemble des Gesamtensembles von in gleicher Weise „präparierten" Systemen, mißt? Dann hätten wir auf jeden Fall schon einmal das unerwünschte Eindringen von Vakuumfluktuationen in die Meßapparatur verhindert!

Tatsächlich erkannte man schon frühzeitig, daß man die Wellenfunktion aus den (separat gemessenen) Verteilungsfunktionen für Ort und Impuls – zwar nicht in jedem Falle eindeutig – rekonstruieren kann, wenn auch ein praktikables Schema hierfür bis heute nicht gefunden wurde. Erwähnt sei, daß genau das gleiche Problem bereits in der klassischen Optik, nämlich der (optischen wie auch der Elektronen-) Mikroskopie auftritt. An die Stelle der SCHRÖDINGERschen Wellenfunktion tritt dann die Verteilung der komplexen klassischen Feldamplitude A in der Objekt- bzw. der Bildebene. Eine Intensitätsmessung liefert sofort die Verteilung von $|A|^2$, es fehlt aber noch die Information über die Phase des Feldes. Deren „Wiedergewinnung" (engl. retrieval) ist daher das eigentliche physikalische Problem. Hierfür wird eine weitere, unabhängige Messung benötigt. Als solche fungiert eine Intensitätsmessung in der Brennebene des Objektivs (Austrittspupille). Bekanntlich wird dort die FOURIER-Transformierte des Feldes in der Objektebene erzeugt, was genau dem Übergang von der Orts- zur Impulsdarstellung in der Quantentheorie entspricht.

Konzentrieren wir uns jetzt auf die Quantenoptik und fragen nach einer praktikablen Methode der Zustandsrekonstruktion aus Meßdaten, so können wir die geradezu phantastischen Meßmöglichkeiten ausnutzen, die uns die Homodyn-Technik bietet. Wir haben ja in Abschn. 9.3 gesehen, daß wir mit ihrer Hilfe nicht nur zwei ausgewählte Quadraturkomponenten des Feldes – die Analoga von Ort und Impuls – messen können, sondern einen ganzen Satz unabhängiger Observabler x_Θ [s. Gl. (9.12)]. Wir betonen, daß es sich dabei nicht um simultane Messungen handelt, vielmehr mißt man jede einzelne Größe für sich an einem Teilensemble und ermittelt deren Häufigkeitsverteilung. Tatsächlich ist in einem Satz von derartigen Verteilungsfunktionen $\omega_\Theta(x_\Theta)$, wobei Θ in hinreichend kleinen Stufen von 0 bis π variiert, die gesamte Information über den quantenmechanischen Zustand des Systems enthalten. Dies gilt ganz allgemein, d. h. auch dann, wenn es sich nicht um einen reinen, sondern einen gemischten Zustand, beschrieben durch eine Dichtematrix, handelt. K. VOGEL und H. RISKEN [VOG 89] konnten nämlich in einer bahnbrechenden Arbeit zeigen, daß sich aus den Verteilungen $\omega_\Theta(x_\Theta)$ mittels einer Integraltransformation die WIGNER-Funktion bestimmen läßt (s. hierzu auch [LEO 95]). Interessanterweise ist diese Transformation – es handelt sich um die inverse RADON-Transformation – nicht nur in der Mathematik seit langem bekannt, sondern sie stellt auch die Grundlage der medizinischen Computer-Tomographie dar. Das quantenmechanische Rekonstruktionsproblem ist daher mathematisch genau das gleiche wie die mit Hilfe eines Computers vorgenommene Erzeugung des Bildes (im Sinne eines Absorptionsprofils) eines Körperorgans aus einer Serie von Meßdaten, die da dadurch gewonnen werden, daß man das Objekt in unterschiedlichen Richtungen mit RÖNTGEN-Licht durchstrahlt und die jeweilige Absorption mißt.

Quantenoptische Messungen der geschilderten Art – inzwischen hat sich der Name optische Homodyn-Tomographie dafür eingebürgert – wurden in jüngster Zeit erfolgreich durchgeführt [SMI 93]. Dabei gelang es, die WIGNER-Funktion für signifikante Quantenzustände des Lichts wie GLAUBER-Zustände und „gequetschtes Vakuum" aus den Meßdaten rechnerisch zu ermitteln. Da man aus der WIGNER-Funktion, wie in Abschn. 10.2 erwähnt, durch eine einfache FOURIER-Transformation die Dichtematrix des Systems erhält, hat man nun die Möglichkeit, nach Herzenslust die quantenmechanischen Erwartungswerte beliebiger Größen und deren Wahrscheinlichkeitsverteilungen *auszurechnen* und die Resultate als (indirekt) *gemessen* zu deklarieren. Im besonderen kann man auf diese Weise „ideale" Phasenverteilungen „experimentell" ermitteln!

Tatsächlich bricht eine solche Vorgehensweise mit der üblichen „Meßphilosophie", die darin besteht, daß man entweder eine, im besten Fall mehrere Obversable mißt und auf diese Weise ausgewählte experimentelle Charakteristika des betreffenden Zustandes, beispielsweise die Photonenstatistik, ermittelt. Die optische Homodyn-Tomographie dagegen erlaubt eine Art ganzheitlicher Erfassung des quantenmechanischen Zustandes. Mit der WIGNER-Funktion hat man alles, was man nur wissen kann, in der Hand. Nicht zu unterschätzen sind dabei auch rein praktische Vorteile: Während man nach der konventionellen Methode, will man unterschiedliche Observable messen, in der Regel ganz verschiedene Meßapparaturen benötigt, reicht für die Homodyn-Tomographie ein und derselbe experimentelle Aufbau aus. (Man braucht bei dem abgeglichenen Homodyn-Verfahren lediglich noch die Phase des lokalen Oszillators zu variieren.) Hinzu kommt, daß man – dank der optischen Mischung mit dem intensiven lokalen Oszillator – bei deutlich höheren Intensitäten arbeitet, was den Einsatz von Avalanche-Photodioden zum Nachweis ermöglicht, die sich durch eine hohe Detektorempfindlichkeit auszeichnen. Man kann daher hoffen, auf diese Weise so typisch nichtklassische Züge wie die in Abschn. 9.2 erwähnte Kammstruktur der Photonenverteilung eines „gequetschten Vakuums" tatsächlich experimentell zu bestätigen, was mit konventioneller Photonenzähltechnik nicht möglich ist.

In diesem Zusammenhang sei noch auf die jüngsten Fortschritte zur Frage einer Rekonstruktion des Quantenzustandes hingewiesen. Es konnte nämlich theoretisch gezeigt und durch umfangreiche Simulationen von Messungen bestätigt werden, daß man aus den Verteilungsfunktionen $\omega_\Theta(x_\Theta)$ unmittelbar die Dichtematrix des Zustandes (am günstigsten bezüglich der Zustände scharfer Photonenzahl, d. h. in der FOCK-Basis) rekonstruieren kann – der Umweg über die WIGNER-Funktion erweist sich als überflüssig –, wobei man sogar noch an Genauigkeit gewinnt, also feinere Details aus den Meßdaten herausholen kann. Ja, es konnte sogar bewiesen werden, daß man sich wenig effiziente Detektoren leisten kann: Wenn nur die Detektorempfindlichkeit größer als 1/2 ist, gelingt es grundsätzlich, die wahre Dichtematrix zu rekonstruieren, allerdings benötigt man hierfür eine deutlich erhöhte Meßgenauigkeit, was bedeutet, daß man eine um Größenordnungen größere Zahl von Einzelmessungen durchführen muß. Diese Aussage steht im Einklang mit unserer obigen Feststellung, daß auch bei Glättung der WIGNER-Funktion – und um eine solche handelt es sich bei der optischen Homodyn-Tomographie, es wird nämlich bei Verwendung ineffizienter Detektoren eine geglättete WIGNER-Funktion an Stelle der wahren rekonstruiert – die feinen Details nicht *unwiederbringlich* verlorengehen, es bedarf nur sehr großer Mühe, „die Wahrheit herauszufinden."

11 Ein optisches Einstein-Podolsky-Rosen-Experiment

11.1 Die Zwei-Photonen-Kaskade

ALBERT EINSTEIN konnte sich, obwohl er selbst fundamentale Beiträge zur Entwicklung der Quantentheorie erbracht hat, mit dem seinem Wesen nach indeterministischen Charakter dieser neuen Form der Naturbeschreibung zeitlebens nicht abfinden. „Gott würfelt nicht" war seine innerste Überzeugung. Seiner Meinung nach war die Quantentheorie erst ein Provisorium. Seine Zweifel an der Vollständigkeit der quantenmechanischen Beschreibung fanden einen prägnanten Ausdruck in einer im Jahre 1935 gemeinsam mit PODOLSKY und ROSEN [EIN 35] verfaßten Arbeit. In ihr wurde sehr scharfsinnig ein Gedankenexperiment analysiert, das als Paradoxon von EINSTEIN, PODOLSKY und ROSEN Berühmtheit erlangt und die Gemüter der Theoretiker immer wieder erregt hat.

In neuerer Zeit ist es nun gelungen, dieses Gedankenexperiment tatsächlich zu verwirklichen. Das Untersuchungsobjekt sind dabei Photonenpaare[1] – das veranlaßt uns, dieser, die Grundlagen der Quantentheorie berührenden Problematik ein Kapitel zu widmen –, und zwar handelt es sich um jeweils zwei Photonen, die nacheinander (in einem sogenannten Kaskadenübergang, wie er in Fig. 34 dargestellt ist) emittiert worden sind. Dank der in Abschn. 6.9 erwähnten Gültigkeit des Drehimpulserhaltungssatzes für den elementaren Ausstrahlungsvorgang bestehen zwischen den Polarisationszuständen der beiden Photonen spezifisch quantenmechanische Korrelationen, die, wie

---

[1]In der Arbeit von EINSTEIN, PODOLSKY und ROSEN selbst wurde ein System aus zwei materiellen Teilchen betrachtet, das man sich in einer speziellen Weise „präpariert" dachte.

wir noch genauer erläutern werden, mit dem klassischen Realitätsbegriff nicht vereinbar sind.

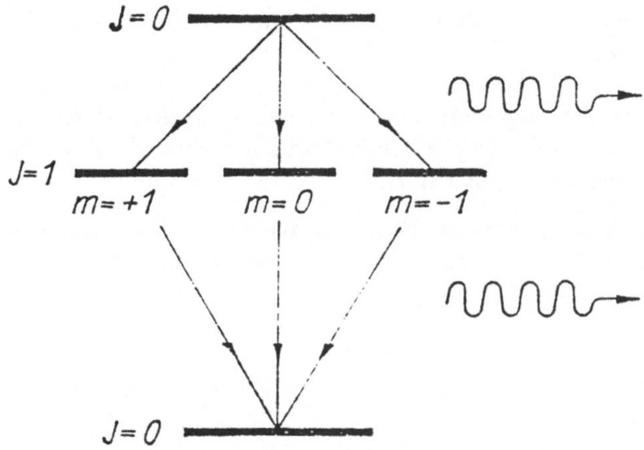

Fig. 34 Zwei-Photonen-Kaskadenübergang (J atomarer Drehimpuls, m magnetische Quantenzahl)

Wie sehen nun die genannten Korrelationen im einzelnen aus? Setzen wir voraus, daß der Ausgangszustand des Atoms den Drehimpuls (Spin) $J = 0$, der Zwischenzustand den Drehimpuls $J = 1$ und der Endzustand wieder den Drehimpuls $J = 0$ besitzt, so impliziert die Erhaltung des Drehimpulses für das aus Atom und Strahlungsfeld bestehende Gesamtsystem, daß der Gesamtdrehimpuls des aus den beiden emittierten Photonen gebildeten Strahlungsfeldes gleich Null sein muß. Um dies zu erreichen, müssen sich die Photonen „einander anpassen", und was dies für ihren Polarisationszustand bedeutet, wollen wir uns nun genauer überlegen.

Da bei einem EINSTEIN-PODOLSKY-ROSEN-Experiment die räumliche Trennung der beiden Teilsysteme – in unserem Fall der Photonen – eine entscheidende Rolle spielt, betrachten wir nur solche Prozesse, bei denen die beiden Photonen in zwei zueinander entgegengesetzten Richtungen, nennen wir eine von ihnen die x-Richtung, emittiert werden. Da der Drehimpuls $J = 1$ drei Einstellmöglichkeiten bezüglich einer willkürlich gewählten Achse besitzt, besteht das Zwischenniveau der Kaskade aus drei Unterniveaus mit den magnetischen Quantenzahlen $m = -1, 0$ und $+1$. Wir wählen die Quantisierungsrichtung zweckmäßigerweise so, daß sie senkrecht zur Beobachtungsrichtung x steht, und bezeichnen sie daher als z-Richtung. Den

drei Unterniveaus entsprechend gibt es drei verschiedene Übergänge. Dem
Übergang in das Unterniveau mit $m = 0$ korrespondiert, wie die quantenmechanische Rechnung zeigt, eine Schwingung des Leuchtelektrons in z-Richtung. Beobachten wir daher die ausgesandte Strahlung in x-Richtung, so ist sie in z-Richtung linear polarisiert, wie es uns von der Ausstrahlung eines klassischen Dipols her bekannt ist. Den Übergängen in die Unterniveaus mit $m = +1$ bzw. -1 andererseits entspricht eine Kreisbewegung des Elektrons (einmal im Uhrzeigersinn und einmal entgegengesetzt dazu) in der x, y-Ebene. Der in x-Richtung laufende Anteil der ausgesandten Welle ist daher in y-Richtung linear polarisiert.

Genau die gleichen Bewegungen des Elektrons treten auch bei dem Übergang vom Zwischenzustand in den Endzustand der Kaskade auf: Ist das Unterniveau mit $m = 0$ der Ausgangspunkt, so haben wir es wieder mit einer Schwingung in z-Richtung zu tun. Den beiden anderen Übergängen sind Kreisbewegungen in der x, y-Ebene zuzuordnen. Der Kaskadenprozeß kann somit über drei „Kanäle" erfolgen, wie sie in Tabelle 2 aufgeführt sind.

Kanal	magnetische Quantenzahl des Zwischenniveaus	Polarisationsrichtung	
		erstes Photon	zweites Photon
1	$m = 0$	z	z
2	$m = +1$	y	y
3	$m = -1$	y	y

Tabelle 2
Kanäle in dem Kaskadenübergang $J = 0 \rightarrow 1 \rightarrow 0$

Diese drei Kanäle darf man aber keinesfalls im Sinne eines Entweder-Oder verstehen. Erst hinterher, nach einer geeigneten Messung, kann man sagen, welcher Kanal tatsächlich durchlaufen wurde. Wird beispielsweise festgestellt, daß das erste Photon in z-Richtung polarisiert ist, so ist nur der Kanal 1 mit dem Versuchsergebnis verträglich. Nach der Tabelle impliziert dies, daß dann das zweite Photon ebenfalls in der gleichen Weise polarisiert ist.

Nun konnten wir aber die z-Richtung – bis auf die Einschränkung, daß sie mit der Beobachtungsrichung einen rechten Winkel einschließt – *willkürlich* wählen. Wir kommen so zu der allgemeinen Vorhersage: Lassen wir das eine Photon auf einen Detektor mit vorgesetztem Polarisator fallen, so können wir aus seinem Ansprechen folgern, daß das zugehörige, in der entgegengesetzten Richtung fliegende, *nicht beobachtete* Photon *mit Sicherheit* in Durchlaßrichtung dieses Polarisators polarisiert ist.

Verwendet man an Stelle eines Polarisationsfilters ein Polarisationsprisma, so hat man die Möglichkeit, die Polarisation in zwei verschiedenen Richtungen zu messen. Das Prisma spaltet ja das ankommende Licht in zwei senkrecht zueinander linear polarisierte Komponenten auf, die überdies räumlich voneinander getrennt sind. Nimmt man nun an jedem der beiden Teilstrahlen eine Messung mit einem separaten Detektor vor, so wird bei Einfall eines einzelnen Photons – ideale Versuchsbedingungen vorausgesetzt – genau einer der beiden Detektoren ansprechen und so die entsprechende Polarisationsrichtung als gemessen anzeigen. (Das soll aber natürlich nicht heißen, daß letztere dem Photon schon vor seiner Wechselwirkung mit dem Meßapparat zukam, vielmehr wird dieser das Photon im Normalfall erst in den betreffenden Polarisationszustand – im Sinne einer „Ausreduktion des Wellenpakets" – überführt haben.) Nach dem oben Gesagten wissen wir dann von dem zweiten Photon – ohne daß es einer Messung bedürfte –, daß seine Polarisationsrichtung die gleiche ist.

Aus der in Tab. 2 ersichtlichen „starren Verbindung" zwischen den Polarisationsrichtungen der beiden Photonen kann man schließen, daß die auf den Spin bezügliche quantenmechanische Wellenfunktion $|\psi_{\text{tot}}\rangle$ für das emittierte Gesamtfeld eine Superposition der Zustände $|y\rangle_1 |y\rangle_2$ und $|z\rangle_1 |z\rangle_2$ sein muß, wobei $|y\rangle_1$ den Zustand bezeichnet, bei dem das erste Photon in y-Richtung linear polarisiert ist usf. Das Verhältnis der noch freien Koeffizienten bestimmt sich aus der Forderung, daß $|\psi_{\text{tot}}\rangle$ eine dem Eigenwert Null entsprechende Eigenfunktion der Projektion des Spins auf die Achse sein muß, längs deren sich die Photonen (in entgegengesetzter Richtung) ausbreiten. (Wie wir oben erläuterten, muß ja bei dem betrachteten Kaskadenübergang der Gesamtspin der beiden Photonen – als Folge des Drehimpulserhaltungssatzes – exakt gleich Null sein, und das gilt dann im besonderen für die erwähnte Komponente.) Man erhält so den folgenden Ausdruck für die Wellenfunktion

$$|\psi_{\text{tot}}\rangle = \frac{1}{\sqrt{2}} \left(|y\rangle_1 |y\rangle_2 + |z\rangle_1 |z\rangle_2 \right) . \tag{11.1}$$

Dies ist wieder ein Musterbeispiel für einen verschränkten quantenmechanischen Zustand!

Da sich linear polarisiertes Licht als eine Superposition von rechts und links zirkular polarisiertem auffassen läßt, können wir Gl. (11.1) auch umschreiben auf zirkularer Polarisation entsprechende Basiszustände $|+\rangle$ bzw. $|-\rangle$.

Beziehen wir den Drehsinn (die Helizität) für beide Photonen zweckmäßigerweise auf die gleiche Richtung, sagen wir die x-Richtung, so finden wir für $|\psi_{tot}\rangle$ die alternative Darstellung

$$|\psi_{tot}\rangle = \frac{1}{\sqrt{2}}\left(|+\rangle_1|-\rangle_2 + |-\rangle_1|+\rangle_2\right), \tag{11.2}$$

der man unmittelbar ansieht, daß der Spin (in x-Richtung) verschwindet, da sich bei jedem einzelnen Summanden die Rotationen der beiden Feldstärkevektoren offenbar genau kompensieren. Aus Gl. (11.2) folgert man dann, daß auch bei Verwendung von Detektoren zum Nachweis zirkularer Polarisation ganz starke Korrelationen zu beobachten sind: Registriert der eine Beobachter ein links zirkular polarisiertes Photon, so findet der andere Beobachter das zugehörige Photon mit Sicherheit im Zustand rechts zirkularer Polarisation und umgekehrt. (Experimentell gelangt man zu einer Apparatur zur Messung zirkularer Polarisation einfach dadurch, daß man bei der oben geschilderten, auf die Messung linearer Polarisation zugeschnittenen Anordnung ein $\lambda/4$-Plättchen vor das Polarisationsprisma setzt.)

11.2 Das Paradoxon von Einstein, Podolsky und Rosen

Die eben genannten quantenmechanischen Vorhersagen lassen sich aber – das macht den Kern des EINSTEIN-PODOLSKY-ROSEN-Paradoxons aus – mit dem klassischen Realitätsbegriff nicht in Einklang bringen. In der Tat muß ja ein verschränkter Zustand der Form (11.1) bzw. (11.2) so interpretiert werden, daß es *prinzipiell* unbestimmt ist, in welchem Polarisationszustand sich die beiden Photonen befinden. Von besonderer Wichtigkeit ist der Umstand, daß man sich die räumliche Trennung der beiden Photonen beliebig groß denken darf. Man kann dann sicher sein, daß eine Messung am ersten Photon keinerlei physikalische Wirkung auf das zweite Photon auszuüben vermag. Nach der speziellen Relativitätstheorie kann sich eine Wirkung bestenfalls mit Lichtgeschwindigkeit ausbreiten, unter den in Rede stehenden Versuchsbedingungen würde sie also dem zweiten Photon hinterherlaufen, ohne es jemals einholen zu können.

Andererseits behauptet die Quantenmechanik, die Ausreduktion sei ein momentaner Prozeß. Dann kann man also mit EINSTEIN, PODOLSKY und RO-SEN folgendermaßen argumentieren: Wenn eine Messung am ersten Photon das Vorliegen einer linearen Polarisation anzeigt, so befindet sich zur gleichen Zeit auch das zweite Photon *mit Sicherheit* in dem gleichen Polarisationszustand. Da aber diese Messung, wie wir eben feststellten, das zweite Photon überhaupt nicht zu beeinflussen vermochte, kann sich dessen Polarisationszustand dadurch nicht geändert haben, d. h., es muß von Anfang an schon so polarisiert gewesen sein.

Nun hätte man aber statt linearer Polarisation auch zirkulare messen können. Dann hätten wir den Schluß ziehen können, daß – je nach Ausgang des Experiments – das *zweite* Photon entweder rechts oder links zirkular polarisiert ist; und dies mußte ebenfalls schon vor der Messung so gewesen sein!

Nun kann aber *ein und dasselbe* Photon nicht gleichzeitig linear und zirkular polarisiert sein, und damit sind wir zu dem Paradoxon von EINSTEIN, PODOLSKY und ROSEN gelangt. Was kann man dazu sagen? Auf jeden Fall ist festzustellen, daß es sich dabei um keinen experimentellen Widerspruch handelt. Wir haben ja mit einem irrealen Konditionalsatz der Art „Hätten wir eine andere Meßapparatur benutzt, so hätten wir …“ argumentiert. So etwas ist aber experimentell nicht nachprüfbar. Man kann eben in der Quantentheorie – an dem gleichen individuellen System! – nur eine Art von Messung vornehmen, und was eine zweite, nicht ausgeführte Messung ergeben *hätte*, bleibt Spekulation. Des weiteren muß man sich darüber im klaren sein, daß eine Vorhersage der Art „Dieses Photon ist linear polarisiert“ experimentell gar nicht verifiziert werden kann. Wir zwingen ja das Photon durch die Wahl unserer Meßapparatur, sich entweder als linear oder als zirkular polarisiert „zu erkennen zu geben“, d.h., wir schreiben ihm die Art des gemessenen Polarisationszustandes tatsächlich vor. Was ihm noch bleibt, ist lediglich eine „Entscheidung“ zwischen zwei orthogonalen Polarisationsrichtungen bzw. rechts oder links zirkularer Polarisation. Die obige paradox erscheinende Aussage „Ein und dasselbe Photon müßte zugleich linear und zirkular polarisiert sein“ kann man dann einfach so verstehen, daß ich ein beliebiges Photon *willkürlich* im Zustand linearer oder zirkularer Polarisation nachweisen kann.

Damit sind wir zur Wurzel des Paradoxons vorgedrungen. Sie besteht darin, daß es keinen Sinn hat, einem *individuellen* mikroskopischen System (z. B. einem Photon) definierte Eigenschaften (z. B. Polarisation) im Sinne des klassischen Realitätsbegriffs zuzuschreiben. Anders gesagt, es ist die Nichtobjektivierbarkeit der quantenmechanischen Naturbeschreibung, die uns Kopfzerbrechen bereitet hat, und wir werden erneut daran erinnert, daß die Quantentheorie ihrem Wesen nach eine statistische Theorie ist, die es grundsätzlich nicht gestattet, das Verhalten eines Einzelsystems im Detail zu beschreiben. Es entsteht so der Eindruck, als sei die quantenmechanische Beschreibung unvollständig. Damit erhebt sich die Frage, ob man sich nicht eine Erweiterung der Theorie vorstellen könnte, die diesem Mangel abhilft. Verschiedene Forscher hofften, dieses Ziel durch Einführung von „verborgenen" (also der Messung nicht zugänglichen) Parametern erreichen zu können.

Daß dieser Wunschtraum tatsächlich unerfüllbar ist, konnte gerade am Beispiel von EINSTEIN-PODOLSKY-ROSEN-Experimenten in voller Schärfe gezeigt werden. Dieser Punkt erscheint uns wegen seiner Bedeutung für die Grundlagen der Quantenmechanik einer genaueren Erörterung wert, die wir im folgenden Abschnitt geben werden.

11.3 Theorien mit verborgenen Parametern

Es liegt die Versuchung nahe zu glauben, daß die Unbestimmtheit, die eine so wesentliche Rolle in der quantenmechanischen Beschreibung der Naturvorgänge spielt, nur eine Folge unserer Unkenntnis sehr „feiner" Parameter ist. Wären deren Werte bekannt, so könnte man – das ist das Kernstück einer (deterministischen) Theorie mit verborgenen Parametern – *auch im Einzelfall* den Ausgang eines beliebigen Experiments genau vorhersagen, beispielsweise angeben, in welchem Zeitpunkt ein herausgegriffener radioaktiver Atomkern tatsächlich zerfallen wird. Selbst wenn man nicht hoffen kann, jemals genauere Informationen über die verborgenen Parameter zu erhalten, ist doch für den Theoretiker die Frage von Interesse, ob man an deren Existenz „ungestraft", d. h., ohne in Widerspruch mit den Aussagen der konventionellen Quantentheorie zu geraten, glauben darf und so der Quantenmechanik einen deterministischen „Unterbau" geben könnte. Überraschenderweise konnte BELL (1964) am Beispiel eines EINSTEIN-PODOLSKY-ROSEN-Experiments zeigen, daß dem nicht so ist. Aus einer Theorie mit verborgenen Parametern ergeben sich Folgerungen, die mit den quantenmechanischen Vorhersagen nicht zu vereinbaren sind.

Wir wollen dies an einem realistischen Experiment, nämlich der Messung der Polarisationseigenschaften der in einem Kaskadenprozeß emittierten Photonenpaare – BELL selbst untersuchte die BOHMsche Variante des EINSTEIN-PODOLSKY-ROSEN-Experiments, d. h., er betrachtete ein geeignet präpariertes System aus zwei Teilchen, die beide den Spin 1/2 besitzen – etwas näher erläutern. (Einzelheiten findet man in der Originalarbeit CLAUSER et al. [CLA 69], des weiteren in Übersichtsartikeln [CLA 78], [PAU 80].) BELL hatte den glücklichen Gedanken, den Umstand auszunutzen, daß man bei der Durchführung des Experiments über einen Parameter frei verfügen kann. Wir wählen dazu eine Versuchsanordnung, wie sie in Fig. 35 wiedergegeben ist. Wir lassen die in zwei entgegengesetzten Richtungen emittierten

Photonen jeweils auf einen Detektor mit vorgesetztem Polarisator fallen.

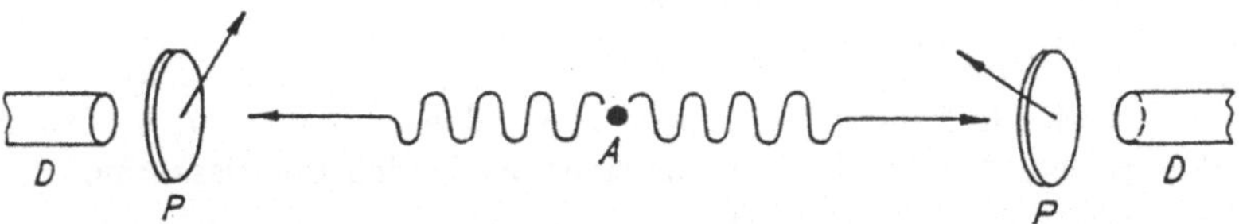

Fig. 35 Versuchsaufbau nach [CLA 69] zur Messung von Koinzidenzen an Zwei-Photonen-Kaskaden-Übergängen (A Atom, D Detektor, P Polarisator; die Pfeile zeigen die Durchlaßrichtungen der Polarisatoren an)

Wir können dann die beiden Polarisatoren nach Belieben orientieren, und da es wegen der Rotationssymmetrie des Problems nur auf die Einstellung der Durchlaßrichtungen der beiden Polarisatoren *relativ zueinander* ankommt, ist der Winkel Φ zwischen den beiden Durchlaßrichtungen in unserem Fall der fragliche Parameter. Als Meßgröße bietet sich die Koinzidenzzählrate $K(\Phi)$ der beiden Detektoren an, ermittelt für unterschiedliche Winkel Φ.

Wir verwenden nun zur Beschreibung des Experiments eine deterministische Theorie verborgener Parameter. Das soll heißen, wir setzen voraus, daß verborgene Parameter existieren, die den Zustand des Strahlungsfeldes nach einem erfolgten Kaskaden-Übergang „im Detail" beschreiben. Sie sollen von solcher Beschaffenheit sein, daß ihre im jeweiligen Einzelfall vorliegenden Werte zusammen mit den die Einstellung der Meßapparatur (in unserem Fall die Orientierung der Polarisatoren) kennzeichnenden makroskopischen Parametern den Ausgang der Messung *eindeutig vorherzusagen* gestatten. Für die BELLsche Beweisführung ist es ganz entscheidend, daß wir uns das in Abschn. 11.2 erläuterte Argument von EINSTEIN, PODOLSKY und ROSEN zu eigen machen, demzufolge die Messung an dem einen Photon – wegen der großen räumlichen Trennung der beiden Photonen – von der Messung an dem anderen Photon nicht beeinflußt werden kann. Wir machen daher mit BELL eine „Lokalitätsannahme" folgender Art: Was an dem einen Detektor geschieht, wird *allein* durch die jeweiligen Werte der verborgenen Parameter und die Kenngrößen für die Orientierung des vorgeschalteten Polarisators vorherbestimmt, völlig unabhängig von der Orientierung des vor dem anderen Detektor befindlichen Polarisators.

Unter den genannten Voraussetzungen läßt sich nun (mit der Einschränkung, daß die Detektoren „ideal" sind, d. h. jedes ankommende Photon mit Sicherheit registrieren) mathematisch streng zeigen, daß die Koinzidenzzählrate $K(\Phi)$ einer Ungleichung der Form

$$-1 \leq 3\frac{K(\Phi)}{K_0} - \frac{K(3\Phi)}{K_0} - \frac{K_I + K_{II}}{K_0} \leq 0 \tag{11.3}$$

genügen muß [FRE 72]. Dabei bezeichnet K_0 die Koinzidenzzählrate für den Fall, daß beide Polarisatoren entfernt wurden, und K_I, K_{II} die Koinzidenzzählrate bei Abwesenheit jeweils eines der beiden Polarisatoren.

Das Resultat (11.3) ist wirklich beeindruckend, wenn wir bedenken, unter welch allgemeinen Voraussetzungen es hergeleitet wurde. Wir sind daher auch gar nicht in der Lage, einen mathematischen Ausdruck für $K(\Phi)$ selbst anzugeben. Dessenungeachtet läßt sich aber sagen, daß $K(\Phi)$ notwendigerweise der Beschränkung (11.3) unterworfen sein muß, wenn man *irgendeine* deterministische Theorie, die überdies im BELLschen Sinne lokal ist, der Beschreibung zugrunde legt.

Tatsächlich ist diese Einschränkung sehr einschneidend, und, was noch wichtiger ist, sie steht im Widerspruch zu den quantenmechanischen Vorhersagen. Dies läßt sich leicht zeigen. Die quantenmechanische Behandlung führt ja, wie wir in Abschn. 11.1 gesehen haben, zu der Aussage, daß das zweite Photon bei Ansprechen des ersten Zählers in der Durchlaßrichtung des vor diesem befindlichen Polarisators polarisiert ist. Fällt es daher auf einen Polarisator, dessen Durchlaßrichtung im Vergleich dazu um den Winkel Φ verdreht ist, so wird folgendes geschehen: Setzen wir voraus, daß die Polarisatoren ein Transmissionsvermögen von 100 Prozent besitzen, so geht in klassischer Beschreibung die Projektion der elektrischen Feldstärke der einfallenden Welle auf die Durchlaßrichtung des Polarisators vollständig durch letzteren hindurch, d. h., es wird der Bruchteil $\cos^2\Phi$ der Intensität durchgelassen. Da das Photon aber (energetisch) unteilbar ist, wird der dahinter stehende Detektor (den wir uns übrigens jetzt nicht als ideal empfindlich vorzustellen brauchen) es entweder registrieren oder nicht, wobei die Häufigkeit des Ansprechens – geht man davon aus, daß die klassische Aussage *im statistischen Mittel* gültig bleibt – im Vergleich zu dem Fall $\Phi = 0$ um den Faktor $\cos^2\Phi$ kleiner ist. Damit hat die Koinzidenzzählrate als Funktion des Winkels Φ in quantenmechanischer Beschreibung die einfache Gestalt

$$K^{\mathrm{qu}}(\Phi) = K^{\mathrm{qu}}(0)\cos^2\Phi \,. \tag{11.4}$$

Dabei bezeichnet $K^{\mathrm{qu}}(0)$ die Koinzidenzzählrate bei gleicher Durchlaßrichtung der beiden Polarisatoren. Da in diesem Fall nur die Hälfte der ankommenden Photonenpaare registriert wird, können wir statt Gl. (11.4) auch schreiben

$$K^{\mathrm{qu}}(\Phi) = \frac{1}{2} K_0^{\mathrm{qu}} \cos^2 \Phi \tag{11.5}$$

mit K_0^{qu} als Koinzidenzzählrate bei Abwesenheit beider Polarisatoren. Die Koinzidenzzählrate $K^{\mathrm{qu}}(0)$ bleibt überdies ungeändert, wenn man einen der beiden Polarisatoren entfernt. (Das zweite Photon ist ja, wie wir wissen, mit Sicherheit in Durchlaßrichtung des Polarisators polarisiert und geht daher „anstandslos" durch den Polarisator hindurch.) In der obigen Symbolik gilt daher

$$K_I^{\mathrm{qu}} = K_{II}^{\mathrm{qu}} = K^{\mathrm{qu}}(0) = \frac{1}{2} K_0^{\mathrm{qu}}. \tag{11.6}$$

Setzt man nun die quantenmechanischen Ausdrücke (11.5) und (11.6) in die Ungleichung (11.3) ein, so stellt man fest, daß letztere für gewisse Winkel Φ verletzt ist. Die größte Diskrepanz ergibt sich für $\Phi = \pi/8$ und $\Phi = 3\pi/8$. Das legt nahe, die Ungleichung (11.3) für diese beiden Φ-Werte aufzuschreiben und die so entstandenen Relationen voneinander zu subtrahieren. Man erhält so die folgende einfache Ungleichung

$$\left| \frac{K\left(\frac{\pi}{8}\right)}{K_0} - \frac{K\left(\frac{3\pi}{8}\right)}{K_0} \right| \leq \frac{1}{4}, \tag{11.7}$$

die den Vorteil hat, daß sie die Koinzidenzzählraten K_I und K_{II} nicht mehr enthält.

Man prüft leicht nach, daß die quantenmechanische Formel (11.5) zu der Ungleichung (11.7) im Widerspruch steht, sie liefert nämlich für die linke Seite den Wert $\sqrt{2}/4 \approx 0,35$.

Damit muß man also die Hoffnung begraben, die Quantenmechanik, ohne ihre quantitativen Vorhersagen anzutasten, durch Einführung verborgener Parameter auf eine „solide", sprich klassisch-deterministische, Basis stellen zu können. Es gibt – unter den Bedingungen, wie sie bei einem EINSTEIN-PODOLSKY-ROSEN-Experiment vorliegen – Korrelationen zwischen zwei Teilsystemen, die sich einem klassischen Verständnis verschließen und daher spezifisch quantenmechanischer Natur sind.

Wir wollen dies am Beispiel der Zwei-Photonen-Kaskade noch einmal verdeutlichen. Dazu betrachten wir eine Versuchsanordnung von der in Fig. 35 dargestellten Art, bei der jedoch an jedem Teilstrahl die Polarsiation in zwei zueinander senkrechten Richtungen e und f gemessen wird. Wie bereits in Abschn. 11.1 erwähnt, erreicht man dies durch Verwendung je eines Polarisationsprismas mit *zwei* dahinter aufgestellten Detektoren. Setzen wir voraus, daß die beiden Prismen in der gleichen Weise orientiert sind, so bestehen ganz ausgeprägte Korrelationen zwischen den Meßresultaten derart, daß von den beiden Meßapparaten stets der gleiche Polarisationszustand angezeigt wird: Die zwei (zu einem Paar gehörigen) Photonen erweisen sich entweder *beide* als in *e*-Richtung oder *beide* als in *f*-Richtung polarisiert, und diese zwei Fälle treten statistisch regellos, mit gleicher Häufigkeit, auf.

Dieser Sachverhalt, wollte man ihn unter Zugrundelegung des klassischen Realitätsbegriffs beschreiben, ließe sich nur mit der Annahme verstehen, daß die Photonen die genannten – bei der Messung festgestellten – Polarisationseigenschaften von vornherein, d. h. nach erfolgter Emission, besitzen. Die Quelle dürfte jedoch keine Photonenpaare aussenden, die in einer anderen Richtung g ($\neq e$ oder f) polarisiert sind, weil dann – nehmen wir es als eine Erfahrungstatsache, daß ein in g-Richtung polarisiertes Photon bei der Messung mit einer gewissen endlichen Wahrscheinlichkeit als in e-Richtung und mit einer i. allg. anderen, ebenfalls endlichen Wahrscheinlichkeit als in f-Richtung polarisiert angezeigt wird – unweigerlich solche Ereignisse auftreten müßten, bei denen die beiden Meßapparate eine unterschiedliche Polarisation feststellen. Mit diesem Bild ist aber unvereinbar, daß die in Rede stehenden Korrelationen – auf Grund der Rotationssymmetrie des Problems bezüglich der Verbindungslinie der beiden Detektoren – in vollem Maße bestehen bleiben, wenn wir beide Kristalle um den gleichen Winkel verdrehen.

Vom quantenmechanischen Formalismus her gesehen, ist das Scheitern aller Bemühungen um eine Objektivierung der Polarisationseigenschaften der emittierten Photonen kein Wunder. Wie in Abschn. 11.1 ausgeführt, wissen wir ja, daß sich die beiden Photonen in einem verschränkten quantenmechanischen Zustand befinden, was bedeutet, daß die Polarisation der beiden Photonen im *quantenmechanischen* (nicht als bloße Unkenntnis interpretierbaren) Sinne unscharf sein muß.

Eine Messung der Polarisation an einem der beiden Photonen führt dann gemäß den quantenmechanischen Regeln zur Beschreibung des Meßvorgangs zu einer „Ausreduktion der Wellenfunktion", wobei das nicht beobachtete zweite Photon – je nach Ausgang der Messung – in den einen oder den anderen Polarisationszustand überführt wird. Gemäß den beiden Darstellungsmöglichkeiten (11.1) und (11.2) für die Photonenwellenfunktion können wir so das zweite Photon willkürlich linear oder zirkular polarisieren. Da die x-Richtung nur der Bedingung unterworfen ist, daß sie senkrecht zur Ausbreitungsrichtung der Photonen steht, können wir dazu noch das „Achsenkreuz" für die lineare Polarisation beliebig wählen, in dem wir die Meßapparatur um die Ausbreitungsrichtung drehen. Da die Ausreduktion, wie die Quantenmechanik versichert, *momentan* geschieht, scheint hier tatsächlich eine mit Überlichtgeschwindigkeit erfolgende Beeinflussung des zweiten Photons stattzufinden in der Weise, daß die vor der Messung vorhandene Unschärfe beseitigt wird. Was für ein *physikalischer* Vorgang sich jedoch auch immer hinter der Ausreduktion verbergen mag, eines steht jedenfalls fest: Man kann eine damit verbundene physikalische Wirkung (auf das nicht beobachtete Teilsystem) grundsätzlich nicht nachweisen. Das liegt daran, daß man *an einem Einzelsystem* durch keinerlei Messungen feststellen kann, ob die betreffende physikalische Größe unscharf ist oder nicht. Die Messung liefert in jedem Falle ein ganz bestimmtes Resultat, und die Frage, ob sie auch ganz anders hätte ausfallen können – das ist es ja, was durch den Begriff „Unschärfe" ausgedrückt werden soll – ist müßig. Die Ausreduktion kann daher auch nicht zu einer Signalübertragung genutzt werden. Wir kommen auf diesen Punkt in Abschn. 11.5 noch genauer zu sprechen.

Wie wir des öfteren betonten, lassen sich die quantenmechanischen Vorhersagen nur an Gesamtheiten von Systemen tatsächlich nachprüfen. Betrachten wir daher eine Gesamtheiten von Photonenpaaren! Wie oben nehmen wir an, daß die beiden Beobachter ihre Apparate zur Messung linearer Polarisation in gleicher Weise orientiert haben. Ein jeder Beobachter für sich merkt nun überhaupt nichts davon, daß gleichzeitig ein Kollege „am Werk ist". Sein Meßapparat zeigt ihm an, daß die Photonen in zufälliger Reihenfolge – mit gleicher Häufigkeit – in e- wie in f-Richtung polarisiert sind. Erst wenn die beiden Beobachter ihre Meßergebnisse austauschen, stellen sie fest, daß diese, wie oben ausgeführt, genau übereinstimmen. Genau das gleiche gilt auch, wenn zirkulare Polarisation gemessen wird (und wir den Drehsinn nunmehr wie üblich auf die jeweilige Ausbreitungsrichtung beziehen).

Man kann sich nun das Experiment auch so ausgeführt denken, daß der erste Beobachter früher als der zweite mißt. (Näheres s. [PAU 85].) Er wird dadurch befähigt, für den zweiten die Rolle eines „Hellsehers" zu spielen. Wir stellen uns vor, daß der zweite Teilstrahl, nachdem er eine gewisse Strecke durchlaufen hat, durch einen Spiegel so umgelenkt wird, daß er in die Nähe des ersten Teilstrahls gelangt. Die beiden Beobachter können sich dann in geringer Entfernung voneinander postieren, und wegen der zeitlichen Verzögerung, die der zweite Teilstrahl im Vergleich zum ersten erleidet, kann der erste Beobachter – setzen wir voraus, daß die Lichtquelle immer ein Photonenpaar nach dem anderen aussendet – dem zweiten immer genau vorhersagen, was für ein Meßergebnis er finden wird. Damit erübrigt sich die zweite Messung. Der zweite Beobachter kann die erhaltene Information dazu benutzen, um das Ensemble der bei ihm ankommenden Photonen in zwei Teilgesamtheiten zu zerlegen, denen definierte Polarisationseigenschaften, im betrachteten Falle lineare Polarisation in e- bzw. f-Richtung, zukommen. Die Aussage, daß die Polarisation in jedem dieser Teilensembles scharf ist, läßt sich dann experimentell bestätigen: Eine entsprechende Messung, ausgeführt an allen Mitgliedern der betreffenden Ensembles, liefert stets das gleiche Resultat.

Nun hätte aber auch der erste Beobachter seine Apparatur verdrehen und damit die Polarisation bezüglich zweier anderer Richtungen e' und f' messen können. Ein beliebig herausgegriffenes Photon aus dem zweiten Teilstrahl, das bei der ersten Messung dem Kollektiv von, sagen wir, in e-Richtung polarisierten Photonen angehört, hätte sich im Fall der zweiten Messung in ein Teilensemble mit einer anderen Polarisationsrichtung (e' oder f') „nahtlos eingefügt". Des weiteren hätte der erste Beobachter auch eine Apparatur verwenden können, die ihm zirkulare statt lineare Polarisation zu messen erlaubt. Ein Photon aus dem zweiten Teilstrahl wäre dann Mitglied eines Kollektivs von entweder lauter rechts oder lauter links zirkular polarisierten Photonen geworden.

Das einzelne Photon erweist sich damit als ein „Opportunist" reinsten Wassers, der sich unterschiedlichen Situationen mühelos anzupassen vermag; von „eigenständigen Werten", sprich realen Polarisationseigenschaften, ist nichts zu merken!

Wenn wir uns auch an die „Unanschaulichkeit" der quantenmechanischen Beschreibung inzwischen im großen und ganzen gewöhnt haben, so mag es mancher doch erstaunlich finden, daß solche spezifisch quantenmechanischen, klassisch nicht zu verstehenden Besonderheiten nicht auf mikroskopische Dimensionen beschränkt bleiben, sondern beispielsweise in Gestalt der für EINSTEIN-PODOLSKY-ROSEN-Experimente charakteristischen Korrelationen tatsächlich im Makroskopischen zu beobachten sind. Darf man den quantenmechanischen Vorhersagen unter solch extremen Bedingungen noch trauen? Diese Frage scheint durchaus berechtigt, und SCHRÖDINGER [SCH 35] war der erste, der sich skeptisch zeigte. Er hielt es nämlich für möglich, daß die fraglichen Korrelationen spontan zusammenbrechen, wenn sich die beiden Teilsysteme über eine kritische Distanz hinaus voneinander entfernen. Im Fall von Photonen könnte letztere eigentlich nur die Kohärenzlänge sein. Tatsächlich ist auch die BELLsche Lokalitätsannahme physikalisch erst dann gerechtfertigt, wenn sich die beiden Photonen eines Paares – aufgefaßt als Wellen, deren Ausdehnung in Ausbreitungsrichtung gerade durch die Kohärenzlänge gegeben ist – vom Atom „gelöst" haben. Die in letzter Zeit von verschiedenen Forschern durchgeführten experimentellen Prüfungen der Ungleichung (11.7) sind daher nicht nur unter dem Aspekt einer experimentellen Entscheidung pro oder contra verborgene Parameter von Interesse, sie stellen zugleich einen Test für die Quantenmechanik unter ungewöhnlichen Bedingungen dar.

Wir gehen im folgenden Abschnitt noch kurz auf die experimentelle Situation ein, nehmen aber das Ergebnis schon vorweg, daß die Quantentheorie auch hier glänzend bestätigt wurde.

11.4 Experimentelle Ergebnisse

Bevor wir über tatsächlich durchgeführte EINSTEIN-PODOLSKY-ROSEN-Experimente in Gestalt der in Abschn. 11.3 diskutierten Koinzidenzmessungen ein paar Worte sagen, wollen wir auf eine prinzipielle Schwierigkeit hinweisen, die sich bei der BELLschen Argumentation im Fall von realistischen, also wenig empfindlichen Detektoren ergibt. Bei der Herleitung der fundamentalen Ungleichung (11.3) wurde nämlich wesentlich von der Voraussetzung Gebrauch gemacht, daß die Detektoren jedes ankommende Photon tatsächlich registrieren. Läßt man diese Annahme fallen, so gelangt man zu Ungleichungen, die keine physikalische Relevanz besitzen. Dies veranlaßte CLAUSER et al. [CLA 69], die Vorstellungen über die Wirkungsweise der verborgenen Parameter zu modifizieren: Letztere sollten (zusammen mit den makroskopischen Parametern) nicht, wie bisher angenommen, das Ansprechen oder Nicht-Ansprechen des jeweiligen Detektors vorherbestimmen, sondern das Durchtreten oder Nicht-Durchtreten eines Photons durch den Polarisator. Mit dieser Konzeption bleiben dann die Ungleichungen (11.3) und (11.7) gültig.

Das erste Experiment wurde von FREEDMAN und CLAUSER [FRE 72] ausgeführt. Um einen ungestörten Ablauf der Zwei-Stufen-Emissionsprozesse zu gewährleisten (wie er bei der theoretischen Behandlung vorausgesetzt wurde), verwendeten sie als Lichtquelle einen Atomstrahl, bestehend aus Ca-Atomen, die durch Resonanzabsorption der Strahlung einer Deuterium-Bogenlampe in das Ausgangsniveau eines Kaskadenübergangs gebracht worden waren. Die Untersuchungen waren recht aufwendig, da die gemessene Koinzidenzzählrate einen großen Anteil an zufälligen Koinzidenzen enthielt. Man muß ja bedenken, daß die Atome nur relativ selten die beiden Photonen in entgegengesetzter Richtung emittieren. Wenn daher ein Photon auf einen Detektor fällt, wird das andere Photon des Paares in der Mehrzahl der Fälle irgendwohin nach der Seite wegfliegen. Da viele Atome zur gleichen Zeit emittieren, kommt es häufig vor, daß die Detektoren gleichzeitig beide ein Photon registrieren, das jeweils zu einem anderen Paar gehört. Diese Koinzidenzen sind dann offensichtlich zufälliger Natur.

Die Autoren ermittelten daher separat die zufällige Koinzidenzzählrate, indem sie die Koinzidenzen bei großer Verzögerungszeit registrierten. Durch Subtraktion der zufälligen Koinzidenzzählrate von der unverzögerten bestimmten sie so die systematische Koinzidenzzählrate, auf die sich die theoretischen Aussagen beziehen. Da selbst bei fehlenden Polarisatoren im Mittel nur etwa 0,2 Koinzidenzen pro Sekunde gezählt wurden, waren Meßzeiten von 200 Stunden erforderlich, um statistisch zuverlässige Resultate zu erzielen.

Die Autoren fanden die Ungleichung (11.7) deutlich verletzt, andererseits stimmten ihre Meßergebnisse mit der quantenmechanischen Vorhersage ausgezeichnet überein. Spätere Experimente führten zu ähnlichen Resultaten (Näheres s. [CLA 78] oder [PAU 80]), wobei es durch Verwendung von Elektronenstrahlen oder Laserlicht gelang, die Atome in viel größerer Zahl anzuregen und damit die Meßdauer drastisch zu verkürzen. Diesen Experimenten ist aber gemeinsam, daß die Entfernung zwischen den beiden Detektoren klein gehalten wird (um möglichst wenig an Intensität einzubüßen). Eine Trennung der beiden Detektoren über eine Distanz, die deutlich größer ist als die Kohärenzlänge der untersuchten Strahlung, wurde erst von ASPECT und Mitarbeitern [ASP 81] vorgenommen. Dabei zeigte sich, daß die Meßergebnisse nicht nur die quantenmechanische Vorhersage für alle Winkel zwischen den Durchlaßrichtungen der beiden Polarisatoren mit bis dahin unerreichter statistischer Genauigkeit bestätigten, sondern sich auch nicht änderten, wenn der Abstand der Polarisatoren von der Lichtquelle bis auf 6,5 m vergrößert wurde. Es wurde somit eine wichtige Bedingung erfüllt, die der BELLschen Lokalitätsannahme zugrunde liegt.

Ein Wunsch bleibt aber noch offen. Es ist ja so, daß das Lokalitätspostulat nur dann zwingend ist, wenn es vom Kausalitätsprinzip gefordert wird. Das bedeutet, die Einstellung (wenigstens) eines der beiden Meßapparate muß während der Messungen sehr schnell geändert werden, so daß eine Information über die aktuelle Einstellung den anderen Meßapparat noch gar nicht erreicht haben kann, wenn dort die Messung abläuft. Hier kommt die Kausalität ins Spiel, derzufolge eine Signalübertragung höchstens mit Lichtgeschwindigkeit erfolgen kann. (Orientiert man die Polarisatoren dagegen vor Beginn einer Meßreihe ein für allemal in einer bestimmten Weise, so hätten die beiden Meßapparaturen ja grundsätzlich genügend Zeit, Informationen auszutauschen.) In einem späteren Experiment [ASP 82] wurde das erwünschte schnelle Umschalten (gleich beider Meßapparaturen) nach der Art des uns schon aus Abschn. 7.3 bekannten Experiments „mit verzögerter Entscheidung" bewerkstelligt. Dabei gab es für jedes der beiden Photonen grundsätzlich zwei Wege, die zu Nachweisapparaturen mit unterschiedlich orientierten Polarisatoren führten. Die „Entscheidung" darüber, welcher der beiden Wege offen war, traf ein akustooptischer Schalter. Dieser besteht aus einer Flüssigkeitszelle mit zwei einander gegenüberstehenden, gleichphasig angetriebenen elektroakustischen Wandlern. Sie erzeugen in der Flüssigkeit eine stehende Ultraschallwelle, also Dichteschwankungen, die wie ein Beugungsgitter wirken (DEBYE-SEARS-Effekt). Demzufolge wird bei geeigneter Wahl der experimentellen Parameter eine eingetretene Lichtwelle praktisch vollständig (in eine feste Richtung) seitlich abgelenkt, wenn die Amplitude der Ultraschallwelle groß ist, sie passiert aber natürlich ungestört die Flüssigkeit, wenn die genannte Amplitude den Wert Null erreicht. Insgesamt wird so das einfallende Licht im periodischen Wechsel abgelenkt. Um dem Ideal eines rein zufälligen Umschaltens näher zu kommen, benutzten die Autoren zwei Hochfrequenzgeneratoren unterschiedlicher Frequenz zum Betrieb der zwei akustooptischen Modulatoren (für jedes Photon einen). Auch diese ausgeklügelte experimentelle Anordnung führte zu nichts anderem als der Feststellung, daß die Quantenmechanik wie immer recht hat.

Die experimentellen Resultate stehen andererseits in deutlichem Widerspruch zu der Ungleichung (11.7), sind also mit keiner noch so raffinierten (deterministischen) Theorie verborgener Parameter, sofern sie nur dem BELLschen Lokalitätspostulat genügt, verträglich. Dies ist ein Ergebnis, das EINSTEIN wohl als letztes erwartet hatte, als er im Jahre 1935 (zusammen mit PODOLSKY und ROSEN) mit seiner tiefschürfenden Kritik an der Quantenmechanik den Anstoß für eine Entwicklung gab, die zu den geschilderten eindrucksvollen theoretischen wie auch experimentellen Leistungen führte.

Von besonderem Interesse scheint uns dabei der in diesem Zusammenhang erfolgte experimentelle Nachweis von spezifisch quantenmechanischen Korrelationen zu sein, die sich über makroskopische Entfernungen erstrecken. Von einem spontanen Zusammenbruch derartiger Korrelationen bei zu starker räumlicher Trennung der Teilsysteme kann also keine Rede sein. Wäre das Gegenteil der Fall, so würde dies, wie das Beispiel der Zwei-Photonen-Kaskade zeigt, tatsächlich die Fundamente unserer Naturbeschreibung erschüttern. Ein Verschwinden der quantenmechanischen Korrelation zwischen den beiden Photonen liefe nämlich dem Drehimpulserhaltungssatz zuwider: Der anfänglich scharfe Wert (Null) des Drehimpulses für das Zwei-Photonen-System würde ja durch einen solchen Prozeß notwendig unscharf werden. Unter diesem Aspekt wird jedenfalls der Theoretiker den Ausgang der in Rede stehenden Experimente mit Genugtuung zur Kenntnis nehmen.

Wir möchten schließlich noch darauf hinweisen, daß man auf die große Reichweite quantenmechanischer Korrelationen, wie sie für das EINSTEIN-PODOLSKY-ROSEN-Experiment charakteristisch sind, auch schon aus der ganz gewöhnlichen optischen Strahlteilung schließen kann (Näheres s. [PAU 81]). Tatsächlich handelt es sich hier – setzen wir voraus, daß die Zahl der auf den Strahlteiler fallenden Photonen scharf ist – um ein Experiment des genannten Typs. Wir können einerseits nach einer Messung der Photonenzahl an dem einen Teilstrahl, dem reflektierten oder dem durchgehenden, mit Sicherheit sagen, wieviele Photonen sich in dem anderen Teilstrahl befinden. Nun können die beiden Teilstrahlen bekanntlich miteinander interferieren, was bedeutet, daß ihre relative Phase einen definierten Wert besitzt. Mißt man daher andererseits an einem Teilstrahl die Phase, so gewinnt man dadurch zugleich eine genaue Information über die Phase des anderen Teilstrahls. Man kann die in Abschn. 11.2 wiedergegebene Argumentation von EINSTEIN, PODOLSKY und ROSEN wiederholen und gelangt so zu der Schlußfolgerung, es müßten – denken wir uns die beiden Teilstrahlen weit voneinander weggeführt – sowohl die Photonenzahl als auch die Phase in jedem Teilstrahl von Anfang an scharf sein, was nach der Quantenmechanik jedoch nicht sein kann. Ein Verschwinden der quantenmechanischen Korrelationen zwischen den beiden Teilstrahlen wiederum würde ihre Interferenzfähigkeit zerstören, was bisher auch bei beträchtlicher räumlicher Trennung der beiden Teilstrahlen (vor ihrer Wiedervereinigung) – wir erinnern an das in Abschn. 7.2 erwähnte Experiment von JÁNOSSY und NÁRAY [JAN 58], bei dem die Länge der Interferometerarme 14,5 betrug – niemals beobachtet wurde und auch bei noch so großer Entfernung der Teilstrahlen voneinander wohl von keinem Optiker erwartet wird.

11.5 Informationsübertragung mit Überlichtgeschwindigkeit?

Es hat nicht an kühnen Spekulationen darüber gefehlt, ob sich nicht Korrelationen vom EINSTEIN-PODOLSKY-ROSEN-Typ zu einer Informationsübertragung verwenden lassen. Der Clou bestände dann darin, daß man unter Ausnutzung des momentanen Charakters der Ausreduktion der Wellenfunktion – ausgelöst durch eine Messung an einem *Teilsystem* – Information mit Überlichtgeschwindigkeit übermitteln könnte. Da dies eine drastische Verletzung der Kausalität bedeuten würde, wird man dies getrost als Phantasterei abtun können. Man lernt jedoch physikalisch eine ganze Menge, wenn man sich Gedanken darüber macht, warum so etwas nicht gehen kann. Aus diesem Grunde wollen wir diesem Problem etwas Raum widmen.

Wie sollte denn ein derartiges Experiment aussehen? Wir stellen uns zwei Beobachter vor, die – in gehörigem Abstand voneinander – an jeweils einem Photon des in einem Kaskadenübergang ausgesandten Photonenpaares Polarisationsmessungen ausführen können (Fig. 35). Der eine von ihnen, sagen wir der Beobachter A, habe den Wunsch, dem anderen (B) eine Nachricht zukommen zu lassen. Es erhebt sich dann als erstes die Frage der Codierung der Information. Dafür bieten sich offenbar die unterschiedlichen Polarisationszustände der Photonen an. Ein wesentlicher Zug des betrachteten Experiments ist nun die Zufälligkeit des individuellen Polarisationszustandes – wählt der Beobachter A z. B. eine Anordnung zur Messung linearer Polarisation, sagen wir bezüglich der x- und der y-Richtung, so hat er keinen Einfluß darauf, ob ein herausgegriffenes Photon sich für die x- oder die y-Richtung „entscheidet". Was der einzelne Beobachter sieht, ist ganz einfach unpolarisiertes Licht! Damit scheidet eine einfache Codierung der Art „x-Polarisation bedeutet eine Null und y-Polarisation eine Eins" von vornherein aus. Was man aber, so scheint es, ausnutzen könnte, wäre der Unterschied zwischen linear und zirkular polarisiertem Licht. Der Beobachter A könnte dann die Codierung durch einen willkürlichen Wechsel zwischen den entsprechenden Meßanordnungen vornehmen – wie in Abschn. 11.1 erwähnt, brauchte er dazu nur ein $\lambda/4$-Plättchen in den Strahlengang zu bringen bzw. wieder zu entfernen –, die Vereinbarung wäre dann beispielsweise die, daß zirkulare Polarisation eine Null und lineare Polarisation eine Eins bedeutet. Da durch die betreffende Messung das zweite Photon *momentan* in den gleichen Polarisationszustand (lineare oder zirkulare Polarisation) versetzt wird – jedenfalls behauptet dies die Quantentheorie (s. Abschn. 11.2) –, braucht der Beobachter B also nichts weiter zu tun, als ein wenig später (um sicher zu sein, daß die Ausreduktion bereits stattgefunden hat) an den einzelnen Photonen „nachzusehen", ob sie linear oder zirkular polarisiert sind, um in den Besitz der Information zu gelangen. Genau das ist aber nicht möglich! Wir haben ja in Abschn. 11.2 gesehen, daß einem individuellen Photon bereits durch die Art der Meßapparatur vorgeschrieben wird, ob es sich als linear oder zirkular polarisiert „zu erkennen gibt". Anders ausgedrückt, es hat keinen physikalischen Sinn, einem einzelnen Photon eine Polarisationseigenschaft im Sinne eines objektiven Sachverhalts zuzuschreiben. Wir kommen somit zu der interessanten Feststellung, daß die Nichtobjektierbarkeit der quantenmechanischen Beschreibung (die man normalerweise nicht so ernst nimmt) den Kaufpreis darstellt, den die Quantentheorie für die Erfüllung der Kausalitätsforderung bezahlt, und damit tatsächlich von fundamentaler Bedeutung ist. Der von EINSTEIN, PODOLSKY und ROSEN initiierten Diskussion kommt somit noch das Verdienst zu, unerwartet eine enge Verbindung zwischen ganz unterschiedlichen Erfahrungsbereichen – Nichtobjektivierbarkeit im Mikrokosmos einerseits und Kausalität als allgemeines Grundprinzip in erster Linie der makroskopischen Physik anderereits – aufgedeckt zu haben.

Man kann sogar noch weitere Schlußfolgerungen ziehen. Skeptiker könnten fragen: „Muß es denn unbedingt eine Messung der geschilderten Art sein? Könnte man nicht das eine Photon erst einmal auf irgendeine Weise vervielfältigen und dann erst die Polarisation messen (was dann unproblematish wäre, da wir ja ein ganzes Ensemble von identischen Photonen zu Verfügung hätten)?" Stellt man sich auf den vernünftigen Standpunkt, daß es keine Signalübertragung mit Überlichtgeschwindigkeit geben kann, weil sonst das gesamte theoretische Gebände der Physik zusammenbrechen würde – wir könnten in Vergangenes eingreifen, um es mit einem bekannten drastischen Beispiel zu illustrieren, ich könnte meinen Vater umbringen, bevor er mich gezeugt hat – so wird man von vornherein sagen, auch das *darf* nicht zum Erfolg führen. Das bedeutet im besonderen, es darf nicht möglich sein, ein individuelles Photon zu „klonieren", das soll heißen, eine und damit dann auch beliebig viele *identische Kopien* herzustellen. (Natürlich kann dieses Verbot auch auf direktem Wege theoretisch begründet werden.)

Eine weitere Konsequenz ist die, daß es keinen Verstärker geben darf, der so arbeitet, daß man dem verstärkten Feld „ansehen" kann, in welchem Polarisationszustand (lineare oder zirkulare Polarisation) sich das Originalphoton befunden hat. Dabei würde es schon völlig ausreichen, wenn man eine geringfügige Bevorzugung der einen Polarisationsform gegenüber der anderen finden könnte in dem Sinne, daß man aus den Meßdaten schließen könnte, daß die Wahrscheinlichkeit für die eine Polarisationsart ein wenig über 50 % liegt. Die beiden Beobachter können ja grundsätzlich beliebig weit voneinander entfernt sein, damit hätte der eine (B) genügend Zeit – bedenkt man noch, daß der andere (A) die zu übermittelnde Nachricht mit einer großen Redundanz versehen könnte –, um die Botschaft zu entschlüsseln, bevor ein Funksignal vom Beobachter A eintreffen kann.

Das geforderte Verhalten eines Verstärkers, im besonderen also eines Laser- oder auch eines optischen parametrischen Verstärkers, ist etwas, was einem nicht so unmittelbar einleuchtet. Es müßte doch für das verstärkte Feld einen Unterschied machen, ob das Eingangssignal, wenn es auch nur ein einziges Photon ist, linear oder zirkular polarisiert ist! In der Tat, führt man eine quantenmechanische Rechnung durch mit der Anfangsbedingung „Es liegt genau ein Photon mit einer bestimmten Polarisationseigenschaft vor", so hängt der quantenmechanische Zustand des aus dem Verstärker austretenden Lichts natürlich von der Polarisation des Originalphotons ab. Hier erkennen wir aber wieder die gravierende Beschränkung, welche die Ensemble-Interpretation der quantenmechanischen Naturbeschreibung aufzwingt: Ich finde durchaus noch eine „Spur" der ursprünglichen Polarisation im verstärkten Feld (und kann demzufolge aus den Meßdaten darauf zurückschließen), das gilt aber nur, wenn ich ein ganzes Ensemble untersuche, also das Experiment unter genau den gleichen Bedingungen häufig wiederhole. Über das Einzelexperiment, das müssen wir wieder betonen, macht die

Quantentheorie keine detaillierte Aussagen. Daher kann die erwähnte, aus Kausalitätsgründen notwendige Verstärkereigenschaft auch gar nicht so ohne weiteres aus dem quantenmechanischen Formalismus herausgeholt werden. Nichtsdestoweniger gibt es keinen Zweifel daran, daß ein jeder Verstärker so beschaffen sein muß! Das Kausalitätsprinzip allein steckt also schon einen Rahmen für die Wirkungsweise eines Verstärkers ab, auch das ein überraschendes Ergebnis!

Schließlich macht die obige Diskussion deutlich, daß die Ausreduktion von keiner physikalischen Wirkung begleitet sein kann. In der Tat muß man ja wohl daran festhalten, daß sich eine Wirkung höchstens mit Lichtgeschwindigkeit ausbreiten kann. Ist sie daher die Folge einer Messung an dem einen Photon, so kann sie dem zweiten Photon immer nur hinterherlaufen, ohne es jemals zu erreichen. Den momentanen Charakter der Ausreduktion verstehen wir vielleicht am ehesten, wenn wir das klassische Pendant betrachten. Besitzen wir in der klassischen Beschreibung ebenfalls eine a priori-Information über ein Gesamtsystem – wissen wir beispielsweise , daß eine Abschußvorrichtung so funktioniert, daß stets entweder zwei schwarze oder zwei weiße Kugeln in entgegengesetzter Richtung weggeschleudert werden –, so liefert uns die Beobachtung an einem Teilsystem (z. B. die Feststellung einer schwarzen Kugel) *momentan* eine genaue Information über das andere, nicht beobachtete Teilsystem (die zweite Kugel ist ebenfalls schwarz). Tatsächlich sind die quantenmechanischen Verhältnisse jedoch komplizierter, weil es, um im Bilde zu bleiben, nicht zulässig ist sich vorzustellen, daß die Kugeln schon von Anfang an schwarz oder weiß waren.

Was der Ausreduktionsformalismus in erster Linie liefert, ist die Vorhersage von experimentell nachprüfbaren Korrelationen zwischen physikalischen Größen (in unserem Fall Charakteristika des Polarisationszustandes), die sich auf Teilsysteme beziehen und separat gemessen werden. Die Korrelationen kann man grundsätzlich erst hinterher feststellen, man muß ja dazu die Meßergebnisse des einen Beobachters erst dem anderen zugänglich machen, bevor man Vergleiche anstellen kann!

12 Quanten-Kryptographie

12.1 Kryptographische Grundprinzipien

Das im vorausgehenden Kapitel analysierte EINSTEIN-PODOLSKY-ROSEN-Experiment besteht im Kern darin, daß es gelingt, zwei weit voneinander entfernten Beobachtern jeweils einen unpolarisierten Lichtstrahl, bestehend aus nacheinander eintreffenden einzelnen Photonen, „zuzuspielen", die in „mysteriöser" Weise miteinander verkoppelt sind. Wählen nämlich die beiden Beobachter die gleiche Meßapparatur – jeweils ein Polarisationsprisma mit zwei separaten Detektoren für die beiden Ausgänge, wobei die Orientierung der Prismen gleich ist, jedoch *willkürlich eingestellt* werden kann – so sind ihre Meßresultate *identisch.* Nun stellt eine derartige Meßreihe, kennzeichnen wir die beiden möglichen Meßergebnisse durch „0" und „1", eine echt zufällige Zahlenfolge dar – es regiert ja uneingeschränkt der quantenmechanische Zufall –, aus der man unter Zugrundelegung des binären Zahlensystems sofort eine Folge von Zufallszahlen gewinnt. Die betrachtete experimentelle Anordnung erlaubt also, die beiden Beobachter zur gleichen Zeit mit einer *identischen* Folge von Zufallszahlen zu beliefern. Das allein wäre nicht so aufregend. Man kann ja mit mathematischen Algorithmen Zufallszahlen erzeugen, z. B. die Ziffernfolge der Zahl π nehmen, die dann auf „beliebig" viele Stellen zu berechnen ist. Wenn man auch nie ganz sicher sein kann, daß es sich dabei um *absolut* zufällige Zahlen handelt, so reicht ein solches Verfahren für praktische Zwecke völlig aus. Der springende Punkt des EINSTEIN-PODOLSKY-ROSEN-Experiments besteht jedoch darin, daß ein „Lauscher" nicht mithören kann, ohne daß es die beiden Beobachter merken. Er zerstört nämlich, wenn er eine Beobachtung an den gesendeten Photonen vornimmt, unweigerlich die bestehenden subtilen quantenmechanischen Korrelationen, ein Schaden, der sich nicht wiedergutmachen läßt. Die EINSTEIN-PODOLSKY-ROSEN-Korrelationen können daher die Grundlage für eine *abhörsichere* Übermittlung einer identischen Folge von Zufallszahlen an zwei weit voneinander entfernte Beobachter, traditionell Alice und Bob genannt, abgeben. Das ist aber genau das, was man für eine ideale Kryptographie, nämlich eine verschlüsselte, absolut geheime Informationsübertragung benötigt. Wir wollen dies etwas näher erläutern.

Das Grundprinzip der Kryptographie besteht darin, daß man den Klartest verschlüsselt, indem man die einzelnen Buchstaben durch andere Symbole (oder auch andere Buchstaben) ersetzt. Tut man dies nach einer gleichbleibenden Regel, schreibt man also an Stelle des Buchstabens „a" stets das gleiche Symbol usf., so fällt es einem Unbefugten nicht schwer, den „Code zu knacken". In literarisch unübertroffener Weise hat dies EDGAR ALLEN POE in seiner Novelle „Der Goldkäfer (The gold bug)" geschildert. Hat man schon eine Vermutung, in welcher Sprache der Text abgefaßt ist, kommt man mit einer Häufigkeitsanalyse relativ schnell zum Ziel: Man sucht sich zunächst das häufigste Symbol im chiffrierten Text und identifiziert es mit dem häufigsten Buchstaben, dann nimmt man sich das zweithäufigste Symbol vor usf. Außerdem kann man schnell einiges erraten.

Einen absoluten Schutz vor Dechiffrierung gewinnt man nur dadurch, daß man eine Folge von Zufallszahlen als Schlüssel für die Codierung benutzt, die im übrigen genauso lang ist wie der Text. Der Schlüssel selbst muß jedoch, im Gegensatz zum chiffrierten Text und zur Ver- und Entschlüsselungsprozedur, absolut geheim, d. h. nur befugten Benutzern zugänglich sein. Zur Anwendung gebracht wird dann die sogenannte VERNAM-Chiffrierung, die die folgende Prozedur beinhaltet: Zuerst verwandelt man die Buchstaben des Klartextes nach festen Regeln, zusammengefaßt in einer Tabelle, in Zahlen (zweckmäßigerweise in binärer Darstellung). Dann addiert man hierzu der Reihe nach die Zufallszahlen des Schlüssels (so daß also jede Zufallszahl nur einmal verwendet wird) ohne (Zweier-)Übertrag. Das Ergebnis ist der chiffrierte Text, das Kryptogramm. Dessen Dechiffrierung erfolgt nun einfach in der Weise, daß man die vorgenommenen „Abbildungen" wieder umkehrt: Man subtrahiert nunmehr die Zufallszahlen des Schlüssels nacheinander von den Zahlen des verschlüsselten Texts (wieder ohne Übertrag) und übersetzt das Ergebnis mit Hilfe der bekannten Tabelle in den Klartext. Dank der Verwendung von Zufallszahlen ist die Zahlenfolge des Kryptogramms frei von jeder Systematik, der Code ist daher grundsätzich nicht zu knacken. Was aber unbedingt geheimgehalten werden muß, ist der Schlüssel. Man kann ihn nun einem Spion, der seine Berichte z. B. über Kurzwellenfunk an seinen Auftraggeber in verschlüsselter Form übermitteln soll, mitgeben – mit der strengen Auflage, ihn nach einmaligem Gebrauch sofort zu vernichten! – geht aber dabei natürlich das Risiko ein, daß der Spion mitsamt dem Schlüssel gefaßt wird. Eine günstigere Variante ist daher die Benutzung eines abhörsicheren Kanals zur Übermittlung des Schlüssels. Wie eingangs erläutert, bietet sich hierfür ein Verfahren an, bei dem man sich subtilste Besonderheiten der Quantenmechanik, nämlich Korrelationen vom EINSTEIN-PODOLSKY-ROSEN-Typ, zunutze macht.

Nun wird man diese Dinge, vom praktischen Standpunkt betrachtet, natürlich kaum ernst nehmen. Der Quantentheoretiker wird sich jedoch dem Reiz einer solchen Betrachtung schwerlich entziehen können, zeigt sie doch, welche ungeahnten Möglichkeiten in der Quantentheorie stecken. Tatsächlich sind, wie es auch sonst in der Physik nahezu die Regel ist, von einer solchen „rein akademischen" Betrachtung Anregungen ausgegangen, die schließlich zu praktikablen Lösungen geführt haben. Davon wird später noch die Rede sein. Zuvor wollen wir jedoch noch genauer die Strategie erörtern, mit der man sich bei einem EINSTEIN-PODOLSKY-ROSEN-Kanal vor unbefugtem „Mithören" schützen kann.

12.2 Abhörsicherheit und Quantentheorie

Wir betonen zunächst, daß die Erzeugung und Auslieferung eines geheimen Schlüssels in Gestalt einer Folge von Zufallszahlen nichts mit Informationsübertragung zu tun hat. Der Schlüssel selbst hat tatsächlich keinerlei Bedeutung! Welche Strategie könnten nun Alice und Bob entwickeln, um sich gegen das Abhören zu schützen, das soll heißen, herauszubekommen, daß ein Lauscher – das entsprechende englische Wort „eavesdropper" suggeriert, daß wir dabei eher an eine Dame mit dem Namen Eve denken – die Übertragungsleitung „angezapft" hat? Eine mögliche Variante ist die folgende [BEN 92]: Alice und Bob benutzen beide die gleiche Apparatur zur Messung linearer Polarisation, nämlich ein Polarisationsprisma mit einem Detektor in jedem Ausgang. Sie notieren eine Eins oder eine Null je nachdem, ob der erste oder der zweite Detektor das ausgesandte Photon registriert. (Um Eindeutigkeit zu gewährleisten, ordnen wir z. B. den ersten Detektor dem außerordentlichen und den zweiten Detektor dem ordentlichen Strahl zu.) Außerdem wird der jeweilige Zeitpunkt des Ansprechens des Detektors im Versuchsprotokoll festgehalten. Um das Verfahren zu vereinfachen, nehmen wir an, daß Photonpaare nur zu diskreten, äquidistant liegenden Zeitpunkten emittiert werden, was sich durch Anregung der Atome mittels eines Impulszuges erreichen ließe. Alice und Bob wissen daher im voraus, wann mit dem Eintreffen eines Photons zu rechnen ist. Weiterhin vereinbaren sie, daß sie laufend die Einstellung ihres Polarisationsprismas – natürlich unabhängig voneinander – in statistisch willkürlicher Weise ändern, wobei sie die Wahl zwischen den folgenden beiden Orientierungen haben:

a) horizontal – vertikal, das soll heißen, der austretende außerordentliche Strahl ist in vertikaler und entsprechend der ordentliche in horizontaler Richtung polarisiert, und

b) um 45° dagegen gedreht und zwar so, daß die Polarisationsrichtungen des außerordentlichen (und damit auch des ordentlichen) Strahls für beide Beobachter die gleichen sind.

Damit ist dann – dank des Bestehens der starken quantenmechanischen Korrelationen zwischen den Polarisationsrichtungen der beiden Photonen – gewährleistet, daß die beiden Beobachter in den Fällen, in denen sie *zufällig* die gleiche Einstellung des Polarisationsprismas vorgenommen habe, genau den gleichen Meßwert (interpretiert als „0" oder „1") finden. Das ist jedoch nicht so bei unterschiedlicher Einstellung. Gemäß Gl. (11.4) wird vielmehr, wenn Alice beispielsweise eine Eins mißt, von Bobs Apparatur in der Hälfte der Fälle eine Eins und in der anderen Hälfte eine Null angezeigt. Das ist leicht einzusehen, wenn man sich vorstellt, daß der eine Beobachter, sagen wir Alice, etwas früher mißt (weil sie der Strahlungsquelle näher ist). Dann ist das Ensemble der bei Bob eintreffenden Photonen, selektiert gemäß dem Kriterium, daß Alice ein vertikal polarisiertes Photon registriert hat, ebenfalls vertikal polarisiert. Schickt Bob nun die in Rede stehenden Photonen durch ein um 45° gedrehtes Polarisationsprisma, so wird das Licht aus klassischer Sicht zu gleichen Teilen in zwei Teilstrahlen zerlegt, deren Polarisationsrichtung um 45° bzw. 135° gegen die Vertikale gedreht ist. Quantenmechanisch bedeutet dies, daß beide Detektoren mit der Wahrscheinlichkeit 1/2 ansprechen.

Doch was geschieht, wenn ein Lauscher in der Leitung ist? Was Eve sinnvollerweise nur tun kann, ist folgendes: Sie verwendet die gleiche Nachweisapparatur wie Alice und Bob und wechselt ebenfalls in willkürlicher Weise die Einstellung zwischen den Orientierungen a) und b). Dann können die folgenden beiden Fälle eintreten: Erstens, Eve hat zufällig die gleiche Einstellung gewählt wie Alice. Sie findet dann auch das gleiche Meßergebnis wie Alice. Um nicht entdeckt zu werden, wird sie anschließend ein in gleicher Weise polarisiertes Photon – als Ersatz des bei der Messung „verbrauchten" – an Bob weiterleiten. Eine „Klonierung" des ersten Photons ist ja nicht möglich! Zweitens, Eve hat ihr Polarisationsprisma anders orientiert als Alice. Wenn sie daher so verfährt wie eben, verfälscht sie das Originalphoton. War es z. B. in vertikaler Richtung polarisiert, so ersetzt sie es durch eines, dessen Polarisationsrichtung entweder unter 45° oder 135° gegen die Vertikale geneigt ist. In beiden Fällen findet Bob, wenn er die gleiche Einstellung wie Alice gewählt hat, mit 50%-iger Wahrscheinlichkeit ein horizontal polarisiertes Photon, was nicht sein darf, wenn alles mit rechten Dingen zugeht. Aus solchen Fehlern kann man daher auf einen stattgefundenen „Lauschangriff" schließen.

Im einzelnen gehen Alice und Bob folgendermaßen vor: Nachdem sie ih-

re Messungen abgeschlossen haben, informieren sie sich zunächst über die
– zum jeweiligen Meßzeitpunkt – gewählte Einstellung ihrer Apparatur.
Anschließend sortieren sie alle Daten als nutzlos aus, die bei unterschiedlicher Einstellung erhalten wurden. Um Verlusten in der Übertragungsleitung,
z. B. einem Glasfaserkabel, und einer eventuellen Ineffizienz der Detektoren
zu begegnen, tun sie noch ein Weiteres: Sie teilen sich gegenseitig in aller
Öffentlichkeit mit, zu welchen der bekannten Zeitpunkte, an denen ein Photon eintreffen sollte (und die Einstellungen ihrer Apparate zusammenfielen),
sie tatsächlich kein Photon registriert haben, und verwerfen daraufhin die
entsprechenden Daten. Was dann übrigbleibt, ist eine Reihe von Meßsignalen, die gemäß der quantenmechanischen Vorhersage für beide Beobachter
identisch sind – vorausgesetzt, es war kein unbefugter Lauscher am Werk.
Um sicherzugehen, daß dem nicht so war, wählen Alice und Bob schließlich
nach einem zufälligen, aber *gemeinsamen* Schlüssel einige ihrer Daten aus –
etwa den 23., 47., 51. usf. Wert aus ihren bereinigten Meßreihen – und informieren sich wieder gegenseitig darüber unter Benutzung eines öffentlichen
Kommunikationsmittels. Finden sie die erwartete exakte Übereinstimmung,
so sind sie beruhigt, und streichen natürlich die nunmehr öffentlich bekannten Daten aus ihren Listen, die dann den gewünschten, garantiert geheimen
Schlüssel repräsentieren.

Dessen Sicherheit beruht, wie aus dem oben Gesagten deutlich wird, in erster
Linie auf der Nichtobjektivierbarkeit der Polarisationseigenschaften einzelner Photonen. Könnte Eve durch eine Messung an einem einzelnen Photon
dessen „objektiv vorliegende" Polarisation messen, so könnte sie auch Bob eine exakte Kopie unterschieben und wäre damit vor einer Entdeckung sicher.
In der klassischen Theorie wäre so etwas natürlich grundsätzlich möglich!
Von den spezifisch quantenmechanischen Korrelationen à la EINSTEIN, PODOLSKY und ROSEN haben wir zwar auch Gebrauch gemacht, tatsächlich
benötigen wir sie aber gar nicht! Statt von korrelierten Photonenpaaren
auszugehen und es „ihrem" Photon zu überlassen, für welche von zwei möglichen, zueinander orthogonalen Polarisationsrichtungen es sich entscheidet,
kann ja Alice die Photonen, die sie Bob zusendet, selbst erzeugen und ihren Polarisationszustand gezielt festlegen. Die geheime Übermittlung des
Schlüssels kann daher sehr viel einfacher in folgender Weise vorgenommen
werden [BEN 92]. Alice hat eine Lichtquelle zur Verfügung, die – in vorgegebenen zeitlichen Abständen – jeweils ein in bestimmter, sagen wir vertikaler
Richtung polarisiertes Photon emittiert. Alice verändert nun mit Hilfe zweier POCKELS-Zellen willkürlich die Polarisationsrichtung, wobei sie sich für
eine der Orientierungen: $0°$, $45°$, $90°$ und $135°$ (bezüglich der Vertikalen) entscheidet. Bob mißt in der gleichen Weise wie früher. Über einen öffentlichen

Kanal teilt er Alice mit, zu welchen Zeiten er ein Photon mit welcher Einstellung seiner Apparatur gemessen hat. Alice vergleicht dies mit den von ihr gewählten Polarisationsrichtungen und informiert Bob, welche seiner Daten er behalten soll.

Ein Prototyp eines solchen Übertragungsschemas wurde tatsächlich bereits realisiert [BEN 92]. Die benötigten, in vertikaler Richtung polarisierten Primärphotonen wurden dabei aus praktischen Gründen durch schwache Lichtblitze ersetzt, die von einer Leuchtdiode emittiert und mit Hilfe eines Polarisationsfilters linear polarisiert wurden. Enthalten diese Impulse mehr als ein Photon, so ist allerdings die Möglichkeit eines unentdeckten „Mithörens" gegeben: Eve teilt das Signal mit Hilfe eines Strahlteilers, mißt nur an einem der beiden Teilstrahlen und leitet den anderen unverändert an Bob weiter. Dieser Gefahr kann man dadurch begegnen, daß man das Primärsignal so stark schwächt, daß die mittlere Photonenzahl kleiner als Eins ist, sagen wir, sie beträgt ein Zehntel. Dann wird zwar die Rate der Datenübertragung drastisch vermindert – in rund 90% der Fälle wird überhaupt kein Photon registriert –, doch die Wahrscheinlichkeit, im gleichen Lichtblitz zwei Photonen zu messen (eines von Eve und eines von Bob), ist vernachlässigbar klein.

Wenn man aber schon mit solchen extrem schwachen Lichtimpulsen arbeitet, die in der Mehrzahl der Fälle leer sind – in dem Sinne, daß ein Detektor überhaupt nicht anspricht –, dann kann man den experimentellen Aufwand auch noch weiter verringern. Statt unterschiedliche Polarisationsrichtungen in Binärziffern (0 und 1) umzusetzen, kann man dies auch mit anderen Photoneneigenschaften, etwa der Frequenz, tun. Alice sendet dann in zufälliger Folge beispielsweise rote und grüne Lichtimpulse an Bob, die im Mittel deutlich weniger als ein Photon enthalten. Eve wird unter diesen Umständen einen großen Teil der Signale gar nicht empfangen – nämlich praktisch alle die, die Bob nachweist – und kann daher nur eine sehr lückenhafte Kenntnis des Schlüssels erlangen. Bob informiert dann Alice öffentlich darüber, zu welchen Zeitpunkten er Photonen registriert hat, nicht jedoch über deren Farben, die den geheimen Schlüssel bilden. Damit hat sich der Kreis geschlossen. Wir sind wieder bei den Photonen angelangt, die in ihrem Verhalten vom Zufall regiert werden und damit den Bruch mit den klassischen Vorstellungen unmittelbar deutlich machen.

13 Resümee: Was wissen wir vom Photon?

Fragen wir zum Schluß, welches Bild vom Photon sich aus der Gesamtheit des Beobachtungsmaterials letztlich herauskristallisiert, so lautet die Antwort: Das Photon erscheint uns als ein Zwitter, es ist weder Welle noch Korpuskel, sondern etwas anderes, das uns je nach der experimentellen Situation einmal eine wellenhafte oder eine korpuskulare „Seite" zeigt. Anders ausgedrückt, im Photon manifestiert sich (wie auch in materiellen Teilchen wie dem Elektron) der Dualismus Welle – Korpuskel. Während sich Teilchen- und Wellenbild aus klassischer Sicht gegenseitig ausschließen, gelingt der Quantentheorie jedoch eine formale Synthese in Gestalt einer einheitlichen mathematischen Beschreibung.

Betrachten wir zunächst den wellenhaften Aspekt, der uns von der klassischen Elektrodynamik her vertraut ist und daher der „natürliche" zu sein scheint! Er allein macht die unterschiedlichsten Interferenzphänomene verständlich, angefangen von der „Interferenz des Photons mit sich selbst" bis zu dem Auftreten von räumlichen oder zeitlichen Intensitätskorrelationen in einem thermischen Strahlungsfeld (die offenbar durch Superposition der von verschiedenen Atomen unabhängig voneinander emittierten Elementarwellen zustande kommen). Als überraschend mag man es empfinden (jedenfalls wenn man durch quantenmechanische Kenntnisse „vorbelastet" ist!), daß die klassische Theorie in dieser Hinsicht bis zu beliebig kleinen Intensitäten herab recht behält: Die Sichtbarkeit des Interferenzmusters verschlechtert sich bei sehr kleinen Intensitäten nicht – die von der Quantenmechanik behaupteten Nullpunktsschwankungen des elektromagnetischen Feldes machen sich also nicht, wie man befürchten könnte, störend bemerkbar –, und dies gilt nicht nur für konventionelle Interferenzversuche, sondern auch für die Interferenz zwischen unabhängig voneinander erzeugten Lichtstrahlen (in Gestalt von Laserlicht).

Weiterhin spricht die Tatsache, daß die natürliche Linienbreite der Strahlung mit der mittleren Lebensdauer des angeregten atomaren Niveaus in einem Zusammenhang steht, wie er von der klassischen Strahlungstheorie gefordert wird, dafür, daß das Photon in einem kontinuierlichen Prozeß als Welle ausgesandt wird.

Eine direkte Folge der unbeschränkten Gültigkeit der klassischen Beschreibung von Interferenzvorgängen ist, daß alle konventionellen Spektrometer auch bei sehr kleinen Intensitäten – sehen wir von Störeffekten ab, die unter diesen Umständen natürlich stärker ins Gewicht fallen als bei intensiver Strahlung – einwandfrei arbeiten. Man kann also auch (im Prinzip jedenfalls) einzelne Photonen spektral zerlegen. Durch ein FABRY-PEROT-Interferometer mit hohem Auflösungsvermögen beispielsweise wird die einem Photon entsprechende Welle in eine reflektierte und eine durchgehende Partialwelle aufgespalten, wobei die zugehörigen Frequenzbereiche komplementär zueinander sind (d. h. sich zum ursprünglichen Spektrum ergänzen). Hand in Hand damit geht eine Verlängerung des Wellenzuges. In ähnlicher Weise tritt ein Photon in Gestalt einer Kugelwelle zu einem Teil durch ein in einem Spiegel befindliches Loch hindurch, während der andere Teil reflektiert wird.

Das Frequenzspektrum eines Photons läßt sich aber nicht nur schmaler machen, sondern umgekehrt auch verbreitern. Letzteres erreicht man, indem man mit Hilfe eines schnellen Verschlusses ein Stück der Welle ab- oder herausschneidet. Nach dem FOURIER-Theorem muß dessen spektrale Breite dann größer sein als die der ursprünglichen – als kohärent vorausgesetzten – Welle.

Ein grundsätzliches Problem bringt aber die eigentliche Messung mit sich. Es hängt damit zusammen, daß für letztere praktisch nur photoelektrische Nachweisverfahren in Frage kommen. Das hat zur Folge, daß das Photon beim Meßakt selbst verlorengeht. Daß man im Falle von Strahlteilung (bei Einfall genau eines Photons) überhaupt etwas messen kann, ist bereits mit der klassischen Wellenvorstellung völlig unvereinbar. Dieser zufolge müßte nämlich eine Zerlegung in Partialwellen von einer entsprechenden Aufteilung der Energie begleitet sein, so daß ein Detektor, der die volle Energie $h\nu$ eines Photons zum Ansprechen benötigt, aus Mangel an Energie gar nichts anzeigen dürfte. Glücklicherweise findet diese „Verzettelung" der Energie nicht statt. Vielmehr zeigt sich, daß das Photon (als energetisches Ganzes!) in einem der Teilstrahlen – beispielsweise in der durch das FABRY-PEROT-Interferometer hindurchgelaufenen Partialwelle – zu finden ist.

Die Einzelmessung liefert daher nur eine sehr beschränkte Information. Beispielsweise wird das Photon in einem der vielen, unterschiedlichen Frequenzen entsprechenden „Kanäle" eines Spektrometers angetroffen, wodurch ein bestimmter Frequenzwert angezeigt wird. An einem einzelnen Photon kann daher prinzipiell kein Frequenzspektrum gemessen werden, erst eine häufige Wiederholung des Experiments macht es möglich, ein solches Spektrum aufzunehmen.

Was nun den korpuskularen Aspekt des Lichts angeht, so manifestiert sich dieser im Experiment genauso eindrucksvoll wie der wellenhafte. Er tritt bereits beim Vorgang der spontanen Emission zutage: Bringen wir einen Detektor nahe genug an ein angeregtes Atom heran, so spricht er in manchen Fällen auch schon zu einer Zeit an, die klein im Vergleich zur Lebensdauer des oberen atomaren Niveaus ist. Demnach ist also die volle Energie $h\nu$ eines Photons (manchmal) schon verfügbar, wenn die Ausstrahlung – im Sinne der Emission einer Welle – gerade erst begonnen hat! Umgekehrt finden Absorptionsakte schon in so kurzer Zeit statt, daß das Atom unmöglich die erforderliche Energie aus dem Feld „aufsammeln" könnte, wenn sie dort nach klassischer Vorstellung kontinuierlich verteilt wäre. Es muß daher die Energie bereits „gebündelt" vorliegen.

Die Photonen, als „Energieklümpchen" aufgefaßt, besitzen aber andererseits keine Individualität: Es ist nicht möglich, den „Lebensweg" eines Photons, betrachten wir thermisches Licht, bis zu seinem Geburtsort *auch nur in Gedanken* zurückzuverfolgen. Tatsächlich könnte es andernfalls keinerlei räumliche oder zeitliche Korrelationen zwischen den von zwei verschiedenen Detektoren angezeigten Ereignissen geben. Wie oben schon erwähnt, ist für die Beschreibung von Ausbreitungsvorgängen allein das Wellenbild zuständig. Im Experiment kommt der Wellencharakter der Strahlung dann dadurch zur Geltung, daß die (momentane) Intensität des Lichts die Wahrscheinlichkeit dafür bestimmt, daß ein an dem betreffenden Ort befindlicher Detektor anspricht.

Eine fundamentale Eigenschaft der Photonen ist ihre energetische Unteilbarkeit, die wir in Abschn. 7.1 am Beispiel der Strahlteilung ausführlich erläutert haben. Elektromagnetische Energie läßt sich demzufolge nicht beliebig „verdünnen" – entweder findet man ein Photon oder keines, und es wird nur die Wahrscheinlichkeit für das erstere Ereignis immer kleiner, je mehr sich der Querschnitt eines Lichtbündels im Verlauf der Ausbreitung vergrößert.

Charakteristisch ist, daß immer dann, wenn sich die Teilchennatur des Lichts offenbart, der Zufall seine Hand im Spiel hat. Das gilt gleichermaßen für den Zeit„punkt" der Emission eines Photons wie für den der Absorption. In letzterem Fall kommt noch hinzu, daß bei nicht zu großer Intensität der einfallenden Welle nur ein Bruchteil der vorhandenen Atome angeregt wird. Die Frage, welches Atom ein Photon „abbekommt" und welches leer ausgeht, wird dabei ebenfalls „durch Würfeln" entschieden. Ebenso bleibt es bei der Strahlteilung – nehmen wir an, daß ein einziges Photon einfällt – dem Zufall überlassen, welcher der beiden Detektoren „zum Zuge kommt".

Man erkennt aus der Zufälligkeit des Geschehens, daß Gesetzmäßigkeiten wirken, die der klassischen Mechanik und Elektrodynamik wesensfremd sind. Tatsächlich treten hierbei spezifisch quantenmechanische Züge des Naturgeschehens in Erscheinung. Warum sie uns gerade beim Licht so große Verständnisschwierigkeiten bereiten, liegt nicht zuletzt daran, daß sich hier „verrückte Dinge" in *makroskopischen* Dimensionen abspielen, an deren Vorhandensein im Mikrokosmos wir uns inzwischen gewöhnt haben. So finden wir nichts Aufregendes mehr bei der Vorstellung, daß das in einem Wasserstoffatom gebundene Elektron über einen Raumbereich von der Dimension 10^{-10} m „verschmiert" ist, es geht uns aber doch gegen den Strich, wenn wir glauben sollen, daß ein Photon im Fall der „Interferenz des Photons mit sich selbst" sowohl in dem einen wie auch in dem anderen Teilstrahl sein soll, wobei die räumliche Trennung der beiden „Hälften" Meter oder Kilometer (prinzipiell gibt es da keine Grenze!) ausmachen kann. Offenbar müssen wir uns – das zeigt auch die in Abschn. 11.4 geschilderte kürzliche Verwirklichung des Gedankenexperiments von EINSTEIN, PODOLSKY und ROSEN mit aller Deutlichkeit – damit abfinden, daß spezifisch quantenmechanische Korrelationen sich über makroskopische Dimensionen erstrecken können. Die Welt ist damit tatsächlich komplizierter, als man gemeinhin glaubt, und die Photonen tun das Ihrige, um uns dies vor Augen zu führen.

A Anhang. Formale Beschreibung

A.1 Quantisierung eines Ein-Moden-Feldes

Ein Ein-Moden-Feld ist durch eine scharfe (Kreis-)Frequenz ω und eine (in einem Anfangszeitpunkt $t = 0$ gegebene) räumliche Verteilung der elektrischen Feldstärke gekennzeichnet (s. Abschn. 4.2). Setzen wir überdies voraus, daß das Feld keine Wechselwirkung erfährt, sich also ungestört ausbreitet, so können wir für den positiven und den negativen Frequenzanteil der elektrischen Feldstärke [s. Gln. (3.8) und (3.9)] nach der klassischen Elektrodynamik schreiben

$$E^{(+)}(r,t) = F(r)e^{-i\omega t}A\,, \quad E^{(-)}(r,t) = F(r)^{*}e^{i\omega t}A^{*}\,. \tag{A1.1}$$

Dabei charakterisiert $F(r)$ die vorgegebene räumliche Feldverteilung (eine geeignet normierte Lösung der zeitfreien Wellengleichung), und A bedeutet eine komplexe Amplitude.

Die Quantisierung des Feldes besteht nun darin, daß man die klassische Amplitude A durch einen (Nicht-Hermiteschen) Operator $\hat{a}$ und entsprechend A^{*} durch den zu $\hat{a}$ Hermitesch adjungierten Operator $\hat{a}^{\dagger}$ ersetzt. An die Stelle von Gln. (A1.1) treten so die quantenmechanischen Relationen

$$\hat{E}^{(+)}(r,t) = \mathcal{E}(r)e^{-i\omega t}\hat{a}\,, \quad \hat{E}^{(-)}(r,t) = \mathcal{E}^{*}(r)e^{i\omega t}\hat{a}^{\dagger}\,, \tag{A1.2}$$

wobei sich die Funktionen $F(r)$ und $\mathcal{E}(r)$ nur in ihrer Normierung unterscheiden.

Die Operatoren $\hat{a}$ und $\hat{a}^{\dagger}$ erfüllen die fundamentale Vertauschungsrelation

$$[\hat{a},\hat{a}^{\dagger}] = 1\,, \tag{A1.3}$$

und die Energie des Strahlungsfeldes, genauer der Hamilton-Operator, lautet

$$\hat{H} = \hbar\omega\hat{a}^{\dagger}\hat{a}\,. \tag{A1.4}$$

Aus der Vertauschungsrelation (A1.3) folgt nun, daß der Operator $\hat{N} \equiv \hat{a}^{\dagger}\hat{a}$ die Eigenwerte $n = 0, 1, 2, \ldots$ besitzt und daher, nimmt man Gl. (A1.4) hinzu, die Bezeichnung Photonenzahloperator verdient. Tatsächlich ist (für ein Ein-Moden-Feld) die Ansprechwahrscheinlichkeit eines Photodetektors proportional zum Erwartungswert von $\hat{N}$. Für die Koinzidenzzählung ist jedoch nicht einfach der Erwartungswert von $\hat{N}^2$ maßgeblich, vielmehr muß man den letzteren Operator so umschreiben, daß er normal geordnet ist, was bedeutet, daß die Operatoren $\hat{a}$ sämtlich rechts von den Operatoren $\hat{a}^\dagger$ stehen. Die Wahrscheinlichkeit, daß zwei Detektoren gleichzeitig ansprechen, ist daher proportional zu der Größe $\langle \hat{a}^{+2}\hat{a}^2 \rangle$, für die aufgrund der Vertauschungsrelation (A1.3) auch $\langle \hat{N}(\hat{N}-1) \rangle$ geschrieben werden kann.

Die zum Photonenzahloperator gehörigen Eigenvektoren, die wir mit $|n\rangle$ bezeichnen, bilden ein vollständiges Orthonormalsystem. Sie kennzeichnen Zustände des Strahlungsfeldes mit scharfer Photonenzahl n, die sog. FOCK-Zustände. Läßt man die Operatoren $\hat{a}$ und $\hat{a}^\dagger$ darauf wirken, so lautet das Ergebnis

$$\hat{a}\,|n\rangle = \sqrt{n}\,|n-1\rangle, \quad \hat{a}^\dagger|n\rangle = \sqrt{n+1}\,|n+1\rangle \ (n = 0, 1, 2, \ldots). \qquad \text{(A1.5)}$$

Diese Relationen legen offenbar die Bezeichnung von $\hat{a}$ und $\hat{a}^\dagger$ als Photonenvernichtungs- bzw. -erzeugungsoperator nahe. Durch n-malige Anwendung des Erzeugungsoperators kann man aus dem Zustand mit 0 Photonen, dem Vakuumzustand, den Zustand mit n Photonen erhalten

$$|n\rangle = (n!)^{-\frac{1}{2}} \left(\hat{a}^\dagger \right)^n |0\rangle. \qquad \text{(A1.6)}$$

Aus Gln. (A1.2) und (A1.6) schließt man, daß der Erwartungswert der elektrischen Feldstärke für einen Zustand scharfer Photonenzahl verschwindet. Weiterhin folgt aus der Definition des Photonenzahloperators und der Darstellung (A1.2) für den elektrischen Feldstärkeoperator aufgrund der Vertauschungsrelation (A1.3) unmittelbar, daß diese beiden Operatoren nicht kommutieren. Es kann daher kein Feld geben, für das die elektrische Feldstärke und die Energie (Photonenzahl) beide scharf sind.

Die Beschreibung des Feldes durch Erzeugungs- und Vernichtungsoperatoren ist offenbar auf den korpuskularen Aspekt des Feldes zugeschnitten. Des weiteren sind diese Operatoren dazu prädestiniert, mit Energieaustausch verbundenen Wechselwirkungen, wie der Emission und der Absorption, eine transparente und suggestive Form zu geben, da sich dann die bisher nur formalen Prozesse der Erzeugung und Vernichtung von Photonen tatsächlich abspielen.

Tritt jedoch der Teilchen- gegenüber dem Wellenaspekt zurück, wie es bei den „Quetscheigenschaften" von Lichtfeldern und der Homodyn-Nachweistechnik der Fall ist, so erweist sich die Beschreibung des Feldes durch die sogenannten Quadraturkomponenten als adäquat. Betrachten wir der Einfachheit halber den häufig vorkommenden Fall einer linear polarisierten laufenden ebenen Welle, so lautet zunächst die komplexe Darstellung für die elektrische Feldstärke $\hat{E}(r,t) = \hat{E}^{(-)}(r,t) + \hat{E}^{(+)}(r,t)$ gemäß Gl. (A1.2)

$$\hat{E}(r,t) = E_0 \left\{ e^{i(kr-\omega t)}\hat{a} + e^{-i(kr-\omega t)}\hat{a}^\dagger \right\} , \qquad (A1.7)$$

wobei E_0 eine Konstante und k den Ausbreitungsvektor bezeichnen. Wir gehen nun durch Zerlegung der Exponentialfunktion in Real- und Imaginärteil zu der reellen Darstellung

$$\hat{E}(r,t) = 2^{\frac{1}{2}} E_0 \left\{ \hat{x} \cos(\omega t - kr) + \hat{p} \sin(\omega t - kr) \right\} \qquad (A1.8)$$

über, wobei die HERMITEschen Operatoren

$$\hat{x} = 2^{-\frac{1}{2}} \left(\hat{a}^\dagger + \hat{a} \right) , \quad \hat{p} = 2^{-\frac{1}{2}}i \left(\hat{a}^\dagger - \hat{a} \right) , \qquad (A1.9)$$

die dem Real- bzw. Imaginärteil der klassischen komplexen Amplitude A entsprechen, die beiden Quadraturkomponenten des Feldes repräsentieren. Sie stellen das genaue Analogon von Ort und Impuls dar, wenn wir das Ein-Moden-Feld mit einem materiellen harmonischen Oszillator vergleichen. Auf diese Analogie soll durch die gewählte Bezeichnung hingewiesen werden. In der Tat genügen die Operatoren (A1.9), wie man unter Verwendung von Gl. (A1.3) leicht nachrechnet, der bekannten kanonischen Vertauschungsrelation

$$[\hat{x},\hat{p}] = i\mathbf{1} . \qquad (A1.10)$$

Gleichung (A1.8) läßt sich so interpretieren, daß man die elektrische Feldstärke in zwei Anteile zerlegt, von denen sich der eine ($\hat{x}$) in Phase mit einer wie $\cos(\omega t - kr)$ oszillierenden (klassischen) Referenzwelle befindet, während der andere ($\hat{p}$) außer Phase ist.

Nun ist die genannte Referenzwelle natürlich sehr speziell. Tatsächlich befriedigt die Mitnahme einer willkürlichen Phase Θ – d. h. die Wahl einer Referenzwelle, deren elektrische Feldstärke durch $E_1 \cos(\omega t - kr - \Theta)$ gegeben ist – nicht nur das Bedürfnis nach Allgemeinheit, sondern ist auch von praktischem Interesse für den Nachweis des Feldes mit Hilfe der Homodyn-Technik (s. Abschn. 9.3 und A.6). Wir schreiben daher statt Gl. (A1.8)

$$\hat{E}(r,t) = 2^{\frac{1}{2}} E_0 \left\{ \hat{x}_\Theta \cos(\omega t - kr - \Theta) + \hat{p}_\Theta \sin(\omega t - kr - \Theta) \right\} \qquad (A1.11)$$

und finden an Stelle von Gl. (A1.9) die verallgemeinerten Beziehungen

$$\hat{x}_\Theta = 2^{-\frac{1}{2}} \left(e^{i\Theta}\hat{a}^\dagger + e^{-i\Theta}\hat{a} \right) , \quad \hat{p}_\Theta = 2^{-\frac{1}{2}}i \left(e^{i\Theta}\hat{a}^\dagger - e^{-i\Theta}\hat{a} \right) . \qquad (A1.12)$$

Es ist leicht zu sehen, daß diese neuen Quadraturkomponenten durch eine Drehung um den Winkel Θ aus den alten hervorgehen, d. h. daß gilt

$$\begin{pmatrix} \hat{x}_\Theta \\ \hat{p}_\Theta \end{pmatrix} = \begin{pmatrix} \cos\Theta & \sin\Theta \\ -\sin\Theta & \cos\Theta \end{pmatrix} \begin{pmatrix} \hat{x} \\ \hat{p} \end{pmatrix}. \qquad (A1.13)$$

Da es sich hierbei um eine unitäre Transformation handelt, genügen $\hat{x}_\Theta$ und $\hat{p}_\Theta$ ebenfalls der kanonischen Vertauschungsrelation (A1.10).

Aus Gl. (A1.13) folgt weiterhin, daß $\hat{p}_\Theta$ mit $\hat{x}_{\Theta+\pi/2}$ identisch ist. Lassen wir daher die Phase Θ von 0 bis π laufen, so erfassen wir mit $\hat{x}_\Theta$ die Gesamtheit aller Quadraturkomponenten. (Die Mitnahme des Intervalls $\pi \ldots 2\pi$ bringt lediglich einen Vorzeichenwechsel.) Sie entsprechen unterschiedlichen Messungen, wir haben es daher mit einer kontinuierlichen Mannigfaltigkeit von Observablen zu tun. Das Bemerkenswerte daran ist, daß man sie tatsächlich – und dazu noch in recht einfacher Weise – messen kann (s. Abschn. 9.3 und A.6).

A.2 Einführung und Eigenschaften der kohärenten Zustände

Wir suchen quantenmechanische Zustände eines Ein-Moden-Feldes, die den klassischen Zuständen definierter Phase und Amplitude am nächsten kommen. Wir fordern zu diesem Zweck, daß die elektrische Feldstärke so wenig wie möglich schwankt, verlangen aber zusätzlich, daß die mittlere Energie des Feldes, ausgedrückt durch die Photonenzahl, einen vorgegebenen Wert besitzt. (Ohne diese Nebenbedingung würden wir zu Eigenfunktionen des Feldstärkeoperators gelangen, denen man jedoch keine endliche Energie zuschreiben kann.)

Schwächen wir zunächst die Forderung an die elektrische Feldstärke dahingehend ab, daß wir zufrieden sind, wenn die Schwankungen der elektrischen Feldstärke *im zeitlichen Mittel* (über eine Lichtperiode) möglichst klein werden, so haben wir die folgende Extremalaufgabe zu lösen:

$$\overline{\Delta E^2(r,t)}^t \equiv \overline{\langle \hat{E}^2(r,t)\rangle}^t - \overline{\langle \hat{E}(r,t)\rangle^2}^t = \text{Min} \qquad (A2.1)$$

mit der Nebenbedingung

$$\langle \hat{N} \rangle \equiv \langle \hat{a}^\dagger \hat{a} \rangle = \overline{N} \,(\text{fest}). \qquad (A2.2)$$

Unter Verwendung der Beziehungen (A1.2) können wir die Bedingung (A2.1) umschreiben in

$$\overline{\Delta E^2(r,t)}^t = 2|\mathcal{E}(r)|^2 \left(\langle \hat{a}^\dagger \hat{a} \rangle - \langle \hat{a}^\dagger \rangle \langle \hat{a} \rangle + \frac{1}{2} \right) = \text{Min} , \qquad \text{(A2.3)}$$

wobei wir noch von der Vertauschungsrelation (A1.3) Gebrauch gemacht haben. Aus Gl. (A2.3), zusammen mit Gl. (A2.2), erkennt man, daß die Minimierung der mittleren Feldstärkeschwankung darauf hinausläuft, das Produkt $\langle \hat{a}^\dagger \rangle \langle \hat{a} \rangle = \langle \hat{a} \rangle^* \langle \hat{a} \rangle$, also das Absolutquadrat von $\langle \hat{a} \rangle$ bei festgehaltener mittlerer Photonenzahl $\langle \hat{a}^\dagger \hat{a} \rangle$ möglichst groß werden zu lassen.

Wir machen für den gesuchten Zustand den allgemeinen Ansatz

$$|\psi\rangle = \sum_{n=0}^{\infty} c_n |n\rangle \qquad \text{(A2.4)}$$

und drücken den Erwartungswert von $\hat{a}$ durch die zu bestimmenden Entwicklungskoeffizienten c_n aus. Wie man mit Hilfe von Gl. (A1.5) leicht findet, lautet das Ergebnis

$$\langle \psi | \hat{a} | \psi \rangle = \sum_n c_n^* c_{n+1} \sqrt{n+1} . \qquad \text{(A2.5)}$$

Die rechte Seite kann offenbar als das Skalarprodukt zweier (komplexer) Vektoren mit den Komponenten $a_n = c_n$ und $b_n = c_{n+1}\sqrt{n+1}$ aufgefaßt werden. Ein solches Skalarprodukt ist bekanntlich der SCHWARZschen Ungleichung

$$\left| \sum_n a_n^* b_n \right|^2 \leq \sum_n |a_n|^2 \cdot \sum_n |b_n|^2 \qquad \text{(A2.6)}$$

unterworfen, die einfach besagt, daß das Skalarprodukt betragsmäßig nicht größer werden kann als das Produkt der Längen der beiden Vektoren, was geometrisch sofort einleuchtet. Angewandt auf unseren Fall bedeutet dies das Bestehen der Ungleichung

$$|\langle \psi | \hat{a} | \psi \rangle|^2 \leq \sum_n |c_n|^2 \cdot \sum_n |c_{n+1}|^2 (n+1) = \overline{N} . \qquad \text{(A2.7)}$$

Auf der rechten Seite steht hier erfreulicherweise die mittlere Photonenzahl, die wir als vorgegeben betrachten. Die Frage, wann die linke Seite der Ungleichung ihren Maximalwert annimmt, läßt sich dann sofort beantworten: Es ist dies dann und nur dann der Fall, wenn die beiden Vektoren parallel zueinander sind, d. h., wenn die Gleichng $b_n = \alpha a_n$, in unserem Fall also die Relation

$$c_{n+1}\sqrt{n+1} = \alpha c_n\,, \tag{A2.8}$$

besteht, wobei α eine beliebige komplexe Zahl bedeutet. Gleichung (A2.8) ist eine einfache Rekursionsformel, die uns sofort die explizite Darstellung für die Koeffizienten c_n liefert, nämlich

$$c_n = \frac{c_0}{\sqrt{n!}}\alpha^n\,. \tag{A2.9}$$

Wenn man noch die Normierungsbedingung $\sum_n |c_n|^2 = 1$ befriedigt, ergibt sich so die gesuchte Wellenfunktion zu

$$|\alpha\rangle = e^{-|\alpha|^2/2} \sum_{n=0}^{\infty} \frac{\alpha^n}{\sqrt{n!}} |n\rangle\,. \tag{A2.10}$$

Durch diese Relation sind die kohärenten Zustände vollständig definiert. Sie werden häufig nach R. GLAUBER benannt, der als erster ihre Eignung für die quantenmechanische Beschreibung von Strahlungsfeldzuständen erkannte.

Aus der Definition (A2.10) lassen sich zwanglos einige interessante formale Eigenschaften der GLAUBER-Zustände herleiten. Wendet man auf $|\alpha\rangle$ den Photonenvernichtungsoperator $\hat{a}$ an, so findet man die einfache Beziehung

$$\hat{a}|\alpha\rangle = \alpha|\alpha\rangle\,, \tag{A2.11}$$

also eine Art Eigenwertgleichung. Dabei ist jedoch zu beachten, daß $\hat{a}$ kein HERMITEscher Operator ist. Für den HERMITEsch adjungierten Operator $\hat{a}^\dagger$ gilt denn auch eine andere Relation, nämlich

$$\langle\alpha|\hat{a}^\dagger = \alpha^*\langle\alpha|\,. \tag{A2.12}$$

Korrekt muß man daher sagen, die GLAUBER-Zustände sind Rechts-Eigenzustände von $\hat{a}$ und Links-Eigenzustände von $\hat{a}^\dagger$. Sie sind jedoch keine Eigenzustände irgendeines HERMITEschen Operators (s. u.), das bedeutet, man kann ihnen keine scharfen Werte irgendeiner Observablen zuschreiben, und sie können daher auch nicht durch einen Meßprozeß, und sei es auch nur in einem Gedankenexperiment, erzeugt werden.

Die Relationen (A2.11) und (A2.12) erlauben nun eine sehr elegante Berechnung quantenmechanischer Erwartungswerte. Dies gilt vor allem dann, wenn die betreffenden Operatoren normal geordnet sind, wie es stets der Fall ist, wenn man mit Photodetektoren auszuführende Messungen beschreibt (s.

Abschn. 5.2 und A.1). So folgen aus Gln. (A2.11) und (A2.12) zunächst die einfachen Beziehungen

$$\langle\alpha|\hat{N}|\alpha\rangle = \langle\alpha|\hat{a}^\dagger\hat{a}|\alpha\rangle = |\alpha|^2\,, \qquad (A2.13)$$

$$\langle\alpha|\hat{a}|\alpha\rangle = \alpha\,,\quad \langle\alpha|\hat{a}^\dagger|\alpha\rangle = \alpha^*\,, \qquad (A2.14)$$

$$\langle\alpha|\hat{a}^2|\alpha\rangle = \alpha^2\,,\quad \langle\alpha|\hat{a}^{\dagger 2}|\alpha\rangle = \alpha^{*2}\,. \qquad (A2.15)$$

Erinnern wir uns daran, daß der Operator $\hat{a}$ der klassischen komplexen Amplitude A korrespondiert, so sehen wir, daß der komplexe Parameter α die Bedeutung einer solchen Amplitude besitzt, wobei gemäß Gl. (A2.13) die Normierung gerade so geschickt gewählt wurde, daß $|\alpha|^2$ die mittlere Photonenzahl angibt. Unter Verwendung der Gln. (A1.2) und (A2.13–15) können wir im besonderen schreiben

$$\langle\alpha|\hat{E}(\boldsymbol{r},t)|\alpha\rangle = \mathcal{E}(\boldsymbol{r})e^{-i\omega t}\alpha + \mathcal{E}^*(\boldsymbol{r})e^{i\omega t}\alpha^*\,, \qquad (A2.16)$$

$$\langle\alpha|\hat{E}^2(\boldsymbol{r},t)|\alpha\rangle = \mathcal{E}^2(\boldsymbol{r})e^{-2i\omega t}\alpha^2 + \mathcal{E}^{*2}(\boldsymbol{r})e^{2i\omega t}\alpha^{*2} + 2|\mathcal{E}(\boldsymbol{r})|^2\left(|\alpha|^2 + \frac{1}{2}\right)\,,$$
$$(A2.17)$$

wobei wir in letzterem Falle noch von der Vertauschungsrelation (A1.3) Gebrauch gemacht haben. Bis auf den Zusatzterm $|\mathcal{E}(\boldsymbol{r})|^2$ in Gl. (A2.17), der den Beitrag der klassisch nicht verständlichen Vakuumschwankungen des Feldes wiedergibt, sind die rechten Seiten der Gln. (A2.16) und (A2.17) genau die klassischen Ausdrücke. Daraus folgt im besonderen, daß die Phase der komplexen Zahl α der Phase des Feldes korrespondiert. Es handelt sich jedoch dabei aus quantenmechanischer Sicht nicht um einen scharfen Wert, also einen Eigenwert (eines HERMITEschen Phasenoperators), sondern eher um das Zentrum einer Phasenverteilung endlicher Breite.

Berechnen wir aus Gln. (A2.17) und (A2.16) die quadratische Streuung der elektrischen Feldstärke, so finden wir das gleiche Ergebnis wie bei zeitlicher Mittelung, nämlich

$$\Delta E^2(\boldsymbol{r},t) \equiv \langle\alpha|\hat{E}^2(\boldsymbol{r},t)|\alpha\rangle - \langle\alpha|\hat{E}(\boldsymbol{r},t)|\alpha\rangle^2 = |\mathcal{E}(\boldsymbol{r})|^2 \qquad (A2.18)$$

[vgl. Gl. (A2.3)].

Wie bei der obigen Diskussion des Extremalproblems deutlich wurde, stellt die rechte Seite von Gl. (A2.18) tatsächlich das absolute Minimum dar, das die Varianz der elektrischen Feldstärke annehmen kann, wenn man verlangt, daß die Energie des Feldes endlich bleibt. Wie bereits erwähnt, repräsentiert $|\mathcal{E}(\boldsymbol{r})|^2$ den Beitrag der Vakuumfluktuationen. In der Tat überzeugt man sich leicht davon, daß Gl. (A2.18) auch für den Vakuumzustand $|0\rangle$ gilt (was kein Wunder ist, weil dieser Zustand als Grenzfall eines GLAUBER-Zustandes $|\alpha\rangle$ für $\alpha \to 0$ aufgefaßt werden kann). Wir gelangen somit zu der Einsicht, daß die GLAUBER-Zustände klassischen Zuständen scharfer Phase und Amplitude so nahe kommen, wie es nur geht. Die Vakuumfluktuationen markieren dabei eine nicht zu unterschreitende Schranke. Sie sind also letzten Endes dafür verantwortlich zu machen, daß die Phase und die Amplitude bzw. Energie des Lichts fluktuieren. Tatsächlich liest man an Gl. (A2.10) ab, daß die Wahrscheinlichkeit, bei einer entsprechenden (idealen) Messung gerade n Photonen vorzufinden, durch eine POISSON-Verteilung

$$w_n \equiv |c_n|^2 = \frac{e^{-|\alpha|^2}|\alpha|^{2n}}{n!} = \frac{e^{-\overline{N}}\overline{N}^n}{n!} \tag{A2.19}$$

gegeben ist mit $\overline{N} = |\alpha|^2$ als mittlerer Photonenzahl. Daraus folgt für die Varianz der Photonenzahl

$$\Delta N^2 \equiv \langle \hat{N}^2 \rangle - \langle \hat{N} \rangle^2 = \overline{N}\,. \tag{A2.20}$$

Im Limes $\overline{N} \to \infty$ geht dann also die *relative* quadratische Streuung der Photonenzahl wie $1/\overline{N}$ gegen Null, man kommt daher einem klassischen Zustand scharfer Energie beliebig nahe, wie man es vom Korrespondenzprinzip her erwartet.

Die kohärenten Zustände besitzen jedoch einen „Schönheitsfehler", sie sind nämlich nicht orthogonal, vielmehr gilt für ihr Skalarprodukt

$$\langle \alpha | \beta \rangle = e^{\alpha^*\beta - (|\alpha|^2 + |\beta|^2)/2}\,, \tag{A2.21}$$

woraus für dessen Absolutquadrat folgt

$$|\langle \alpha | \beta \rangle|^2 = e^{-|\alpha - \beta|^2}\,. \tag{A2.22}$$

Daher können sie auch grundsätzlich nicht Eigenfunktionen irgendeines HERMITEschen Operators sein. Sie bilden jedoch ein vollständiges (genau genommen sogar übervollständiges) System, sie erlauben nämlich eine Zerlegung des Eins-Operators in der Form

$$1 = \frac{1}{\pi} \int d^2\alpha\, |\alpha\rangle\langle\alpha|\,, \tag{A2.23}$$

wobei die Integration über die komplexe α-Ebene zu erstrecken ist.

Des weiteren ist eine große Klasse von quantenmechanischen Zuständen dadurch ausgezeichnet, daß sich der betreffende Dichteoperator in der speziellen Form

$$\hat{\varrho} = \int d^2\alpha\, P(\alpha)|\alpha\rangle\langle\alpha| \tag{A2.24}$$

darstellen läßt, wobei $P(\alpha)$ eine reelle Funktion bezeichnet, die nicht notwendig positiv definit sein muß. Wenn Gl. (A2.24) mit einer nicht-pathologischen Funktion $P(\alpha)$ erfüllt ist, sagt man, es existiert für den Operator $\hat{\varrho}$ eine GLAUBERsche P-Darstellung.

Gleichung (A2.24) erlaubt es, die Korrespondenz zwischen klassischer und quantenmechanischer Beschreibung in voller Allgemeinheit herauszuarbeiten. Berechnet man nämlich für einen Dichteoperator der Gestalt (A2.24) den Erwartungswert für ein normalgeordnetes Produkt von Photonenerzeugungs- und -vernichtungsoperatoren, so kann man auf Grund der Gln. (A2.11) und (A2.12) die Ersetzungen $\hat{a} \to \alpha$, $\hat{a}^\dagger \to \alpha^*$ vornehmen, d. h., es gilt die einfache Beziehung

$$
\begin{aligned}
\langle \hat{a}^{\dagger k}\hat{a}^l \rangle &\equiv \mathrm{Sp}\left(\hat{a}^{\dagger k}\hat{a}^l\hat{\varrho}\right) \\
&= \int d^2\alpha\, P(\alpha)\langle\alpha|\hat{a}^{\dagger k}\hat{a}^l|\alpha\rangle \\
&= \int d^2\alpha\, P(\alpha)\alpha^{*k}\alpha^l \quad (k,l = 0,1,2,\ldots).
\end{aligned}
\tag{A.2.25}
$$

Der letzte Ausdruck in dieser Gleichung ist aber nichts anderes als der klassische Ensemble-Mittelwert, wenn man $P(\alpha)$ als klassische Verteilungsfunktion interpretiert. Das setzt aber voraus, daß $P(\alpha)$ *positiv definit* ist, da eine negative Wahrscheinlichkeit keinen Sinn ergibt.

Wir gelangen somit zu der folgenden allgemeinen Feststellung: Die quantenmechanische und die klassische Beschreibung führen zu *identischen* Aussagen, wenn man erstens nur *normal geordnete* Operatoren betrachtet und zweitens der Dichteoperator eine *positiv definite* P-Darstellung besitzt. Von Zuständen, für die dies nicht gilt – ein einfaches Beispiel sind die FOCK-Zustände –, ist daher zu erwarten, daß sie nichtklassische Eigenschaften aufweisen.

A.3 Die Weisskopf-Wigner-Lösung für die spontane Emission

Bei der spontanen Emission eines angeregten Atoms wird Licht nach allen Seiten und mit unterschiedlichen Frequenzen ausgestrahlt. Für die quantenmechanische Beschreibung bedeutet dies, daß das Atom an praktisch *alle*

Moden des Strahlungsfeldes gekoppelt ist. Wir wählen die letzteren als linear polarisierte laufende ebene Wellen, gekennzeichnet durch einen Index μ, der für die Polarisationsrichtung und den Wellenzahlvektor steht. Weiterhin idealisieren wir das Atom als ein 2-Niveau-System mit dem oberen Niveau b und dem unteren Niveau a. Wir denken uns das Atom im Koordinatenursprung „aufgespießt". Das soll heißen, wir setzen seine Masse als hinreichend groß voraus, so daß eine gute räumliche Lokalisierung nur mit einer vernachlässigbar kleinen Schwankung der Geschwindigkeit um den Wert Null verknüpft ist – auf Grund der HEISENBERGschen Unschärferelation ist ja bei geringer Ortsunschärfe eine beträchtliche Impulsunschärfe unvermeidlich – und auch der Rückstoß, den das Atom als Folge der Emission erleidet, keine Rolle spielt. Die Wellenfunktion des aus Atom und Strahlungsfeld bestehenden Gesamtsystems kann dann in der folgenden Form geschrieben werden

$$|\psi(t)\rangle = f(t)|b\rangle|0,0,\ldots\rangle + \sum_\mu g_\mu(t)|a\rangle|0,0,\ldots 0,1_\mu,0,\ldots\rangle, \qquad (A3.1)$$

wobei $|0,0,\ldots\rangle$ den Vakuumzustand des Feldes und $|0,0,\ldots 0,1_\mu,0,\ldots\rangle$ einen Zustand bezeichnet, bei dem nur die Mode μ angeregt ist, und zwar mit genau einem Photon.

Die Begründung für den Ansatz (A3.1) ist die folgende: Wir gehen von der idealisierten Anfangssituation aus, daß das Atom mit Sicherheit angeregt und das Feld noch völlig „leer" ist. Dies ist ein reiner Zustand, gekennzeichnet durch die Anfangswerte

$$f(0) = 1, \quad g_\mu(0) = 0, \qquad (A3.2)$$

und es ist bekannt, daß dann das (Gesamt-)System für alle Zeiten in einem reinen Zustand bleibt, womit der Ansatz einer Wellenfunktion gerechtfertigt ist. In Gl. (A3.1) wurde weiterhin noch der Energiesatz berücksichtigt in der Weise, daß beim Übergang des Atoms von b nach a ein Photon emittiert wird, während bei dem umgekehrten Übergang ein Photon absorbiert wird. So plausibel das klingt, ist es doch eine Näherung, die sogenannte Drehwellennäherung (engl. rotating wave approximation). Der (in Dipolnäherung) exakte Wechselwirkungsoperator enthält nämlich noch andere Terme, die dem Energiesatz widersprechen (ein Übergang des Atoms von b nach a wird dann von der Absorption eines Photons begleitet usf.). Diese Zusatzterme spielen zwar bei der spontanen Emission keine große Rolle, haben jedoch trotzdem eine ernstzunehmende physikalische Bedeutung.

Schreibt man nun (in Dipol- und Drehwellennäherung) die für die zeitliche Entwicklung des (Gesamt-)Systems zuständige SCHRÖDINGER-Gleichung auf, so ergibt sich für die gesuchten Funktionen $f(t)$ und $g_\mu(t)$ ein lineares gekoppeltes Gleichungssystem. Dieses kann man – unter Zugrundelegung der Anfangsbedingung (A3.2) – mit Hilfe der Methode der LAPLACE-Transformation zunächst einmal exakt lösen, die Rücktransformation der Lösung bereitet jedoch Schwierigkeiten. Man kann in Strenge keinen geschlossenen Ausdruck für die Lösung finden, jedoch stellen die folgenden Formeln, als WEISSKOPF-WIGNER-Lösung [WEI 30] bekannt, eine sehr gute Näherung dar

$$f(t) = e^{-\Gamma t/2}\,, \tag{A3.3}$$

$$g_\mu(t) = \frac{\langle a,0,0,\ldots,1_\mu,0,\ldots|\hat{H}^W|b,0,\ldots\rangle}{\hbar}\,\frac{e^{-\mathrm{i}(\omega_\mu-\omega_{ba})t}-e^{-\Gamma t/2}}{\omega_\mu-\omega_{ba}+\mathrm{i}\Gamma/2}\,. \tag{A3.4}$$

Hier bedeuten $\omega_{ba}=\omega_b-\omega_a$ den atomaren Niveauabstand (in Einheiten von $\hbar$), also die Resonanzfrequenz des Atoms, und $\hat{H}^W$ den Wechselwirkungsoperator, der in der betrachteten Näherung lautet

$$\hat{H}^W = -\left[\hat{D}^{(+)}\hat{E}_{\mathrm{tot}}^{(-)}(0)+\hat{D}^{(-)}\hat{E}_{\mathrm{tot}}^{(+)}(0)\right]\,. \tag{A3.5}$$

Dabei bezeichnen $\hat{D}$ den atomaren Dipoloperator und $\hat{E}_{\mathrm{tot}}$ den Operator der elektrischen Gesamtfeldstärke, und das Plus- bzw. Minuszeichen weist wie bisher auf den positiven bzw. negativen Frequenzanteil hin. Die elektrische Feldstärke ist am Koordinatenursprung $r=0$ zu nehmen, wo wir uns das Atom lokalisiert denken. (Da wir uns im SCHRÖDINGER-Bild befinden, sind alle Operatoren zeitunabhängig.)

Gemäß Gln. (A1.2) gilt dann

$$\hat{E}^{(+)}(0) = \sum_\mu e_\mu \hat{a}_\mu\,,\qquad \hat{E}^{(-)}(0) = \sum_\mu e_\mu^* \hat{a}_\mu^\dagger\,, \tag{A3.6}$$

wobei wir zur Vereinfachung statt $E_\mu(0)$, spezialisiert auf eine ebene Welle, e_μ geschrieben haben. Kürzen wir noch das Matrixelement $\langle a|D^{(+)}|b\rangle$ mit D_{ab} ab, so lautet unter Berücksichtigung von Gln. (A1.5) das benötigte Matrixelement des Wechselwirkungsoperators einfach

$$\langle a,0,0,\ldots,1_\mu,0,\ldots|\hat{H}^W|b,0,0,\ldots\rangle = -D_{ab}e_\mu^*\,. \tag{A3.7}$$

Schließlich zeigt die Rechnung, daß die (positive) Konstante Γ in Gln. (A3.3) und (A3.4) durch die Kopplungsgrößen (A3.7) wie folgt bestimmt wird

$$\begin{aligned}
\Gamma &= 2\mathrm{i}\hbar^{-2}\sum_\mu \frac{|D_{ab}e_\mu^*|^2}{\omega_{ba}-\omega_\mu+\mathrm{i}\eta}\quad(\eta\to+0)\\
&= 2\pi\hbar^{-2}\sum_p\int d\Omega\,|D_{ab}e_\mu^*|^2\varrho(\omega)\Big|_{\omega=\omega_{ba}}\,.
\end{aligned} \tag{A3.8}$$

Dabei bedeutet $\varrho(\omega)$ die Zustandsdichte des Strahlungsfeldes, p die Polarisationsrichtung der emittierten ebenen Welle, und der Raumwinkel Ω kennzeichnet deren Ausbreitungsrichtung.

Die WEISSKOPF-WIGNER-Lösung hat den großen Vorzug, daß sie keine der üblichen störungstheoretischen Näherungen ist und daher auch für große Zeiten gültig bleibt. Im übrigen erfüllt sie alle Erwartungen (s. Abschn. 6.5): Sie liefert Gl. (A3.3) zufolge ein exponentielles Abklingen der Besetzung des oberen atomaren Niveaus sowie gemäß Gl. (A3.4) eine LORENTZ-Linie für die ausgesandte Strahlung, des weiteren den von der klassischen Optik her bekannten Zusammenhang zwischen Ausstrahlungsdauer und Linienbreite. Für die Abklingkonstante Γ schließlich ergibt sich der von der Störungstheorie her bekannte Zusammenhang (A3.8) mit dem Übergangsdipolmoment D_{ab} des Atoms, der zeigt, daß der „Zerfall" um so schneller erfolgt, je größer das atomare Dipolmoment, d. h. je stärker die Kopplung ist.

A.4 Theorie der Strahlteilung und optischen Mischung

Lassen wir zwei Lichtwellen 1 und 2 in der in Fig. 20 (s. Abschn. 7.6) skizzierten Weise auf einen verlustfreien Strahlteiler – einen teildurchlässigen Spiegel – fallen, so verlangt der Energiesatz, daß sich die eingestrahlte Energie in den beiden Ausgangsstrahlen 3 und 4 wiederfindet. Haben die beiden einfallenden, der Einfachheit halber als eben vorausgesetzten Wellen die gleiche Frequenz, so muß also in klassischer Betrachtung für die Intensitäten $A_i^* A_i$ – mit A_i als der jeweiligen komplexen Amplitude – gelten

$$A_1^* A_1 + A_2^* A_2 = A_3^* A_3 + A_4^* A_4 \,. \tag{A4.1}$$

Dieser Erhaltungssatz ist allgemein dann erfüllt, wenn die Amplituden der einfallenden Wellen mit denen der austretenden durch eine unitäre Transformation verknüpft sind. Wählen wir diese in der Form

$$\begin{pmatrix} A_3 \\ A_4 \end{pmatrix} = \begin{pmatrix} \sqrt{t} & \sqrt{r} \\ -\sqrt{r} & \sqrt{t} \end{pmatrix} \begin{pmatrix} A_1 \\ A_2 \end{pmatrix}, \tag{A4.2}$$

so erfassen wir damit den Normaltyp eines Spiegels mit dem Reflexionsvermögen r und dem Transmissionsvermögen $t\,(= 1 - r)$, bei dem der durchgehende Strahl keine Phasenänderung, der (an der *einen* Seite des Spiegels) reflektierte jedoch einen Phasensprung um π erleidet.

Zur quantenmechanischen Beschreibung der Strahlteilung gelangen wir einfach dadurch, daß wir in Gl. (A4.2) die klassischen (komplexen) Amplituden durch die jeweiligen Photonenvernichtungsoperatoren ersetzen

$$\begin{pmatrix} \hat{a}_3 \\ \hat{a}_4 \end{pmatrix} = \begin{pmatrix} \sqrt{t} & \sqrt{r} \\ -\sqrt{r} & \sqrt{t} \end{pmatrix} \begin{pmatrix} \hat{a}_1 \\ \hat{a}_2 \end{pmatrix}. \tag{A4.3}$$

Neben der Energieerhaltung hat hier die unitäre Matrix eine weitere wichtige Funktion: Sie garantiert das Bestehen der Vertauschungsrelationen

$$[\hat{a}_3, \hat{a}_4] = [\hat{a}_3^\dagger, \hat{a}_4^\dagger] = [\hat{a}_3, \hat{a}_4^+] = [\hat{a}_4, \hat{a}_3^+] = 0, \tag{A4.4}$$

$$[\hat{a}_3, \hat{a}_3^\dagger] = [\hat{a}_4, \hat{a}_4^\dagger] = 1 \tag{A4.5}$$

[s. Gl. (A1.3)] für die austretenden Wellen, wenn die entsprechenden Beziehungen von den einlaufenden Wellen befriedigt werden, sie sichert also die quantenmechanische Konsistenz der Beschreibung.

Mit Hilfe von Gl. (A4.3) können wir nun den Prozeß der Strahlteilung in sehr einfacher Weise behandeln. Wir stellen zunächst fest, daß diese Relation wegen der Realität der Transformationsmatrix auch für die Photonenerzeugungsoperatoren gilt. Durch Umkehrung finden wir dann die Beziehung

$$\begin{pmatrix} \hat{a}_1^\dagger \\ \hat{a}_2^\dagger \end{pmatrix} = \begin{pmatrix} \sqrt{t} & -\sqrt{r} \\ \sqrt{r} & \sqrt{t} \end{pmatrix} \begin{pmatrix} \hat{a}_3^\dagger \\ \hat{a}_4^\dagger \end{pmatrix}. \tag{A4.6}$$

Setzen wir voraus, daß sich in der Mode 1 genau n Photonen befinden, die Mode 2 jedoch „leer" ist, so können wir für den Anfangszustand unter Verwendung von Gln. (A1.6) und (A4.6) sowie des Binomischen Satzes schreiben

$$\begin{aligned}
|n\rangle_1 |0\rangle_2 |0\rangle_3 |0\rangle_4 &= \frac{\hat{a}_1^{\dagger n}}{\sqrt{n!}} |0\rangle_1 |0\rangle_2 |0\rangle_3 |0\rangle_4 \\
&= \frac{1}{\sqrt{n!}} \sum_{k=0}^{n} \binom{n}{k} \sqrt{t}^k (-\sqrt{r})^{n-k} \hat{a}_3^{\dagger k} \hat{a}_4^{\dagger n-k} |0\rangle_1 |0\rangle_2 |0\rangle_3 |0\rangle_4 \\
&= \sum_{k=0}^{n} \sqrt{\binom{n}{k}} \sqrt{t}^k (-\sqrt{r})^{n-k} |k\rangle_3 |n-k\rangle_4 |0\rangle_1 |0\rangle_2.
\end{aligned}$$

$$\tag{A4.7}$$

Der letzte Ausdruck gibt uns die Wellenfunktion für das austretende Licht. Offenbar handelt es sich dabei um einen verschränkten Zustand. Betrachten wir den einfachsten Fall, nämlich den Einfall eines einzelnen Photons ($n = 1$) und setzen noch voraus, daß der Spiegel halbdurchlässig ist, so lehrt Gl. (A4.7), daß sich das austretende Licht in dem Superpositionszustand

$$|\psi^{(1)}\rangle = 2^{-\frac{1}{2}} (|1\rangle_3 |0\rangle_4 - |0\rangle_3 |1\rangle_4) \tag{A4.8}$$

befindet, der das – nach Wiedervereinigung der beiden Teilstrahlen in einem Interferometer zu beobachtende – Interferenzphänomen als Folge einer *prinzipiellen* Unkenntnis des Weges, den das Photon genommen hat, erscheinen läßt (s. Abschn. 7.2).

Nehmen wir Messungen nur an einem der beiden Teilstrahlen vor, sagen wir an dem durchgehenden 3, so gewinnen wir die zugehörige Dichtematrix aus Gl. (A4.7) durch Spurbildung über das nicht beobachtete Teilsystem in der Form

$$\hat{\varrho}_3 = \sum_{k=0}^{n} w_k^{(n)} |k\rangle_3 \, _3\langle k| \tag{A4.9}$$

mit

$$w_k^{(n)} = \binom{n}{k} t^k r^{n-k} . \tag{A4.10}$$

Offenbar repräsentiert Gl. (A4.9) ein Gemisch, während sich das Gesamtsystem in einem reinen Zustand befindet.

Wegen der Linearität des Strahlteilungsprozesses ist es mit dem Resultat (A4.7) ein leichtes auszurechnen, was der Strahlteiler aus einem beliebigen Ausgangszustand macht. Er bewirkt die Transformation

$$\sum_{n=0}^{\infty} c_n |n\rangle_1 |0\rangle_2 \to \sum_{n=0}^{\infty} c_n |\phi_n\rangle \tag{A4.11}$$

wobei wir mit $|\phi_n\rangle$ den durch die letzte Zeile von Gl. (A4.7) beschriebenen Zustand (ohne die Faktoren $|0\rangle_1 |0\rangle_2$) abgekürzt haben.

Für den physikalisch wichtigen Fall, daß sich der einfallende Lichtstrahl in einem GLAUBER-Zustand $|\alpha\rangle$ befindet, vereinfacht sich die Transformation (A4.11) zu

$$|\alpha\rangle_1 |0\rangle_2 \to |\sqrt{t}\alpha\rangle_3 | - \sqrt{r}\alpha\rangle_4 . \tag{A4.12}$$

Die austretenden Teilstrahlen befinden sich also – in genauer Korrespondenz zur klassischen Beschreibung – ebenfalls in GLAUBER-Zuständen (mit entsprechend verminderten Amplituden). Bemerkenswert ist dabei, daß der Zustand des austretenden Lichtfeldes nicht verschränkt ist. Das Ergebnis (A4.12) ist von großer praktischer Bedeutung, lehrt es uns doch, daß wir durch Schwächung – und dafür kann an Stelle des teildurchlässigen Spiegels auch ein konventioneller Absorber verwendet werden – aus intensivem GLAUBER-Licht, sprich Laserstrahlung, im Prinzip beliebig schwaches GLAUBER-Licht herstellen können.

Wir weisen noch darauf hin, daß man mit Hilfe des quantenmechanischen Formalismus leicht eine sehr nützliche Relation für die Änderung der faktoriellen Momente der Photonenzahl, d. h. der Mittelwerte

$$M^{(j)} \equiv \overline{n(n-1)\ldots(n-j+1)} \quad (j = 1, 2, \ldots), \qquad (A4.13)$$

bei Transmission bzw. Reflexion herleiten kann. In der Tat sind diese Größen quantenmechanisch einfach die Erwartungswerte der (normal geordneten!) Operatorprodukte $\hat{a}^{\dagger j}\hat{a}^j$. Rechnet man sie z. B. für die transmittierte Welle unter Verwendung von Gl. (A4.3) und der dazu HERMITEsch adjungierten Gleichung unter der Voraussetzung aus, daß nur die Mode 1, nicht jedoch die Mode 2 angeregt ist, so verschwinden alle Terme, zu denen die Mode 2 beiträgt. Übrig bleibt daher nur die einfache Relation

$$M_3^{(j)} \equiv \langle \hat{a}_3^{\dagger j}\hat{a}_3^j \rangle = t^j \langle \hat{a}_1^{\dagger j}\hat{a}_1^j \rangle \equiv t^j M_1^{(j)}, \qquad (A4.14)$$

und eine entsprechende Gleichung gilt für die reflektierte Welle (wobei an die Stelle des Transmissionsvermögens t natürlich das Reflexionsvermögen r tritt).

Wie wir gesehen haben, muß bei der Strahlteilertransformation (A4.3) aus Konsistenzgründen die Mode 2 auch dann mitgenommen werden, wenn sie „leer" ist. Dieser Sachverhalt ist gemeint, wenn man sagt, das Vakuumfeld sei über den unbenutzten Eingang des Srahlteilers angekoppelt. Energetisch gesehen passiert dabei natürlich nichts, das Vakuumfeld gibt jedoch formal Anlaß zu einem zusätzlichen Rauschen des Strahlungsfeldes, es dringen gewissermaßen Vakuumfluktuation in die Apparatur ein. Dieses suggestive Bild ist vor allem dann nützlich, wenn man nicht Photonen zählt, sondern das austretende Feld mit Hilfe der Homodyn-Technik nachweist (s. Abschn. 10.2).

Ein Strahlteiler kann jedoch auch als ein *optischer Mischer* fungieren, dann nämlich, wenn man in den sonst unbenutzten Eingang ebenfalls ein Feld einstrahlt. Den formalen Apparat zur Beschreibung des Mischungsprozesses haben wir mit Gl. (A4.3) schon bereitgestellt. Von besonderem Interesse ist der experimentell einfach zu realisierende Fall, daß man in jeden der beiden Eingänge genau ein Photon eintreten läßt (s. Abschn. 7.6). Mit Hilfe von Gln. (A4.6) finden wir dann die Beziehung

$$
\begin{aligned}
|1\rangle_1 |1\rangle_2 |0\rangle_3 |0\rangle_4 &= \hat{a}_1^\dagger \hat{a}_2^\dagger |0\rangle_1 |0\rangle_2 |0\rangle_3 |0\rangle_4 \\
&= \left\{ \sqrt{rt}\left(\hat{a}_3^{\dagger 2} - \hat{a}_4^{\dagger 2}\right) + (t-r)\hat{a}_3^\dagger \hat{a}_4^\dagger \right\} |0\rangle_1 |0\rangle_2 |0\rangle_3 |0\rangle_4 .
\end{aligned}
$$
$$(A4.15)$$

Spezialisieren wir uns wieder auf einen halbdurchlässigen Spiegel ($t = r = 1/2$), so gelangen wir zu dem überraschenden Resultat

$$|1\rangle_1 \, |1\rangle_2 \, |0\rangle_3 \, |0\rangle_4 = 2^{-\frac{1}{2}} \, [|2\rangle_3 \, |0\rangle_4 - |0\rangle_3 \, |2\rangle_4] \, |0\rangle_1 \, |0\rangle_2 \,, \qquad \text{(A4.16)}$$

das offenbar besagt, daß die beiden Photonen nach ihrer Mischung „unzertrennlich" sind: Beim „Nachsehen" finden wir sie stets beide in dem einen oder dem anderen Ausgang, jedoch niemals in jedem Ausgang eines. Das bedeutet, die beiden Detektoren zeigen mit Sicherheit keine Koinzidenzen an.

A.5 A.5 Quantentheorie der Interferenz

Das Grundprinzip der Interferenz besteht darin, daß zwei (oder auch mehr) Strahlungsfelder superponiert werden. Ein an einem Orte r befindlicher Detektor reagiert natürlich auf die elektrische Gesamtfeldstärke $E_{\text{tot}}(r,t) = E^{(1)}(r,t) + E^{(2)}(r,t)$, die auf seiner empfindlichen Oberfläche herrscht. In quantenmechanischer Beschreibung lautet daher seine Ansprechwahrscheinlichkeit (pro Sekunde), wenn wir quasimonochromatisches Licht voraussetzen,

$$W = \beta \langle \hat{E}_{\text{tot}}^{(-)}(r) \hat{E}_{\text{tot}}^{(+)}(r) \rangle \qquad \text{(A5.1)}$$

[s. Gl. (5.4)], wobei die Konstante β proportional zur Detektorempfindlichkeit ist.

Kennzeichnen wir aus einem später ersichtlichen Grund die zur Interferenz gebrachten Teilwellen durch die Indizes 3 und 4, so nimmt Gl. (A5.1) die folgende Gestalt an

$$\begin{aligned} W = \beta \Big\{ &|\mathcal{E}_3(r)|^2 \langle \hat{a}_3^\dagger \hat{a}_3 \rangle + |\mathcal{E}_4(r)|^2 \langle \hat{a}_4^\dagger \hat{a}_4 \rangle + \mathcal{E}_3^*(r)\mathcal{E}_4(r) \langle \hat{a}_3^\dagger \hat{a}_4 \rangle \\ &+ \mathcal{E}_3(r)\mathcal{E}_4^*(r) \langle \hat{a}_3 \hat{a}_4^\dagger \rangle \Big\} \,, \end{aligned} \qquad \text{(A5.2)}$$

wobei wir von Gln. (A1.2) Gebrauch gemacht und die beiden Teilwellen als (in gleicher Weise) linear polarisiert vorausgesetzt haben. Nehmen wir der Einfachheit halber an, daß letztere laufende ebene Wellen sind (die dank der Anwesenheit von Umlenkspiegeln bis zu ihrer Vereinigung noch ihre Richtung ändern), so sind $\mathcal{E}_3(r)$ und $\mathcal{E}_4(r)$ betragsmäßig gleich und unabhängig von r. Das Produkt $\mathcal{E}_3^*(r)\mathcal{E}_4(r)$ enthält jedoch zusätzlich einen Phasenfaktor $\exp(i\Delta\varphi)$, wobei $\Delta\varphi$ die *klassische* Phase bezeichnet, die – abgesehen von eventuellen Phasensprüngen – in bekannter Weise durch den Gangunterschied ΔL gegeben ist, und zwar gilt $\Delta\varphi = 2\pi \Delta L / \lambda$ mit λ als Wellenlänge.

Damit vereinfacht sich Gl. (A5.2) zu

$$W = \text{const}(\langle \hat{a}_3^\dagger \hat{a}_3 \rangle + \langle \hat{a}_4^\dagger \hat{a}_4 \rangle + e^{i\Delta\varphi} \langle \hat{a}_3^\dagger \hat{a}_4 \rangle + e^{-i\Delta\varphi} \langle \hat{a}_3 \hat{a}_4^\dagger \rangle) \,. \qquad (A5.3)$$

Bekanntlich ist die conditio sine qua non für das Auftreten von Interferenzen das Bestehen von Phasenbeziehungen zwischen den Partialwellen. In Gl. (A5.3) erkennt man dies daran, daß die Interferenzterme durch die Korrelation $\langle \hat{a}_3^\dagger \hat{a}_4 \rangle = \langle \hat{a}_3 \hat{a}_4^\dagger \rangle^*$ bestimmt sind. In den konventionellen Interferenzexperimenten wird die erforderliche Phasenbeziehung dadurch realisiert, daß man von einem Primärstrahl ausgeht, aus dem man dann durch Strahl- oder Wellenfrontteilung zueinander kohärente, d. h. interferenzfähige, Teilwellen erzeugt. Als ein adäquates Modell für den Teilungsprozeß können wir den Strahlteiler verwenden, wie wir ihn in Abschn. A.4 theoretisch behandelt haben. Unter Verwendung von Gl. (A4.3) – bzw. der dazu HERMITEsch adjungierten Beziehung – können wir dann die in Gl. (A5.3) auftretenden Erwartungswerte leicht durch die mittlere Photonenzahl $\overline{N}_1 = \langle \hat{a}_1^\dagger \hat{a}_1 \rangle$ der (allein!) einfallenden Welle 1 ausdrücken. Schon aus Energieerhaltungsgründen gilt

$$\langle \hat{a}_3^\dagger \hat{a}_3 \rangle + \langle \hat{a}_4^\dagger \hat{a}_4 \rangle = \langle \hat{a}_1^\dagger \hat{a}_1 \rangle + \langle \hat{a}_2^\dagger \hat{a}_2 \rangle = \overline{N}_1 \,, \qquad (A5.4)$$

und die gemischten Terme berechnen sich vermöge der Relation

$$\hat{a}_3^\dagger \hat{a}_4 = \sqrt{rt} \left(\hat{a}_2^\dagger \hat{a}_2 - \hat{a}_1^\dagger \hat{a}_1 \right) - r \hat{a}_2^\dagger \hat{a}_1 + t \hat{a}_1^\dagger \hat{a}_2 \qquad (A5.5)$$

und unter Berücksichtigung der Tatsache, daß sich die Mode 2 im Vakuumzustand befindet, zu

$$\langle \hat{a}_3^\dagger \hat{a}_4 \rangle = \langle \hat{a}_3 \hat{a}_4^\dagger \rangle^* = -\sqrt{rt}\, \overline{N}_1 \,. \qquad (A5.6)$$

Damit lautet Gl. (A5.3) einfach

$$W = \text{const}\,\overline{N}_1 \left(1 - 2\sqrt{rt}\, \cos \Delta\varphi \right) \,. \qquad (A5.7)$$

Das ist aber *exakt* die klassische Formel – für den Fall eines halbdurchlässigen Spiegels erreicht die Sichtbarkeit des Interferenzmusters den Wert Eins –, die wir somit quantenmechanisch reproduziert haben, und zwar für einen *beliebigen* quantenmechanischen Zustand der Primärwelle! Für die konventionellen Interferenzexperimente bringt die quantenmechanische Beschreibung daher überhaupt nichts Neues. Das gilt, wie Gl. (A5.7) lehrt, unabhängig von der Intensität der einfallenden Welle, also im besonderen für *beliebig kleine* Intensitäten, was die DIRACsche Behauptung verständlich macht, es handle sich stets um eine „Interferenz des Photons mit sich selbst". (Man beachte dabei, daß im Fall $\overline{N}_1 \ll 1$ natürlich nur solche Mitglieder des durch die Wellenfunktion bzw. Dichtematrix beschriebenen Ensembles zum Interferenzmuster beitragen, an denen der Detektor ein Photon tatsächlich registriert.)

Anders liegen die Dinge jedoch bei der Interferenz unabhängig (beispielsweise von zwei Lasern) erzeugter Lichtwellen. Dann kann man ja die gemischten Erwartungswerte in Gl. (A5.2) in der Form $\langle \hat{a}_3^\dagger \hat{a}_4 \rangle = \langle \hat{a}_3^\dagger \rangle \langle \hat{a}_4 \rangle$ bzw. $\langle \hat{a}_3 \hat{a}_4^\dagger \rangle = \langle \hat{a}_3 \rangle \langle \hat{a}_4^\dagger \rangle$ faktorisieren. Zu einer Interferenz kann es daher nur kommen, wenn die Erwartungswerte von $\hat{a}$ für *beide* Wellen von Null verschieden sind, d. h., wenn letztere eine mehr oder weniger gut definierte *absolute* Phase besitzen. Das ist auf jeden Fall bei GLAUBER-Licht so. Wählen wir daher den Strahlungsfeldzustand als $|\psi\rangle = |\alpha_3\rangle_3 |\alpha_4\rangle_4$, so können wir mit Hilfe der einfachen Relationen (A2.11) und (A2.12) die Detektoransprechwahrscheinlichkeit (A5.2) ganz leicht berechnen, mit dem Ergebnis

$$W = \beta \left\{ |\mathcal{E}_3(r)|^2 |\alpha_3|^2 + |\mathcal{E}_4(r)|^2 |\alpha_4|^2 + \mathcal{E}_3^*(r)\mathcal{E}_4(r)\alpha_3^*\alpha_4 + \mathcal{E}_3(r)\mathcal{E}_4^*(r)\alpha_3\alpha_4^* \right\} . \tag{A5.8}$$

Spezialisieren wir uns wie zuvor auf linear polarisierte ebene Wellen, so vereinfacht sich diese Gleichung zu

$$W = \text{const} \left[|\alpha_3|^2 + |\alpha_4|^2 + e^{i\Delta\varphi}\alpha_3^*\alpha_4 + e^{-i\Delta\varphi}\alpha_3\alpha_4^* \right] , \tag{A5.9}$$

und das ist, wie aufgrund der in Abschn. A.2 festgestellten allgemeinen Korrespondenz zwischen klassischer und quantenmechanischer Beschreibung nicht weiter verwundert, genau der gleiche Ausdruck wie in der klassischen Theorie. Verblüffend erscheint es aber doch, daß die Sichtbarkeit des Interferenzmusters bis zu *beliebig* kleinen Intensitäten herunter unverändert bleibt, im besonderen ist sie immer gleich Eins, falls nur die (mittleren!) Photonenzahlen $|\alpha_3|^2$ und $|\alpha_4|^2$ übereinstimmen.

A.6 Theorie des abgeglichenen Homodyn-Nachweises

Das in Abschn. 9.3 geschilderte Homodyn-Verfahren (s. Fig. 31) läßt sich theoretisch in einfacher Weise behandeln, wenn man auch den Photostrom quantenmechanisch beschreibt. Nun wird ja, wenn wir an Detektoren mit 100%-iger Empfindlichkeit denken, beim Nachweis jedes einzelne Photon in ein Elektron „umgewandelt", so daß es naheliegt, den Photostrom, abgesehen von dem Faktor e (Elementarladung), mit dem Photonenfluß auch im Sinne einer Operatorbeziehung zu identifizieren. Im Falle quasimonochromatischer Wellen findet man so den folgenden einfachen Ausdruck für den

Operator des Photostroms

$$\hat{I} = s\hat{a}^\dagger \hat{a}, \tag{A6.1}$$

wobei $\hat{a}^\dagger$ und $\hat{a}$ den Photonenerzeugungs- bzw. -vernichtungsoperator bezeichnen (s. Abschn. A.1) und s eine Konstante bedeutet (die im besonderen die Dimension in Ordnung bringt).

Vermöge des 50%:50%-Strahlteilers wird das Signal 1 mit dem lokalen Oszillator gemischt (s. Fig. 31, Abschn. 9.3). Dieser Prozeß wird durch Gl. (A4.3) beschrieben. Unter der Voraussetzung, daß sich der lokale Oszillator – in praxi eine Laserwelle – in einem GLAUBER-Zustand $|\alpha_L\rangle$ befindet und sehr intensiv ist, können wir in guter Näherung die Operatoren $\hat{a}_L$ und $\hat{a}_L^\dagger$ durch die komplexen Zahlen α_L bzw. α_L^* ersetzen. Für die Stromoperatoren $\hat{I}_3$ und $\hat{I}_4$ erhält man dann die Ausdrücke

$$\hat{I}_3 = \frac{1}{2}s(\hat{a}_1^\dagger + \alpha_L^*)(\hat{a}_1 + \alpha_L), \tag{A6.2}$$

$$\hat{I}_4 = \frac{1}{2}s(-\hat{a}_1^\dagger + \alpha_L^*)(-\hat{a}_1 + \alpha_L). \tag{A6.3}$$

Durch Subtraktion ergibt sich hieraus die einfache Beziehung

$$\Delta\hat{I} \equiv \hat{I}_3 - \hat{I}_4 = s\left(\hat{a}_1^\dagger \alpha_L + \hat{a}_1 \alpha_L^*\right) \tag{A6.4}$$

für die tatsächliche Meßgröße.

Führen wir hier vermöge der Beziehung $\alpha_L = |\alpha_L|\exp(i\Theta)$ die Phase des lokalen Oszillators ein, so sehen wir, daß die Observable

$$\hat{x}_\Theta \equiv 2^{-\frac{1}{2}}\left(e^{i\Theta}\hat{a}_1^\dagger + e^{-i\Theta}\hat{a}_1\right) \tag{A6.5}$$

gemessen wird, die nach Gln. (A1.12) gerade nichts anderes ist als eine spezielle Quadraturkomponente. Durch Variation von Θ – bei ungeändertem Signal – haben wir so die Möglichkeit, einen ganzen Satz von Quadraturkomponenten $\hat{x}_\Theta$ tatsächlich zu messen, worauf die praktische Durchführung der tomographischen Rekonstruktion der WIGNER-Funktion des Strahlungsfeldes 1 beruht (s. Abschn. 10.3).

Literaturverzeichnis

[ALG 73] ALGUARD, M. J., und C. W. DRAKE, Phys. Rev. A 8, 27 (1973).

[ARE 66] ARECCHI, F. T., A. BERNE und P. BURLAMACCHI, Phys. Rev. Lett. 16, 32 (1966).

[ARE 67a] ARECCHI, F. T., V. DEGIORGIO und B. QUERZOLA, Phys. Rev. Lett. 19, 1168 (1967).

[ARE 67 b] ARECCHI, F. T., M. GIGLIO und U. TARTARI, Phys. Rev. 163, 186 (1967).

[ARN 79] ARNOLD, W., S. HUNKLINGER und K. DRANSFELD, Phys. Rev. B 19, 6049 (1979).

[ASP 81] ASPECT, A., P. GRANGIER und G. ROGER, Phys. Rev. Lett. 47, 460 (1981).

[ASP 82] ASPECT, A., J. DALIBARD und G. ROGER, Phys. Rev. Lett. 49, 1804 (1982).

[BAN 69] BANDILLA, A., und H. PAUL, Ann. Physik 23, 323 (1969).

[BAS 92] BASCHÉ, TH., W. E. MOERNER, M. ORRIT und H. TALON, Phys. Rev. Lett. 69, 1516 (1992).

[BEL 64] BELL, J. S., Physics 1, 195 (1964).

[BEN 92] BENNETT, C. H., G. BRASSARD und A. K. EKERT, Scient. Am. 26, 33 (Oct. 1992).

[BET 36] BETH, R. A., Phys. Rev. 50, 115 (1936).

[BOR 64] BORN, M., und E. WOLF, Principles of Optics, 2. Auflage, Pergamon Press, Oxford 1964, S. 10.

[BRE 88] BRENDEL, J., S. SCHÜTRUMPF, R. LANGE, W. MARTIENSSEN und M. O. SCULLY, Europhys. Lett. 5, 223 (1988).

[BRO 56a] BROWN, R. HANBURY, und R. Q. TWISS, Nature 177, 27 (1956).

[BRO 56b] BROWN, R. HANBURY, und R. Q. TWISS, Nature 178, 1046 (1956).

[BRO 64] BROWN, R. HANBURY, Sky and Telescope 28, 64 (1964).

[BRU 64] BRUNNER, W., H. PAUL und G. RICHTER, Ann. Physik 14, 384 (1964).

[BRU 65] BRUNNER, W., H. PAUL und G. RICHTER, Ann. Physik 15, 17 (1965).

[CLA 69] CLAUSER, J. F., M. A. HORNE, A. SHIMONY und R. A. HOLT, Phys. Rev. Lett. **23**, 880 (1969).

[CLA 78] CLAUSER, J. F., und A. SHIMONY, Rep. Progr. Phys. **41**, 1881 (1978).

[DAG 78] DAGENAIS, M., und L. MANDEL, Phys. Rev. **A 18**, 2217 (1978).

[DAV 79] DAVIS, C. C., IEEE J. Quant. Elect. **QE-15**, 26 (1979).

[DEM 27] DEMPSTER, A. J., und H. F. BATHO, Phys. Rev. **30**, 644 (1927).

[DEM 87] DE MARTINI, F., G. INNOCENTI, G. R. JACOBOVITZ und P. MATALONI, Phys. Rev. Lett. **26**, 2955 (1987).

[DIE 87] DIEDRICH, F., und H. WALTHER, Phys. Rev. Lett. **58**, 203 (1987).

[DIR 27] DIRAC, P. A. M., Proc. Roy. Soc. (London) **A 114**, 243 (1927).

[DIR 58] DIRAC, P. A. M., The Principles of Quantum Mechanics, 4. Auflage, Oxford University Press, London 1958, S. 9.

[DRE 74] DREXHAGE, K. H., "Interaction of Light with Monomolecular Dye Layers" in: E. WOLF (Ed.), Progress in Optics, North-Holland Publishing Company, Amsterdam, Bd. **12** (1974), S. 163.

[EIN 05] EINSTEIN, A., Ann. Physik **17**, 132 (1905).

[EIN 06] EINSTEIN, A., Ann. Physik **20**, 199 (1906).

[EIN 17] EINSTEIN, A., Phys. Ztschr. **18**, 121 (1917).

[EIN 35] EINSTEIN, A., B. PODOLSKY und N. ROSEN, Phys. Rev. **47**, 777 (1935).

[FOO 69] FOORD, R., E. JAKEMAN, R. JONES, C. J. OLIVER und E. R. PIKE, IERE Conference Proceedings No. 14 (1969).

[FOR 55] FORRESTER, A. T., R. A. GUDMUNDSEN und P. O. JOHNSON, Phys. Rev. **99**, 1691 (1955).

[FRA 13] FRANCK, J., und G. HERTZ, Verh. d. Dt. Phys. Ges. **15**, 34, 373, 613, 929 (1913); **16**, 12, 457, 512 (1914).

[FRE 72] FREEDMAN, S. J., und J. F. CLAUSER, Phys. Rev. Lett. **28**, 938 (1972).

[FRE 93] FREYBERGER, M., K. VOGEL und W. SCHLEICH, Quantum Opt. **5**, 65 (1993).

[GHO 87] GHOSH, R., und L. MANDEL, Phys. Rev. Lett. **59**, 1903 (1987).

[GLA 65] GLAUBER, R. J., "Optical Coherence and Photon Statistics" in: C. DE WITT, A. BLANDIN and C. COHEN-TANNOUDJI (Eds.), Quantum Optics and Electronics, Gordon and Breach, New York 1965.

[GOR 54] GORDON, J. P., H. J. ZEIGER und C. H. TOWNES, Phys. Rev. **95**, 282 (1954).

[GRI 72] GRISHAEV, I. A., I. S. GUK, A. S. MAZMANISHVILI und A. S. TARASENKO, Žurn. eksper. teor. Fiz. **63**, 1645 (1972).

[HAU 74] HAUSER, U., N. NEUWIRTH und N. THESEN, Phys. Lett. **49 A**,

57 (1974).

[HEI 54] HEITLER, W., The Quantum Theory of Radiation, 3. Auflage, Oxford University Press, London 1954.

[HEL 87] HELLMUTH, T., H. WALTHER, A. ZAJONC und W. SCHLEICH, Phys. Rev. **A 35**, 2532 (1987).

[HON 86] HONG, C. K., und L. MANDEL, Phys. Rev. Lett. **56**, 58 (1986).

[HON 87] HONG, C. K., Z. Y. OU und L. MANDEL, Phys. Rev. Lett. **59**, 2044 (1987).

[HUL 85] HULET, R. G., E. S. HILFER und D. KLEPPNER, Phys. Rev. Lett. **55**, 2137 (1985).

[HUY 90] HUYGENS, CH., Traité de la Lumière, Verlag Pierre von der Aa, Leiden 1690; deutsche Übersetzung: Abhandlung über das Licht, Ostwalds Klassiker der exakten Wissenschaften Nr. 20, W. Engelmann, Leipzig 1913.

[ITA 87] ITANO, W. M., J. C. BERGQUIST, R. G. HULET und D. J. WINELAND, Phys. Rev. Lett. **59**, 2732 (1987).

[ITA 90] ITANO, W. M., D. J. HEINZEN, J. J. BOLLINGER und D. J. WINELAND, Phys. Rev. **A 41**, 2295 (1990).

[JAK 77] JAKEMAN, E., E. R. PIKE, P. N. PUSEY und J. M. VAUGHAN, J. Phys. **A 10**, L 257 (1977).

[JAN 57] JÁNOSSY, L., und Zs. NÁRAY, Acta Phys. Acad. Sci. Hung. **7**, 403 (1957).

[JAN 58] JÁNOSSY, L., und Zs. NÁRAY, Nuovo Cimento, Suppl. **9**, 588 (1958).

[JAN 62] JAVAN, A., E. A. BALLIK und W. L. BOND, J. Opt. Soc. Am. **52**, 96 (1962).

[JAN 73] JÁNOSSY, L., "Experiments and Theoretical Considerations Concerning the Dual Nature of Light" in: H. HAKEN und M. WAGNER (Eds.), Cooperative Phenomena, Springer-Verlag, Berlin 1973, S. 308.

[KIM 77] KIMBLE, H. J., M. DAGENAIS und L. MANDEL, Phys. Rev. Lett. **39**, 691 (1977).

[LAN 65] LANDAU, L. D., und E. M. LIFSCHITZ, Lehrbuch der theoretischen Physik, Bd. III. Quantenmechanik, Akademie-Verlag, Berlin 1965, S. 158.

[LAW 27] LAWRENCE, E. O., und J. W. BEAMS, Phys. Rev. **29**, 903 (1927).

[LEB 10] LEBEDEW, P. N., Fis. Obosrenie **11**, 98 (1910); in deutscher Übersetzung in: W. I. RODITSCHEW und U. I. Frankfurt (Hrsg.), Die Schöpfer der physikalischen Optik, Akademie-Verlag, Berlin 1977, S. 403.

[LEN 02] LENARD, P., Ann. Physik **8**, 149 (1902).

[LEN 24] LENZ, W., Z. Physik **25**, 299 (1924).

[LEO 93a] LEONHARDT, U., und H. PAUL, Phys. Rev. **A 47**, R2460 (1993).

[LEO 93b] LEONHARDT, U., und H. PAUL, Phys. Rev. **A 48**, 4598 (1993).

[LEO 95] LEONHARDT, U., und H. PAUL, Prog. Quant. Electr. **19**, 89 (1995).

[LON 26] LONDON, F., Z. Phys. **40**, 193 (1926).

[LOR 10] LORENTZ, H. A., Phys. Ztschr. **11**, 1234 (1910).

[MAC 87] MACHIDA, S., Y. YAMAMOTO und Y. ITAYA, Phys. Rev. Lett. **58**, 1000 (1987).

[MAG 63] MAGYAR, G., und L. MANDEL, Nature **198**, No. 4877, 255 (1963).

[MAN 63] MANDEL, L., "Fluctuations of Light Beams" in: E. WOLF (Ed.), Progress in Optics, North-Holland Publishing Company, Amsterdam, Bd. **2** (1963), S. 181.

[MAN 65] MANDEL, L., und E. WOLF, Rev. Mod. Phys. **37**, 231 (1965).

[MAN 76] MANDEL, L., J. Opt. Soc. Am. **66**, 968 (1976).

[MAN 83] MANDEL, L., Phys. Rev. **A 28**, 929 (1983).

[MAR 64] MARTIENSSEN, W., und E. SPILLER, Am. J. Phys. **32**, 919 (1964).

[MES 84] MESCHEDE, D., H. WALTHER und G. MÜLLER, Phys. Rev. Lett. **54**, 551 (1984).

[MIC 21] MICHELSON, A. A., und F. G. PEASE, Astrophys. J. **53**, 249 (1921).

[MID 60] MIDDLETON, D., An Introduction to Statistical Communication Theory, McGraw-Hill, New York 1960.

[MIL 16] MILLIKAN, R. A., Phys. Rev. **7**, 373 (1916).

[NEU 80] NEUHAUSER, W., M. HOHENSTATT, P. E. TOSCHEK und H. DEHMELT, Phys. Rev. **A 22**, 1137 (1980).

[NEW 30] NEWTON, I., Optics or a Treatise of the Reflections, Refractions, Inflections and Colours of Light, 4. Auflage, London 1730 (Nachdruck: Dover Publ., New York 1952).

[NOH 91] NOH, J. W., A. FOUGÉRES und L. MANDEL, Phys. Rev. Lett. **67**, 1426 (1991).

[NOH 92] NOH, J. W., A. FOUGÉRES und L. MANDEL, Phys. Rev. **A 45**, 424 (1992).

[OU 89] OU, Z. Y., L. J. WANG und L. MANDEL, Phys. Rev. **A 40**, 1428 (1989).

[PAU 33] PAULI, W., "Die allgemeinen Prinzipien der Wellenmechanik" in: H. GEIGER und K. SCHEEL (Hrsg.), Handbuch der Physik 24/1, 2. Auflage, Springer-Verlag, Berlin 1933; Nachdruck in: S. FLÜGGE

(Hrsg.), Handbuch der Physik **V/1**, Springer-Verlag, Berlin 1958, S. 136 f.

[PAU 63] PAUL, H., W. BRUNNER und G.RICHTER, Ann. Physik **12**, 325 (1963).

[PAU 65] PAUL, H., W. BRUNNER und G.RICHTER, Ann. Physik **16**, 93 (1965).

[PAU 66] PAUL, H., Fortschr. Physik **14**, 141 (1966).

[PAU 69] PAUL, H., Lasertheorie I, Akademie- Verlag, Berlin 1969.

[PAU 73a] PAUL, H., Nichtlineare Optik I, Akademie-Verlag, Berlin 1973.

[PAU 73b] PAUL, H., Nichtlineare Optik II, Akademie-Verlag, Berlin 1973.

[PAU 74] Paul, H., Fortschr. Phys. **22**, 657 (1974).

[PAU 80] PAUL, H., Fortschr. Phys. **28**, 633 (1980).

[PAU 81] PAUL, H., Opt. Acta **28**, 1 (1981).

[PAU 83] PAUL, H., und R. FISCHER, Usp. fiz. nauk **141**, 375 (1983).

[PAU 85] PAUL, H., Am. J. Phys. **53** (1985).

[PAU 86] PAUL, H., Rev. Mod. Phys. **58**, 209 (1986).

[PEA 31] PEASE, F. G., Ergeb. exakt. Naturwissensch. **10**, 84 (1931).

[PFL 67] PFLEEGOR, R. L., und L. MANDEL, Phys. Rev. **159**, 1084 (1967).

[PFL 68] PFLEEGOR, R. L., und L. MANDEL, J. Opt. Soc. Am. **58**, 946 (1968).

[PIK 70] PIKE, E. R., "Photon Statistics" in: S. M. KAY und A. MAITLAND (Eds.), Quantum Optics, Academic Press, London 1970.

[PLA 43] PLANCK, M., Naturwissensch. **31**, 153 (1943).

[PLA 66] PLANCK, M., Theorie der Wärmestrahlung, 6. Auflage, J. A. Barth, Leipzig 1966, S. 190 ff.

[POW 64] POWER, E. A., Introductory Quantum Electrodynamics, Longmans, London 1964.

[PRO 82] PRODAN, J.V., W. D. PHILLIPS und H. METCALF, Phys. Rev. Lett. **49**, 1149 (1982).

[RAD 68] RADLOFF, W., Phys. Lett. **27 A**, 366 (1968).

[RAD 71] RADLOFF, W., Ann. Physik **26**, 178 (1971).

[REB 57] REBKA, G. A., und R. V. POUND, Nature **180**, 1035 (1957).

[REM 90] REMPE, G., F. SCHMIDT-KALER und H. WALTHER, Phys. Rev. Lett. **64**, 2783 (1990).

[REY 69] REYNOLDS, G. T., K. SPARTALIAN und D. B. SCARL, Nuovo Cimento **61 B**, 355 (1969).

[ROD 77] RODITSCHEW, W. I., und U. I. FRANKFURT (Hrsg.), Die Schöpfer der physikalischen Optik, Akademie-Verlag, Berlin 1977.

[SAU 86] SAUTER, TH., R. BLATT, W. NEUHAUSER und P. E. TOSCHEK, Opt. Commun. **60**, 287 (1986).

[Sch 35] SCHRÖDINGER, E., Proc. Camb. Phil. Soc. **31**, 555 (1935).

[SHA 84] SHAPIRO, J. H., und S. S. WAGNER, IEEE J. Quantum Electron. **QE-20**, 803 (1984).

[SIG 92] SIGEL, M., C. S. ADAMS und J. MLYNEK, "Atom Optics" in: T. W. HAENSCH und M. INGUSCIO (Eds.), Frontiers in Laser Spectroscopy, Proc. Internat. School of Physics "ENRICO FERMI", Course CXX, Varenna 1992.

[SIL 72] SILLITOE, R. M., Proc. Roy. Soc. Edinburgh, Sect. A, **70 A**, 267 (1972).

[SLE 92] SLEATOR, T., O. CARNAL, T. PFAU, A. FAULSTICH, H. TAKUMA and J. MLYNEK in: M. DUCLOY et. al. (Eds.), Proc. Tenth Internat. Conf. on Laser Spectroscopy, World Scientific, Singapore 1992, S. 264.

[SLU 85] SLUSHER, R. E., L. W. HOLLBERG, B. YURKE, J. C. MERTZ und J. F. VALLEY, Phys. Rev. Lett. **55**, 2409 (1985).

[SLU 86] SLUSHER, R. E., und B. YURKE, "Squeezed State Generation Experiments in an Optical Cavity" in: S. SARKAR und E. R. PIKE (Eds.), Frontiers in Quantum Optics, Adam Hilger Ltd. 1986.

[SMI 93] SMITHEY, D. T., M. BECK, M. G. RAYMER, und A. FARIDANI, Phys. Rev. Lett. **70**, 1244 (1993).

[SOM 49] SOMMERFELD, A., Vorlesungen über Theoretische Physik, Bd. III. Elektrodynamik, Akad. Verlagsges., Leipzig 1949.

[SOM 50] SOMMERFELD, A., Vorlesungen über Theoretische Physik, Bd. IV. Optik, Dieterich'sche Verlagsbuchhandlung, Wiesbaden 1950.

[TAY 09] TAYLOR, G. I., Proc. Cambridge Phil. Soc. **15**, 114 (1909).

[TEI 85] TEICH, M. C. und B. E. A. SALEH, J. Opt. Soc. Am. **B 2**, 275 (1985).

[VOG 89] VOGEL, K., und H. Risken, Phys. Rev. **A 40**, 2847 (1989).

[WAL 85] WALKER, J. G., und E. JAKEMAN, Opt. Acta **32**, 1303 (1985).

[WAW 54] WAWILOW, S. I., Die Mikrostruktur des Lichtes, Akademie-Verlag, Berlin 1954.

[WEI 30] WEISSKOPF, V., und E. WIGNER, Z. f. Phys. **63**, 54 (1930); **65**, 18 (1930).

[WU 86] WU, L.-A., H. J. KIMBLE, J. L. HALL und H. WU, Phys. Rev. Lett. **57**, 2520 (1986).

[YOU 02] YOUNG, TH., Phil. Trans. Roy. Soc. London **91**, Teil 1, 12 (1802).

[YOU 07] YOUNG, TH., Lectures on Natural Philosophy, Bd. 1, London 1807.

[ZOU 91] ZOU, X. Y., L. J. WANG und L. MANDEL, Phys. Rev. Lett. **67**, 318 (1991).

Index

Kneubühl / Sigrist
Laser

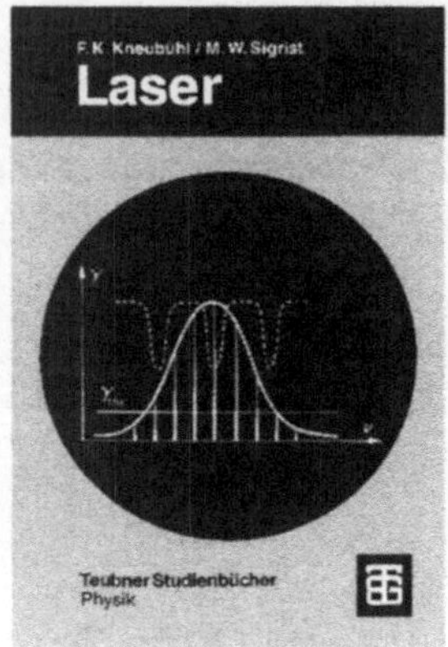

Das Buch behandelt knapp und präzise sowohl klassische als auch aktuelle Themen der Theorie und der Praxis des Lasers. Es enthält wichtige Formeln, zahlreiche Figuren und umfangreiche Tabellen mit neuesten Daten. Jedem Kapitel folgen spezifische Literaturangaben. Ein breitgefächertes Literaturverzeichnis befindet sich zudem im Anhang. Vorausgesetzt werden die physikalischen Kenntnisse eines Hochschul-Studenten nach dem Vordiplom, also das Wissen über Elektrizität und Magnetismus, Optik, Quantenphysik, Atom-, Molekül- und Festkörperphysik.

Aus dem Inhalt

Elektromagnetische Strahlung von thermischen Quellen und Lasern – Wechselwirkung von elektromagnetischer Strahlung mit atomaren Systemen – Das Prinzip der Laser – Ratengleichungen – Spektrallinien – Spiegelresonatoren – Wellenleiter und optische Fasern, periodische Laserstrukturen – Moden-Selektion – Laserpulse: Q-Switch, Modenkopplung, ultrakurze Pulse, pulsierende Instabilitäten und Chaos – Lasertypen: Gaslaser, Farbstofflaser, Halbleiterlaser, Festkörperlaser, chemische Laser, Free-Electron-Laser

Von Prof. Dr.
Fritz K. Kneubühl
und Priv.-Doz. Dr.
Markus W. Sigrist

Eidg. Technische
Hochschule Zürich

4., durchges. Auflage.
1995. 410 Seiten mit
zahlreichen Bildern und
Tabellen.
13,7 x 20,5 cm.
Kart. DM 46,80
ÖS 365,– / SFr 46,80
ISBN 3-519-33032-6

(Teubner Studienbücher)

Preisänderungen vorbehalten

B.G. Teubner Stuttgart

Kneubühl

Lineare und nichtlineare Schwingungen und Wellen

Das Buch gibt eine Einführung in das Gebiet der Schwingungs- und Wellengleichungen, deren physikalische und technische Voraussetzungen, sowie deren analytische und approximative Lösungen – mit den für das Verständnis notwendigen Illustrationen.

Mit den wichtigsten allgemeinen Gesetzen wird eine Übersicht über die häufigsten linearen und nichtlinearen Schwingungen und Wellen gegeben.

Da dieses Buch als Einführung und Nachschlagewerk für Studenten und Anwender dienen soll, wird in bezug auf komplizierte mathematische Beweise meistens auf die entsprechende Literatur verwiesen. Im Sinne eines Kompendiums sind sowohl die deutschen als auch die englischen Fachwörter aufgeführt. Der Leser gewinnt in kurzer Zeit Überblick und Verständnis für die z. T. recht komplexen Phänomene.

Das Buch ist geeignet für Physiker, Mathematiker, Ingenieure, Chemiker, Biologen etc.

Aus dem Inhalt

Freie Schwingungen – Parametrische Oszillatoren – Erzwungene Schwingungen – Schwingungen der Systeme – Schwingungen von Übertragungssystemen – Instabilitäten und Chaos – Lineare Wellen – Wellen in periodischen Medien – Nichtlineare Wellen – Solitäre Wellen und Solitionen – Stehende Wellen

Von Prof. Dr.
Fritz Kurt Kneubühl
Eidg. Technische
Hochschule Zürich

Unter Mitwirkung von
Damien Philippe Scherrer
Eidg. Technische
Hochschule, Zürich

1995. 350 Seiten mit
125 Abbildungen
und 3 Tabellen.
13,7 x 20,5 cm.
Kart. DM 39,80
ÖS 311,– / SFr 39,80
ISBN 3-519-03227-9

(Teubner Studienbücher)

Preisänderungen vorbehalten

B.G. Teubner Stuttgart